NF文庫
ノンフィクション

審査部戦闘隊

未完の兵器を駆使する空

渡辺洋二

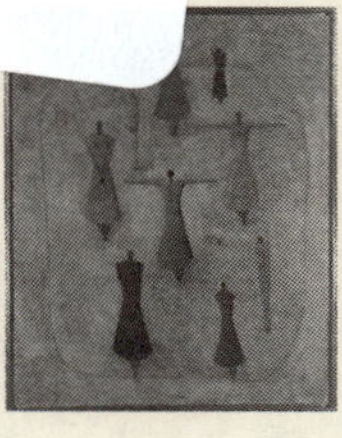

潮書房光人新社

はじめに

どのように優れた兵器でも、いきなり量産されて戦場に登場することはあり得ない。設計図に沿ってつくられた試作品について、要求仕様どおりの性能が出るのか、本当に有効な機器材なのか、どう使えば最も威力を発揮するのか、改修を要する部分があるのか、などの項目をさまざまな方法で調べ、より完成度の高いものに仕上がるよう注文するセクションが、国産兵器を使う軍隊にはかならず存在する。こうした性能実験、実用実験をくぐってこそ、税金で作られた兵器が役に立ち、同時に、使用上の安全が守られるのだ。

日本陸軍の航空部門で、敗戦までの六年間この業務に従事した組織が、飛行実験部実験隊であり、それを改称し拡充した航空審査部飛行実験部だった。したがって、太平洋戦争中に陸軍飛行部隊が用いた飛行機や武装、装備品の大半が、部隊配備開始前に両組織のテスト、チェックを受けていたと言える。

性能を計る基本審査、用法を試す実用審査がどれほどの苦労をともなうかは、飛行機を例にとれば容易に理解できよう。

経験豊富な設計チームと工員によって作られた試作機は、理論上は間違いなく離陸し、飛行し、着陸するはずである。ところが、神ならぬ人間の手で作られたから、予想外のミスがいくつも機体に含まれていて、一連の基本的な飛行をまったく無事にクリアーできた例はまれなのだ。まして高度な特殊飛行のさいに、なにも起こらないとしたら奇跡に等しい。購入者である軍の要求性能を、出せるか否かのテストはさらに過酷だ。機体に無理がかかる飛行だけに、計算をうらぎる不具合、故障が頻出し、機能停止はもとより、破損や分解の可能性もある。得体の知れない乗り物の限界を見極めていくのだから、まさに手さぐり以外のなにものでもない。

これらの基本審査に続いて、運用追求の実用審査が始まる。機体の概容はつかめたが、戦争の役に立たせるにはどうすべきかの追求は多岐に分かれ、粗《あら》削りのトラブルに代わって、奥深い、ひとすじ縄では片づかない困難が幾重《いくえ》にも横たわる。

あらゆる審査飛行に付きまとうのは、負傷と死だ。熟練操縦者でも対処しかねる突発的な危険事態が生じれば、よくて落下傘降下、まずいと即死の運命が待っている。それでもやるしかない。敵に勝てる飛行機を生み出すために。

操縦者たちの運命のかなりの部分を、整備を主体とする地上勤務者が負っている。彼らには直接的な命の危険は多くないけれども、作業の困難さと責任の重さは決して劣らない。未知数だらけの飛行機を扱って、安全に飛ぶように処置し、かつ地上面での各種審査を果たす義務をこなさねばならない。

欧米に比べてレベルが低い製造技術のハンディと空中勤務者の生命を背負いながら、地道な努力をたゆまず続ける。地上勤務者の研鑽《けんさん》なくして空中の成果なし、は審査においても実戦部隊と変わるところがなかった。

ここに、審査業務に携《たずさ》わる人々の多彩な活動を、戦闘機担当の飛行実験隊戦闘機班、あるいは飛行実験部戦闘隊を中心に記述してみた。新鋭機をより確実なかたちで戦場へ送るための苦闘を、具体的に表現するのが第一の目的だ。そして、審査を受ける機器材の種類、出来ばえ、性能を理解して、当時の軍の方針と日本の工業力を推しはかり、把握するのを、副次的なねらいに置いた。

彼らの高い技倆と保有する高性能試作機は、米軍の本土空襲が始まると邀撃《ようげき》戦力として期待され、それに応えるだけの活躍を示した。こうした防空戦の状況、実績についても、できるだけ詳しく記録してある。

戦闘機に関してだけでなく、陸軍航空のテストセンターの全体的な内容を知れるように、爆撃機、偵察機などの機種を扱う班／隊のことがらも、おりにふれて紹介した。多数の写真と合わせて、この特異な組織の貢献を、あやまたず再現できればと望んでいる。

審査部戦闘隊——目次

第二部　テストと邀撃と〈昭和十九年十一月〜二十年八月〉

審査部戦闘隊

未完の兵器を駆使する空

第一部

審査に邁進《まいしん》

〔昭和十四年十二月〜十九年十月〕

第一章　テスト：キ四三－Ⅰ、キ四四、キ四五改、キ六〇、キ六一、マ一〇三
交戦：キ六一（対B－25B）

回想に始まる

東京都の西方、福生市《ふっさ》と瑞穂町《みずほまち》にまたがる米軍横田基地。その北側の門から、バス一台と乗用車二台が入ってきた。一九九四年（平成六年）一月下旬の寒い朝だった。三台の車から降りた五〇名はみな年配者で、若くても六十代後半、八十代の人もいる。女性が一〇名ほどまじっていた。

まわりの建物はもちろん米空軍の施設だが、デザインがいささか古くさい。どれも大して見栄《みば》えのしない建築なのに、皆の目が吸い寄せられた。「昔と同じだ！」「なつかしいなあ」。感嘆のさけび、郷愁の声が上がる。

一行の世話役の一人、佐浦祐吉さんの胸にも、表現しがたい感慨がこみ上げてきた。「よ

福生飛行場の滑走路の西側に面した本部(左)とピストを、九九式襲撃機の右翼ごしに望む。前方の無塗装機は一式二型戦闘機。昭和19年(1944年)夏の撮影で、建物は米軍横田基地に変わったのちも残され使用されていた。

く今まで使っていたものだ」。この情景をふたたび目にできようとは思わなかった。あれから四九年もたっている。

彼がダークスーツでなく、油のしみたシャツとズボンで整備の指揮や作業に忙殺されていたあのころ、これらの建物は戦闘隊の格納庫であり、待機所《ピスト》であり、審査部飛行実験部の本部だったのだ。

一向は全員が陸軍航空審査部の所属経験者で、戦闘隊を中心にした操縦者や整備関係者、軍属の集まりである。基地内見学の許可をもらい、初めての戦友会をすませてやってきたのだった。

「弾丸《たま》のあとが残っている！」。格納庫の鉄扉の傷を見つけた人が指さした。銃撃に来たＦ６ＦかＰ-51の弾痕だ。

始動するキ一〇二、邀撃《ようげき》のため準備線から抜け出るキ六一-II、いち早く離陸にかかるキ八四……。佐浦さんの脳裏に激戦時の出動シーンがよみがえった。そして想念はさらに、飛行実験部実験隊のころへとさかのぼる。

オールラウンド・パイロット

「君はなにをやるかね。戦闘、偵察、爆撃のどれがいい？」

実験隊長の今川一策《いっさく》大佐がたずねた相手は、白城子《はくじようし》陸軍飛行学校から転属し赴任してきた荒蒔義次《あらまきよしつぐ》大尉。開戦まで一年を切った、昭和十五年（一九四〇年）が暮れかかるころだった。第四十二期士官候補生出身の荒蒔大尉は、昭和六年（一九三一年）に第三十七期操縦学生を終えた生粋《きっすい》の戦闘機乗りだ。この昭和十五年の師走の時点で、満一〇年に近い操縦キャリアをもっていた。

そんな戦闘機のベテランに「なにをやるかね」などと聞く今川大佐は、航空の素人《しろうと》のように思えようが、さにあらず。大尉よりも九年も古い戦闘機操縦者で、飛行第五十九戦隊を率いて日華事変、ノモンハン事件を戦っていた。

大佐の質問は、荒蒔大尉がどんな機種でもこなせるために出されたものだ。

満州の白城子飛行学校は、海軍にくらべて劣る陸軍の航法を向上させるために作られた。半年あまりの教官勤務のあいだ、荒蒔大尉は九七式《きゅうなな》輸送機で飛びめぐり、視察にきた航空総監・東條英機中将を立川まで送ったときには、不連続線をついて豪雨の雲中を計器航法で、朝鮮の大邱から福岡県大刀洗《たちあらい》まで飛びきった。

華中・漢口の基地で、海軍第十三航空隊の九六式陸上攻撃機が爆装状態で発動中。風防内こちら側の副操縦席に座って操作するのが荒蒔義次大尉だ。

それにその前の一年半は大陸・漢口で、九七式司令部偵察機を整備する独立飛行第十八中隊長を務めていた。奥地の蘭州、重慶に爆撃をかける重爆隊に、連係する目的の独飛中隊だが、敵戦闘機の邀撃をかわすため、戦闘機出身でかつ航法をこなせる荒蒔大尉がリーダーに選ばれた。戦闘機の甲種学生（中隊長教育）を終えたうえに、所沢飛行学校航法班で技術を修得していた彼は、異色の存在だったのだ。

漢口には海軍の第十三航空隊の九六式陸上攻撃機がいた。未知の飛行機の操縦に強い関心をもつ大尉の希望が入れられ、ノット表示の計器もすぐに呑みこんで、九六陸攻をたちまち乗りこなした。陸軍の同級機材である九七式重爆撃機は、もちろんとっくに経験ずみだ。

こうした背景を知っていて、今川大佐は

希望機種を聞いてみたのだ。

鈍重な爆撃機はおもしろ味に欠ける。偵察機の速度は魅力だが、新型機がなかなか出てこない。「戦闘機にします」と荒蒔大尉が答えると、即座に諒承された。

甲式四型以降のたいていの陸軍機に乗り、海軍の零戦はもとより、のちに九九式艦上爆撃機や水上戦闘機の「強風」、さらに九七式飛行艇まで操縦する。それも、ただ飛ぶのではない。六〇度の急降下、陸軍操縦者には無縁の離着水をりっぱにやってのけるのだ。

「乗りたくない飛行機はない。変わった機を操縦するのがおもしろい」

この言葉が少しも大げさでない高い技倆《ぎりよう》を、荒蒔大尉は備えていた。いや彼の場合、技倆と呼ぶのは似つかわしくない。飛行への手足の動き、身体の反応と、緻密《ちみつ》な頭脳的解析は、やはり天与の才と称すべきだろう。

そんな超ハイレベル・パイロットが着任した飛行実験部実験隊とは、どのような組織だったのか。

飛行実験部ができるまで

陸軍の組織とその変遷は、海軍にくらべてややこしいのが常だ。飛行機の研究実験もその例にもれない。かいつまんで説明してみよう。

大正八年（一九一九年）に所沢に設立の陸軍航空学校には研究部があって、これがそもそもの航空機器材の技術的研究およびテスト部門だった。工兵科の管轄下にあった航空（整備

点検を受けるスパッド13C1戦闘機。フランスから40機が輸入されてス式13型戦闘機と呼ばれたが、その後に丙式一型戦闘機へと改称された。大正9年（1920年）10月、所沢飛行場で。

が主体の地上勤務者は工兵、空中勤務者—海軍でいう搭乗員—は各兵科から出向のかたち）が大正十四年五月に兵科として独立し、航空本部が設けられると、所沢飛行学校（十三年に航空学校を改編）の研究部は分離して、航空本部技術部へと昇格した。

航空本部技術部が担当した業務は、機体、エンジンをはじめとする機器材の研究、テストおよび審査のほかに、航空にかかわる気象と衛生の研究およびテスト、機器材制式化の諸作業があった。テスト施設が増加したため、昭和三年に所沢飛行場から立川飛行場の西地区に移転する。

その後の軍事航空の発達、拡充にともなって、昭和十年（一九三五年）八月に航空本部を改編。技術部は切り離されて、あらたに陸軍航空技術研究所へと変身する。航空本部の組織内に、機器材の採用・装備部門と審査部門の両方があったのでは、公正を欠きかねないからだ。

航空技術研究所はふつう技研と略称された。場所は航本技術部のあった立川飛行場西地区で、発足時の内容は企画科、調査科、第一科（機体担当）～第六科（材料・燃料担当）の合計八科に分かれていた。

航空機器材や燃料、航空技術の研究、テスト、審査が技研の目的だったが、自動火器（機関砲、機関銃）とその弾丸の審査・製造はいまだ技術本部および造兵廠、つまり地上兵科の管轄の延長線上にあった。この重要な航空兵器の審査権は、昭和十一年八月にようやく技研にわたされた。

　こうして航空兵器に関する性能テストや審査は技研のもとに一本化されたけれども、問題が解消したわけではなかった。

　技研での審査を終えた飛行機、兵器は、戦闘機関係なら明野、偵察機関係なら下志津《しもしづ》、爆撃機関係なら浜松の各飛行学校の研究部へまわされ、実用テストが進められる。ここで実戦に使えるか否かの判定が出たのち、航空部隊への配備が始まるのだ。

　しかし、技研の審査をクリアーして各飛校（飛行学校の略称）の研究部でテストにかかると、いろいろな不具合や故障が表われ、「実用に適さ

飛行実験部ができる前の昭和13～14年（1938～1939年）、東京府から山梨、埼玉県にかけての上空を、初期生産分の九七式戦闘機が飛ぶ。機内は航空技術研究所・第五科付の操縦者。

ず」のクレームが出るケースが少なくなかった。また、技研側から示された性能データが甘くオーバー気味との指摘もなされた。さらにこうした批判が、装備部隊から発せられる場合もあった。

機器材を審査する技研の第五科（飛行実験を担当。発足時は第四科）の操縦者は優秀だが、しょせんは技研の一部門なので、技術関係者の意見や判断が重視されがちだ。これが的確な判定をさまたげ、ひいては飛校や部隊からの「審査不充分」の声につながったものと考えられた。

他方、技術サイドにしてみれば、飛校や部隊の面々は手なれた既存の機器材にこだわって、新しいものの欠点を大げさにとらえがち、との反論が出てくる。

さらに昭和十四年六月に催《もよお》された技研と各民間航空機会社との会合で、耐えかねた会社側から改革を切望する意見がならべられた。試作機の指示のさいに用途を明示してほしい、技研に気軽に出入りでき、気がねなく話し合えるムードがほしい、審査時には初めから飛校の人々を加えてほしい（あとから大改修の注文を出さないため）、製造中の試作機に際限なく改修要求を出さないでほしい、エンジンは陸海軍共通にしてほしい、などだ。いずれも当然至極。「官」の自己中心的な動脈硬化は、昔もいまも変わらない。

これらの実情に、昭和十年と十一年に実施されたドイツへの航空視察団の報告を加えて、研究機関と実験機関を分ける方向へ進んだ。実際、技研での三〜六ヵ月の審査期間は故障と改修の連続で、航空躍進を妨《さまた》げかねない状況だったのだ。

福生飛行場へ

技研から独立して実用テストと審査を受けもつ組織・陸軍飛行実験部の、編成令は昭和十四年七月三日付で制定され、十二月一日に施行された。したがって飛行実験部は十二月一日の設立と言っていい。

基礎テストを技研が、実用テストと部隊への伝習教育を飛行実験部が担当するシステムは、海軍の航空技術廠飛行実験部と横須賀航空隊の関係に類似している。技研や飛行学校との軋《あつ》轢《れき》は残ったが、それを逐一述べるのが本書の目的ではない。

飛行実験部は立川飛行場の技研の区画の一部に置かれた。初代部長は阪口芳太郎少将、その下にテストを実施する実験隊があり、今川一策中佐が隊長に任じられた。実戦部隊の経験に加えて、応急飛行場敷設板の開発参加、陸軍機のカタパルト射出の指揮、ヨーロッパの軍航空視察の経験をもち、先進的な判断力をそなえる今川中佐は、まさに適材だった。

実験隊は戦闘機班、偵察機班、爆撃機班で構成され、襲撃機、輸送機などそのほかの機種のテストのときは随時に班を作った。ほかに、これらの飛行機の日常整備にあたる俵《たわら》六郎中尉指揮の整備班が付属した。また、整備班とは別に、実験隊と併立のかたちで、坂口正少佐の率いる整備隊があった。エンジン換装や事故機の処理など、大がかりな作業を受け持つ、飛行場大隊的な存在だ。発足時の飛行実験部の総員は六〇〇名ほどである。

設立から四ヵ月後の昭和十五年四月一日、飛行実験部は福生飛行場へ移転した。立川飛行場から北西へ五キロの〝新築物件〟である。

武蔵野原と呼ばれた広大な原野の一画、福生村の台地に航空本部が関心を持ったのは昭和十一年だったようだ。十四年七月の地元との売買交渉は翌月に成立し、六〇万坪（二〇〇ヘクタール）の伐採と整地作業が始まった。

飛行場の完成（昭和十六年一月）を待たず十五年四月初め、飛行実験部は福生に移り、名実ともに技研から独立した。長さ一二〇〇メートル、幅五〇メートルの滑走路を使って飛行テストを進め、移駐四ヵ月半後の八月十五日には、アトラクションに九七式戦闘機三機を飛ばして開場式が催された。

ちょうどこの開場式のころ、実験隊長の今川大佐は参謀本部から緊急の呼び出しを受けた。マレー半島への南進作戦を予想して、行動半径一〇〇〇キロ、十六年四月までに三個中隊分をそろえうる戦闘機がほしい、というのだ。お蔵入りだったキ四三が一式戦闘機へと成長する最初のきっかけが、このときだった。

大航続力を備えるべくキ四三の改修箇所を列記した遠距離戦闘機仕様書が、飛行実験部から提出され、十一月に決定をみて中島飛行機に提示された。改修を施したキ四三が持ちこまれれば当然、審査にあたるのは飛行実験部である。

キ四三だけではない。キ四五改の完成を前提にしたキ四五の審査にも手をつけねばならないし、キ四四のテストもひかえている。キ六〇の誕生もまもなくだ。主力九七戦の後継機、ドイツに刺激されての双発複座の遠戦、重単座戦闘機の、それぞれの試作機がそろい始める、

昭和16年の元日、福生飛行場にある本部建物の前にならんだ飛行実験部実験隊の将校団。各列左から。座るのは横山少佐(戦闘)、今川大佐(実験隊長)、荒蒔大尉(戦闘)。直立の前列は松田中尉、古林大尉(偵察)、酒本大尉(重爆)、橋本中尉(武装)、小田切中尉(軽爆)。中列2人目・伊藤少尉(戦闘)、俵中尉(整備)、岩倉中尉(戦闘)、金子中尉。後列2人目・豊田航技少尉(整備)、2人おいて神崎中尉。将校の人数は、おおよそ1個戦隊ほどだ。

実用テスト繁忙期にさしかかっていた。

昭和十五年の夏の時点で戦闘班(戦闘機班を縮めて呼んだ)のトップは、六十四戦隊長を務めた横山八男《やつお》少佐。ノモンハン戦での負傷が尾をひいて飛行機にはあまり乗らず、かわって五戦隊から転属の高嶋喜久治曹長がひんぱんに飛んだ。

こぢんまりとした人員構成の各班だったが、今後の多忙が歴然の戦闘班としては、優秀な操縦者の確保が急務である。荒蒔大尉の転属辞令はこのために出されたのだ。さらに伊藤武夫少尉、石川正少佐、木村清大尉、岩橋譲三大尉らの腕達者が逐次着任する。

俵中尉の整備班に属する将校四名

のうち、戦闘班の担当は技術幹部候補生出身の豊田精造航技少尉。現役兵として入営ののち技術幹候に合格し、所沢陸軍整備学校での一年間に九七戦まで学んだ豊田見習士官は、福生に移転してまもない十五年五月に着任、半年後に航技少尉に任官した。「航技」とは航空技術の略語だ。

彼が着任したとき、キ四三とキ四五の試作機がすでにあったという。実用に不適として放置状態だったのだろう。人員面では実作業のベテランがおらず、中年の熟練軍属二名が整備の軸を務めていた。

ベテラン整備下士官不在の穴を最初に埋めたのが、操縦の高嶋曹長と同じく、五戦隊から転属した西村敏英《としえい》曹長だ。十一月の着任時に整備キャリアが五年をこえ、戦地経験も充分だった。西村曹長は以後、敗戦の日まで福生で勤務し、実力派の基幹整備担当者であり続ける。

キ四三をものにする

放置も同然のかたちで福生飛行場の格納庫に入れられていた、淡い灰緑色のキ四三試作/増加試作機三機。昭和十六年に入ってから、これを石川少佐が引っぱり出し、遠距離戦仕様をほどこした改修機が来るまでの操縦訓練を始めた。

遠戦仕様の改修機は十六年三月に三機、四月に三機が福生に持ちこまれる予定で、三月末にまず三機が到着した。体調が回復途上の横山少佐に代わって、次席の石川少佐と、一月から三月までキ四五性能向上機（ハ二五装備）の実用性能テストを手がけていた荒蒔大尉が、次から次へと飛行チェックを進めた。

四月七日に明野飛行学校へ空輸する。明野飛校は将校操縦者が一人前になるための乙種学生、中隊長教育を受ける甲種学生として戦技を学ぶところで、教官たちは機材に合った空戦方法も案出した。〝陸軍戦闘隊の本拠地〟を自任する明野でダメを出されれば、審査は難渋し、やり直しを迫られるのだ。

明野に着いてから、長大な行動半径の証明にする燃料消費テストに、荒蒔大尉がとりかかる。風の影響を相殺《そうさい》できる、明野～浜松～各務原《かがみがはら》（岐阜）を飛ぶ三角飛行だ。これを四回、一日ですませ、別に燃費テストを二～三回やって、一時間の消費量六三リットルの結果を得た。

同じエンジンの零式艦上戦闘機二一型を装備する海軍の第三航空隊と台南航空隊が、台湾からフィリピンを攻撃するために実施した燃費テストで、最良の数次は毎時六七リットル。荒蒔大尉の飛行と出力調節が、いかに巧みだったかが知れよう。六三リットル／時なら落下タンクを付ければ、参謀本部の望む行動半径一〇〇〇キロは確実に達成できる。

しかし平均的な操縦者が、抵抗を増す落下タンクを付けたうえ、速度を合わせるため出力の増減がひんぱんな編隊飛行をすれば、九〇～一〇〇リットル／時に増えてしまう。明野飛校側は航続力合格を納得しようとしなかった。

もう一つの難関、操縦性能をくらべる模擬空戦が四月十二日から実施された。初日は運動性の権化のような明野飛校の九七戦に、キ四三は太刀打ちできなかった。

明野飛行学校で沢田貢大尉(中央)と岩橋譲三大尉が、曳航標的の吹き流しにうがたれた弾痕を調べつつ持論を述べ合う。

メンツをかけた模擬空戦に、明野側も選り抜きの操縦者を用意する。二日目に九七戦に乗った沢田貢《みつぐ》大尉は、高名な六十四戦隊の前身・飛行第二大隊で撃墜を重ねた、日華事変のエース。対する飛行実験部の岩橋大尉は、ノモンハン戦を飛行第十一戦隊で戦ったエースである。

「〔操縦が〕うまかったのはやはり木村〔清〕だが、負けずぎらいの岩橋も上手だった。沢田は二人とはちょっと〔ニュアンスが〕違う。戦闘はうまかった」

陸軍士官学校の後輩たち（順に士官候補生の四十三期、四十五期、四十四期）を、荒蒔さんはこう評価する。彼が「うまい」とほめる操縦者は、もちろんごく少数だ。

沢田大尉の九七戦が高位（優位）から、岩橋大尉のキ四三が低位（劣位）から、互いに横の格闘戦に入る約束なのに、キ四三はそれを無視して宙返りに移る。上昇力を利しての縦の格闘戦にもちこんで、九七戦の後方に食いつき勝利を収めた。旋回半径の大きな機は小さな機を捕捉できない、というパラドックスが、ここに打ち破られた。

続いて荒蒔大尉のキ四三が、九七戦よりもさらに小回りのきく複葉の九五式戦闘機と対戦。高位から急降下した四三は九五戦を押さえこみ、あっさり勝負がついた。旋回半径が大きな不利を、旋回時間の短さで補ったのだ。

この十三日に開かれた研究会で、明野側はキ四三の実力を認めしぶったが、持ち時間を限られた航空本部側は模擬空戦の勝利に喜んだ。キ四三は福生にもどり、落下タンク関係のテストを終えた。

残るは南進作戦用の熱地試験。四月二十日、石川少佐、荒蒔大尉、高嶋曹長操縦のキ四三が三機と、伊藤少尉—豊田航技少尉（操縦—同乗）、梅川亮三郎准尉—西村曹長、荻谷准尉—雇員（軍属）の乗るキ四五性能向上機三機が台湾・屏東《へいとう》へ向かった。高い気温の影響で、移送管に生じた気泡により燃料が止まるベイパーロックの、有無と対策を調べるテストは、四月二十五日から一〇日間ほど実施され、この間に荻谷准尉のキ四五の胴着事故もあったが、所期の目的を果たした。

五月のうちにキ四三に一式戦闘機の名称が付き（のちに一型甲を付加）制式兵器採用が決まる。

機種改変

一式戦の最初の装備部隊に選ばれた飛行第五十九戦隊は、華中の漢口から六月七日に福生に到着。福生と立川、それに秋田県能代《のしろ》飛行場で九七戦からの機種改変（機材更新）と、伝習教育を受け、八月下旬に漢口へ帰っていった。

改変二番手の六十四戦隊は、八月末から華南の広東を離れ、第三中隊、第一中隊、第二中隊の順で福生にやってきた。戦隊長の加藤建夫少佐は航空本部の教育部部員だったとき、運動性重視、機関砲不要の立場からキ四三に反対していたが、立場が使用者側に変わるといっさい不服を言わず、新機材の慣熟に努める。六十四戦隊の操縦者への伝習教育は石川少佐が担当した。

九月のある日、前月に進級した荒蒔少佐がピストにいると、加藤戦隊長が「おい、やろう」と、キ四三同士の空戦訓練の相手に指名した。昭和四〜五年に荒蒔少佐が士官学校生徒だったとき、区隊長を務めたのが当時中尉の加藤戦隊長なのだ。

まず戦隊長の高位戦二回。キ四三での格闘戦は初めてのはずだが、鋭い操縦で、乗りなれた荒蒔少佐を苦戦に追いこんだ。立場を変えて、荒蒔少佐が高位からかかる。帰趨《きすう》は明白で、二回とも荒蒔機が勝ちを占めた。

高位と低位二回ずつの約束だから訓練を終えようとすると、加藤戦隊長はまた低位から空戦を挑んできた。同じ結果が出ると、さらにもう一回。

高位戦を四〜五回もやらされて、きりがないので荒蒔少佐は着陸してしまった。降りてきた戦隊長にわけを聞く。

「低位から勝つまでやりたかった」の返事だ。この新機材をより有効に使って戦果に寄与し

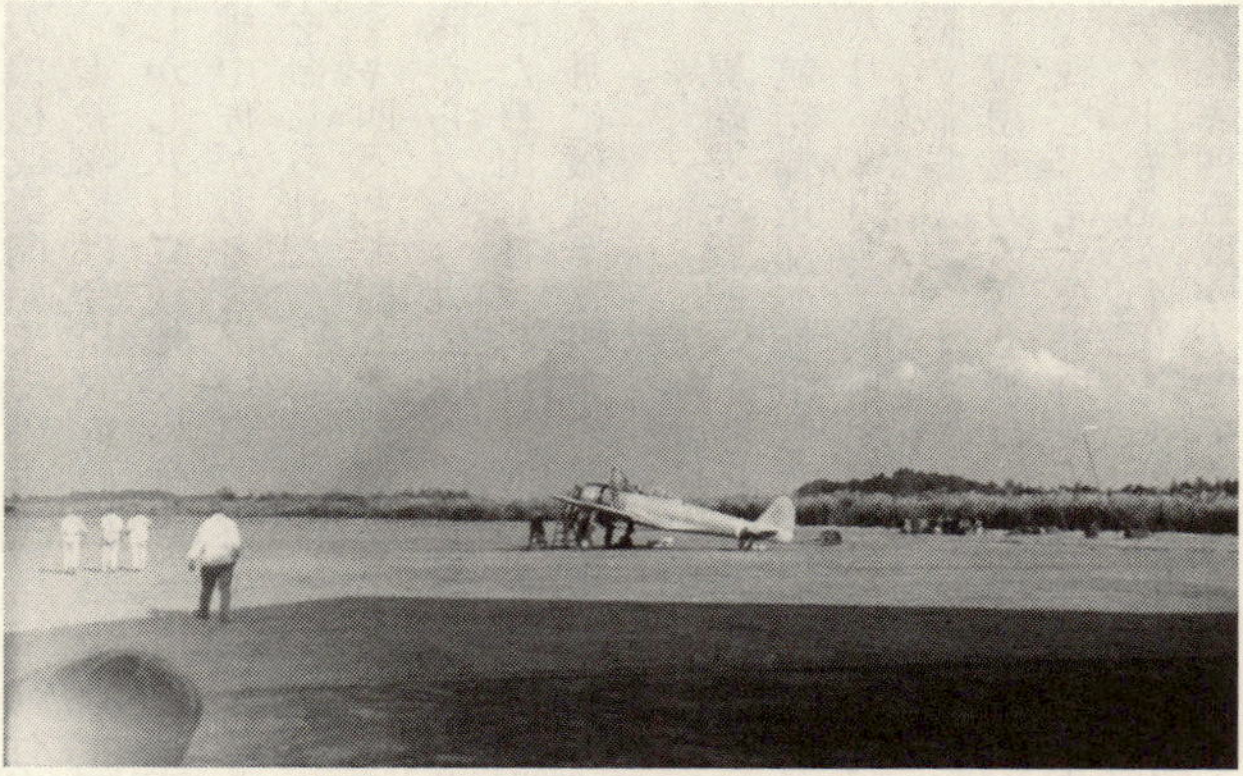

ススキの群生が連なる昭和16年秋、福生飛行場で整備中の一式戦一型甲。
胴体後部の白帯(戦地標識)から飛行第六十四戦隊へわたす機と思われる。

たい、加藤少佐の責任感と決意に、荒蒔少佐はあらためて感服した。

六十四戦隊は中隊ごとに四〜五名の整備幹部を、未修教育のため福生へ同行させた。彼らを取りまとめる立場の三中隊付整備将校の新美《にいみ》市郎中尉は、キ四三の引き込み脚、キ四四ゆずりの蝶型空戦フラップ、可変ピッチ式プロペラを見て「新しい決戦機だ」と意を強くした。

三中隊が戦技訓練のため明野へ移るまでの二〇日間ほどのあいだ、新美中尉は八王子の小田原屋旅館から福生飛行場に通った。そして一年半近くのち、所属が六十四戦隊員なのがきっかけで、この飛行場が彼の勤務地に決まるのだ。

キ四三の再浮上で改修された試作／増加試作機が福生にもたらされてから、六十四戦隊の機種改変開始までの半年間に、飛行実験部実験隊の人員に当然ながら変化があった。

実験隊長は今川大佐のあと、十六年三月から華中で航空参謀を務めた斎藤庄吉中佐が着任。しかし八月に戦地での罹患《りかん》がもとで病死したため、ノモンハンの空戦で火傷を負った加藤敏雄中佐があとを継いだ。整備班では俵中尉が転出し、少尉候補者出身の木佐木《きざき》大尉が後任者を命じられた。

キ四三とキ四五の熱地テストのさい、西村曹長とともに台湾に残留して、海軍の高雄航空隊から九一／九二オクタン燃料をゆずり受け、ベイパーロック防止の特効薬にできるのを知った豊田航技少尉は、海路と陸路で福生にもどってきた。まもなくキ四三整備の腕を買われ、八月に機材空輸担当の航空輸送部立川飛行部へ転属する。

異端児キ四四

航空輸送部へ転出した豊田航技少尉のかわりに、航空整備学校・第二教育隊（昭和十八年八月、立川航空整備学校に改編）を出た佐浦祐吉見習士官が着任した九月、飛行実験部実験隊の戦闘班は大わらわの状態と言ってよかった。

現用主力の九七戦はさすがに用ずみだが、ようやく二個戦隊分の機数をそろえつつある一式戦を、完全な実用機にするには、機体や武器など装備品のテストが必要だ。キ四四の実用テストも急がねばならない。キ四五性能向上機はひととおりチェックを終えたけれども、すぐにキ四五改が入ってくる。液冷重戦キ六〇のテストもすでに始まっていて、佳境に入ったところだった。

なにより、開戦の足音が高まってきた。九月六日の廟議《びょうぎ》（御前会議）で対米英蘭の戦争決意が定まり、二十二日には陸軍大臣が蘭印（現インドネシア）の石油確保策を決裁。昭和十六年（一九四一年）の初秋はまさしく、容易ならない緊迫の時期だった。

南進作戦をとる陸軍にとって、敵対するであろう敵の新鋭戦闘機は英空軍のスーパーマリン「スピットファイア」、ホーカー「ハリケーン」、米陸軍のカーチスP－40で、ボーイングB－17重爆撃機も要注意の存在。とりわけ「スピットファイア」への関心は高く、マレー方面に進出したとの情報（実は誤報）が参謀本部、航空本部にもたらされていた。

陸軍中枢は米英の航空兵力を甘く見てはいなかった。「軽視を許さない」と判断し、急いでキ四三／一式戦による長距離制空をはかったのだ。

一式戦に続いて、おっとり刀で実戦投入をめざしたのが、兄弟機のキ四四だ。日本陸軍戦闘機の正統派たる軽戦闘機のキ四三よりも、異端の重戦闘機として生まれたキ四四の、実用実験から制式採用までの流れを覗《のぞ》き見たほうが、開戦前夜の陸軍航空と飛行実験部の様相がよりあざやかに浮き上がってくる。

ちなみに軽戦と重戦は図体の大きさでは決まらない。全備重量を主翼面積で割った翼面荷重の値で決める、日本陸軍の専用語だ。翼面荷重が小さな軽戦は運動性重視の軽武装、翼面荷重が大きな重戦は速度重視の重武装が標準で、エンジン出力も後者が概して大きかった。

キ四四はキ四三とほぼ同時に試作指示がなされながら、試作機の完成が一年八ヵ月も遅れた。その第一の要因は、航空本部が重戦の特性を定められず、要求性能を出すのに手間どったためだが、審査サイドも状況は同じだった。

いまだ立川の航空技術研究所で基本テストがくり返されていた昭和十五年の秋のうちに、飛行実験部にもキ四四試作機がもたらされた。福生飛行場から最初に飛び上がったのは、戦闘班ナンバー・ツーの石川正少佐だ。

降りてくるなり、岩倉具邦《ともくに》中尉らへの開口一番は「こんな飛行機、乗ったことがない」。まだ武装を付けていない〝裸馬《はだかうま》〟なのに、既存戦闘機より翼面荷重がずっと大きく、離陸時にフラップを出して揚力を高めねばならない。飛行特性も着陸速度も、これまでの常識範囲外だった。

岩倉中尉も試乗して「とにかく難しい。大変な飛行機だ」との感想を抱いた。ベテラン操縦者たちのキ四四に対する典型的な反応だろう。

十五年の末に着任した荒蒔大尉も、すぐにこの試作機で飛んでみた。上昇力は確かにある。高度を一〇〇〇メートルまでとってから、エンジンをしぼりこみ、失速へもっていってその感覚をつかむ。接地の直前が要注意だ。

いろいろ特徴のある飛行機だが、兵器としてどの程度に有効なのか。一見、漠然としたような彼の言葉は、「やってみなければ分からない」が荒蒔大尉の判断だった。当時の実状を正しく伝えている。

キ四四の試作指示がなされた直後の昭和十三年春、航空本部の航空兵器研究方針に示された重単座戦闘機の特質は「高速で、軽単戦の七・七ミリ機関銃二梃に機関砲（口径一二・〇ミリ以上）一門を付加」だけ。キ六〇発注直後の十五年春には「敵爆撃機の攻撃と、軽単戦との協同戦闘が主任務。まず速度と火力、ついで上昇力を重視し、行動半径は四〇〇〜六〇〇キロ。機関砲二門と機関銃二梃」といくらか内容が細かくなった。

走行中にキ四四増加試作機の左主脚が折れ、格納庫内で支持架をあてられた。この程度の損傷なら修理して再使用可能。

だが正直なところ、この程度の定義では、具体的にどんな戦闘機を目指すのか把握しがたい。速力、火力、上昇力の重戦三要素が入っていても、運用法、戦闘法の基盤がないから、たんなる言葉の羅列とあまり違わないのだ。

日本陸軍にとって重戦に対する生きた教訓は、昭和十四年のノモンハン事件におけるI－16（И－《イー》16）との空戦があるが、これをすなおに吸収するには軽戦至上主義の壁が厚すぎた。航空兵器研究方針に重単戦の項目が入っているのは、用兵側が望んだためではなく、ヨーロッパの趨勢《すうせい》に表面的に配慮したからにすぎない。

メッサーと手合わせ

戦闘班の操縦者たちが随時キ四四で飛んだけれども、皆あまり力を傾けなかった。実用実験と審査の基準があやふやだし、ぜひ整備機（部隊配備される量産機を言う）にとの要望もないのだから。

試作で終わりかねないキ四四を救ったのは、昭和十六年六月に到着した輸入機のメッサーシュミットＢｆ109Ｅ－７。このドイツの重戦に、お蔵入り状態の国産重戦をぶつけてみようと考えるのは当然で、七月二十二日から二十四日まで岐阜の各務原飛行場を舞台に性能比較が実施された。

飛行実験部から出向いた操縦者は、石川少佐、荒蒔大尉、坂川敏雄大尉、岩橋大尉ら。このうち荒蒔大尉と坂川大尉がキ四四の審査主任の立場だった。このころは担当機材を実験部隊から指定されるわけではなく、よく乗っている将校が自然に受け持ちを務めるかたちを採っていた。

日独重戦の一回戦は荒蒔大尉と、ドイツ空軍から伝習教育を担当する役目で派遣されてきたフリッツ・ロージヒカイト大尉。

スペイン戦争が初陣のロージヒカイト大尉は、名うての第26戦闘航空団で、第二中隊長としてバトル・オブ・フランス、バトル・オブ・ブリテンを戦い、「スピットファイア」四機

残雪が消えた富士山頂をBf109E－7が航過する。各務原でのキ四四との模擬空戦を終えた16年8月、立川に空輸されて技研の操縦者がテスト飛行中。

と「ハリケーン」一機を撃墜した。日本から帰国後は一年あまり西部戦線の第1戦闘航空団の飛行隊長を務めたのち、東部戦線の第51戦闘航空団で第Ⅲ飛行隊長、ついで航空団司令として対ソ戦を続ける。東部戦線での五七機を含め合計六八機撃墜は、超エースのひしめくドイツでは注目を浴びるほどではないにしろ、第一級の戦闘機乗りには違いない。

荒蒔大尉は三十二歳、ロージヒカイト大尉が二十七歳。年齢とキャリアから、さぞ興味ぶかい模擬空戦になるだろうと、航空本部や技研、実験部、メーカーの中島、川崎からの面々が、地上で見まもる。

日本の戦技演習に従って、キ四四が高位で待ち、低位で入ってきたＢｆ109に第一撃をかけるよう取り決めてあった。晴れていた各務原の上空は、いつのまにか夏雲におおわれた。

いっこうにＢｆ109の機影が見えてこないため、雲上に出て探してみた荒蒔大尉は、ふたたび降下し、積雲のすぐ下の既定高度をゆるく旋回する。と、い

右：実験隊戦闘機班・荒蒔義次大尉
左：フリッツ・ロージヒカイト大尉(少佐当時)

きなり側方の雲間からＢｆ109が接近し、キ四四の後下方《こうかほう》に食いつこうとした。荒蒔大尉は急旋回、逆にバックを取りかけると、相手は上昇して雲中に隠れてしまった。

こんどはキ四四の低位戦。空域を視程が効く雲上へ移す。Ｂｆ109が雲の頂上を飛ぶキ四四に機動空戦を挑まず、かなたから太陽を背に接近し、大まわりに後下方への占位を目指した。キ四四も旋回をうって運動性を競いかけるや、すぐさま降下したＢｆ109は逃げ去った。

機動力を比べる日本式の演習を理解しきれず、ヨーロッパでの空戦の余韻から、ロージヒカイト大尉は得意の一撃離脱に終始したのだろう。「困ったやつだが、戦法が違うのだから仕方がない」。荒蒔大尉は、彼に格闘戦をやらせる方が無理と判断した。

そこで次の日は岩橋大尉がＢｆ109に搭乗し、荒蒔大尉のキ四四と競った。キ四四の高位戦では、ファウラー式の蝶型空戦フラップを半開にし、失速を遅らせて、重戦としては小さな急旋回に成功。Ｂｆ109をまったく抑えこんで数撃を加え、まず勝利をものにした。キ四四の低位戦でも、上空からのＢｆ109の突進を旋回でかわし、きつく切り返して後下方から相手の離脱方向へ上昇。距離一〇〇メートルまで迫って、以後一度も振りきられず追尾し続けた。

日本式の演習ではあってもＢｆ109を負かして、キ四四の株は一気に上がった。ヨーロッパで「スピットファイア」に勝った（と思われていた）Ｂｆ109、それを圧倒したキ四四は当然「スピット」よりも優秀、との論理が成立し、マレー進攻のさいの最大の強敵に対抗しうる目算が立った。

ロージヒカイト大尉はドイツ流のロッテ／シュヴァルム編隊空戦法を、日本陸軍に紹介した。日本でロッテ戦法と呼ばれた、二機・二機の四機小隊機動は、このあと明野飛行学校の研究課題に採り上げられる。

もう一人のパイロット、民間人のヴィリー・シュテーア氏は壮年で、キ四四を操縦して「この飛行機を乗りこなせれば、日本の軍航空は世界一になるだろう」と、過分の評価を述べた。そして「私は軍人ではないから、潜水艦では帰らない」と主張し、戦争が終わるまで滞在し続けたという。

カワセミ出陣

航空士官学校の生徒隊付・黒江保彦大尉が、みごとな口髭の生徒隊長・下田竜栄門《りゅうえもん》大佐から転属を伝えられ、飛行実験部実験隊に着任したのは昭和十六年の九月中旬。航士校の生徒相手に教官をやっているより、新鋭機チェックの実験部のほうが気合が入るのは当然だ。しかし「君は南方行きだ」と言われたのが、なんの意味か分からない。自分の「隊長」の立場という坂川少佐（八月に進級）にたずねてみる。

陸士／航士で七期違いの二人は、同じ組織での勤務は初めてだが、ノモンハン事件終了後にハイラルでの慰労会で話し、面識があった。

キ四四試作機の実用テストを進めつつ、一個隊を作って戦力化する旨《むね》を、坂川少佐は教えた。これが十六年九月五日付で編成に着手の独立飛行第四十七中隊だった。

隊長はまさしく、キ四四の担当で、特質を熟知した坂川少佐。実用実験の審査主任が、該当機の装備部隊長に任じられるパターンは、実験部とその後身の審査部を通じ普遍的である。

ほかに操縦者は、明野飛校からの神保《じんぼ》進大尉、光本悦治曹長、六十四戦隊からの岡田直祐准尉といった腕達者を含む七名。整備も技研から、エンジンのエキスパート・武川一六《むかわいちろく》中尉と、当初からキ四四に関わってきた敏腕の刈谷正意《まさい》曹長が加わった。

彼らはとりあえず飛行実験部に所属し、九月三十日の編成完結で独飛四十七中隊への転属措置がとられた。

キ四四だけでは装備機数の不足が懸念されたため、川崎のキ六〇を三機スペアに用意した。同じ重戦でもキ六〇は、製造権を買ったダイムラー・ベンツDB601Aaエンジンに合わせて試作指示がなされた機で、キ四四とは何ら関係なく誕生した。

キ六〇のＢｆ109およびキ四四との比較テストは、九月から十月にかけて飛行実験部で実施された。完成後まもないキ六〇に各務原で試乗した荒蒔少佐（八月に進級）は、キ四四の熱地テストで岩橋大尉と台湾・屏東へ出張中。そこで独飛四十七要員の黒江大尉がおもに、液冷重戦の操縦桿をにぎった。

Bf109と飛行性能を比較中のキ六〇第3号機。スマートなキ六一とはずいぶん違った、獰猛（どうもう）さを感じる側面形だ。

キ六〇の速度と上昇力はＢｆ109とほぼ互角、空戦性能は対等以上、との成績が出た。キ四四に対しては速度がやや劣り、格闘戦能力も空戦フラップを使われて敵《かな》わなかった。ただし、横転をのぞく運動性でキ四四を抑え、着陸特性もキ六〇がまさった。

総合的にキ四四がベターと判定した航空本部は、制式機材に内定を決めた。結果的に見てもこれが正解と思われる。エンジンと武装（未入手の二〇ミリ機関砲、零戦と同じスイスのエリコンＦＦ型を予定したようだ）に未知数のマイナス要素があるキ六〇よりも、確実性の高い機材だからだ。

急降下テストで可動風防を飛散させる事故も味わった黒江大尉は、キ六〇を「舵にねばりがあり、操縦も着陸もやりやすい。キ四四にまさるとも劣らぬ惜しい飛行機」と評価する。乗りなれて、愛着が生まれたせいもあったのだろうが。キ四四には、まだちゃんとした取り扱い説明書ができていない。メカニズムを熟知する刈谷曹長は持ち前の機転をきかせ、とりあえず操縦者に機構を把握してもらうためポケット用の簡易版を作り、青焼き複写して配った。

航続距離《あし》が短い機で洋上を飛ぶのだから、燃料消費をきちんと測定し、一方で明野飛校へ飛んで九七戦と編隊戦闘を演練する。キ四四は試作三機、増加試作七機のうち九機を使い、キ六〇は装備しない方針が決まった。

頭でっかちで胴体が太短い鳥、カワセミは、清流中に魚を見つけるや逆落《さか》としに降下し、鋭い嘴《くちばし》であやまたず仕留める。その姿と襲撃法が、一撃離脱で敵機を落とすキ四四を思わせるところから、独飛四十七中隊員は「かわせみ部隊」と自称した。

かわせみ部隊の出発は昭和十六年十二月三日の午前。朝のうちに戦闘班格納庫の前に用意された机に、冷や酒とスルメがならぶ。乾杯し、万歳を唱和すると、九名の操縦者はそれぞれの乗機に乗りこみ、地上勤務者は九七式重爆撃機二機に分乗した。マレーへ向けて発進にかかるキ四四を、岩橋大尉が手を振って見送っていた。

かわせみ部隊の操縦者のうち、のちに三名がふたたび福生飛行場で勤務する。充分すぎる度胸の神保大尉、「士官学校出では最後の本格テストパイロット」と今川一策氏が回想した黒江大尉、その黒江氏が手記に「腕前なら日本一といわれた好漢」と書いた光本准尉（九月末に進級）である。

こんどはキ六一を

キ四四がマレーへ向かってから五日後、太平洋戦争が勃発。この日、九九式双軽爆撃機を空輸してきた荒蒔少佐は、ハノイの航空廠にわたすと、飛行実験部長から南方軍の総参謀副長に転任していた阪口芳太郎中将に、サイゴンの総司令部で面会した。

南進作戦で使える強武装の長距離戦闘機、すなわちキ四五改の部隊配備を中将から要望された少佐は、福生に帰るとテストを続行する。翌十七年の一月末までにキ四五改の審査を終える指示が、航空本部から出ていた。

射撃テストのため十二月二十日から明野行き。元旦を休んだだけでテストを続け、シュテーア氏らから教えられたロッテ（二機）、シュヴァルム（四機）の編隊機動を試す。昭和十七年一月下旬には最大六機のキ四五改を使って、一式戦との単機空戦および九七戦との編隊空戦。ついで夜間飛行、航続力テストへ進み、二月四日に終了。一連のテストには石川少佐らが協力した。

すぐに性能報告と整備・取り扱い報告をまとめ上げ、実用試験中間報告として二月十日に航空本部へ提出する。「複戦として性能は良好だが、速度と上昇力がやや不足」が審査主任の荒蒔少佐の総合評価だ。複座・双発戦に関する比較対象や確たる戦訓データを持たないこの時点で、さらなる予見を示すのは無理だろう。

昭和十二年三月に秋田熊雄大尉（当時の階級）の担当でキ三八の審査がスタートし、キ四五をへて、十七年二月にキ四五改が二式複座戦闘機の名で制式兵器になり、まず一段落。けれども要テストの試作機はとぎれず、キ六〇の兄弟機キ六一が十六年十二月に完成し、十七年三月には一～三号機が福生飛行場に持ちこまれた。

戦闘班のトップの横山八男少佐の体調は、いまだ、激しい空中勤務に適さない。石川少佐はこの三月に、自分が審査した二式戦への機種改変が目前の、飛行第五十戦隊長に任じられてビルマ（現ミャンマー）へ転出。そこでキ六一の審査を荒蒔少佐と木村清少佐が引き受け、岩橋大尉はキ四四整備機化へ向けての実用テストを続行した。

それにしても操縦者が足りなかった。教育飛行連隊で基本戦技を学んできた下士官や、航空士官学校を卒業し明野で乙種学生を終えたばかりの若年将校を、手伝いに使えるようなところではない。水準をずっと上まわる技倆を備えた者でなければ役に立たず、そんな操縦者がこの時期に余っているはずはないから、補充が困難なのだ。

「うまいのは、まず木村」と、腕のほどを認めたパートナーと組んだ荒蒔少佐は、キ六一の審査にとりかかる。

武装なしのキ六一試作機は、実にバランスのとれた高性能を発揮した。「重いキ六〇より確実にいい」の判断のもと、全速、旋回、上昇、急降下と各テストはとどこおりなく進んだ。

もちろん問題は皆無ではない。

三月下旬、降下中に補助翼が白く濁《にご》ったように見えるのを、荒蒔少佐はいぶかった。降下をやめ減速すると、もとにもどる。明らかに、補助翼が気流によって振動する、フラッターが生じたのだ。やり直してみて、速度計が六二〇～六三〇キロ／時を示すあたりでこの現象が起こるのが分かった。

少佐から伝えられた川崎の設計主務者・土井武夫技師は、補助翼のヒンジ周辺に施した平衡重錘《マスバランス》でフラッター対策は大丈夫と考え、とくに処置を講じなかった。

16年12月、川崎・岐阜工場で撮影の完成後まもないキ六一試作1号機。武装なしの軽量機はバランスがとれ、好評を博す。

三ヵ月ほどのち、川崎のテストパイロット・片岡載三郎《さいざぶろう》飛行士が、増加試作機を引きわたすため立川飛行場に持ってきたとき、Bf109との急降下性能比較がなされた。高度六〇〇〇メートルから降下に入り、Bf109を抜いたのちにキ六一の補助翼がちぎれ飛んだ。

ベテラン片岡飛行士は破損機を操り、みごとに着陸。マスバランスの配置に欠陥があって、補助翼にねじれ振動を生じたと判明した。このとき土井技師は、荒蒔少佐の報告をつぶさに検討・分析し対策を施していればと、テストパイロットとの連係の重要さをあらためて痛感した。

「福生では今川さん、横山さん、石川さんにもよく会ったが、いちばん記憶にあるのが荒蒔さんです。キ六一を作るとき、本当にお世話になった。飛行だけでなく、技術面の批判も正確で、教わるところがいろいろありました。いい飛行機をまとめ上げるには、設計者とテストパイロットが、言葉の通じあうツーカーの仲でなければいけない。荒蒔さんとは、そんな関係になれたと思います」

設計者には珍しく線が太く、磊落《らいらく》な土井さんは、率直に語る。

荒蒔少佐も、学者ぶったところが全然ない土井技師とは付き合いやすかった。「ときには頑固な一面ものぞかせるが、技術に打ちこむ姿勢、設計者としての力量、センスは最高」との評価は、存命中いちども変わらなかった。

整備に余力なし

Ｂｆ109Ｅに装備されたＤＢ601Ａａの取り扱い説明書を見て、佐浦少尉はため息をついた。これほど複雑な高性能エンジンなのに、三時間あれば野外でも交換可能、と書いてある。機体との接続処理が巧妙なためだが、にわかには信じられず、福生飛行場に持ちこまれたＢｆ109を見て納得がいった。

五〇〇～六〇〇時間でエンジンと補機類をそっくり換装してしまう。一日か二日、外に放置したままでも、神経質なはずの液冷エンジンが、始動スイッチひとつですぐに動き出す。「キ六一もこんな具合にできないものか」と、少尉は川崎からの出張員に訴えた。油さえ入れれば飛ぶ飛行機こそ、整備兵にとって理想の機材なのだ。

飛行実験部実験隊の整備班では、開戦の直前に班長の俵中尉が転出、木佐木大尉と交替したのはいいとして、戦闘班担当は多忙をきわめていた。トップの佐浦少尉が頼りにできるのは、腕ききの西村曹長をはじめ数名だけ。昭和十七年の春になっても、この寂しいスタッフでは、一式戦、制式化直後の二式複戦のお守りをしながら、新しいキ六一の面倒をみるのは至難と言えた。

各種報告書の作成、取り扱い説明書の記述、メーカーに対するキ六一の不良箇所の改修交渉などで、佐浦少尉は身が二つあっても足りないほど。西村曹長にしても複戦やキ六一の整備要領を独学で習得しつつ、部下の整備兵や軍属に教え、さらに未修教育を受けにきた装備部隊の整備兵にも手ほどきするのだから、暇なはずがない。

朝の試験飛行に機材の整備が間にあわないとき、木佐木大尉から「なぜスムーズにはかどるように勉強しないのか」と注意を受けた。

「仕事が増えるばかりで人数が同じでは、どうにもなりません。幹部の将校と力のある整備兵を、もっとそろえてください」

佐浦少尉はつとめて冷静に反論する。戦争はまず戦闘機が制空権をにぎるのが基本。士官学校出身者を実験部付にして、新型機の整備を初めから覚えさせたのち装備部隊に転属、戦地へ向かえば、戦闘機戦力の向上に直結する、というのが彼の持論だった。

過労続きで、整備事務所の椅子に座ったまま眠ってしまう激務は、なかなか改善されなかった。しかし、木佐木大尉は佐浦少尉の意見を納得し、航空本部に進言をなしたようで、やがて回答がもたらされる。

時ならぬ警戒警報

機種がとがった見なれぬ飛行機のジュラルミン外板が、早春の朝日を浴びて輝いている。流れるようなアウトラインの、美しい単座機だ。

ここ水戸飛行場は水戸飛行学校の専有施設。すでに通信教育部門を航空通信学校へ移して、航空火器、対空火器、戦技（射撃など）の教育や研究・調査が、水戸飛校の業務だった。

迷彩なしのこの単座機は、キ六一の試作二号機と三号機。飛行実験部実験隊の福生飛行場で飛行性能テストをひととおり終えて、担当主任の荒蒔少佐と補佐の梅川亮三郎准尉が、射撃テストのために運んできたのだ。

両機の自動火器は、機首に一式一二・七ミリ固定機関砲（ホ一〇三）二門、主翼に八九式七・七ミリ固定機関銃が二梃。テストの主体は、一式戦に積まれて実用が始まったばかりのホ一〇三にあった。

新しい機関砲を試作機に装備すれば、どうしても故障や不具合を生じてしまう。朝の鹿島灘上空、高度一〇〇〇メートルで、目標牽引機が曳航する吹き流しをねらって、荒蒔少佐と梅川准尉の操縦するキ六一が交互に射撃したが、両機とも一〇発あまりで発射停止。出なおして、旋回しながら撃ってみると、Gがかかったせいで、わずか数発で止まってしまった。

送弾機構など機関砲自体の欠点よりも、むしろ弾倉や給弾口の形状が弾帯となじんでいな

テスト中のキ六一試作2号機は水戸飛行場から侵入機Ｂ－25を追いかけた。

いからだろう。起こるべくして起きた事態であり、実用テストのうちに直せばいい。このまま射撃を続けても作業は進捗《しんちょく》しないから、いったん飛行を取りやめ、荒蒔少佐は武装班に不具合のチェックを命じた。

せっかくのテストの腰を折られた少佐と梅川准尉が、休憩のため、飛行場の南側に設けられた控え所《ピスト》に入ると、珍しく警戒警報の発令があった。格納庫から飛行機がつぎつぎに出され、分散配置され始めた。空襲にそなえる措置である。

「警戒警報発令中ですので、飛ばないようにして下さい」

と知らせにきた飛行場主任も、詳しい事情を聞いていなかった。機関砲関係のほかに主脚の出入も不調だったので、少佐は点検と整備を指示して、午前中のテストは中止と決めた。昭和十七年四月十八日の午前九時ごろだった。

日本本土初空襲をめざして西進する米海軍の第16任務部隊を、十八日の午前六時三十分に海軍監視艇「第二十三日東丸」が、東京から一二〇〇キロの太平洋上で最初に発見して打電。以後、続報を検討した軍令部は、索敵機の出動と艦隊の攻撃準備を命じたが、敵機の来襲には間があるとみなした。

米艦上機の行動半径を五〇〇キロ弱と推定していたのが、その主因だ。敵空母はさらに本土に近づいて搭載機を放つだろう、来襲時刻は明十九日の早朝、と軍令部は判断した。

本土上空の防衛を受けもつ陸軍も、同じ考えだった。防衛総司令部はいちおう午前八時半、念のため警戒警報発令を東部軍司令部に下命。東部軍司令官隷下《れいか》の高射砲部隊、聴音機隊を配置につかせ、また指揮下にある第十七飛行団の諸部隊からは九七戦、九七司偵に加え、配備したての二式複戦が、それぞれ少数機ずつで上空哨戒を始めた。

双発機は星マーク

早めに昼食をとった荒蒔少佐が、ピストの前に椅子を出し、うららかな陽光のなかでタバコをくゆらし始めたとき、耳ざわりな空襲警報のサイレンが方々で唸《うな》り出した。

飛行場に人影が急に増え、にわかにあわただしくなった。皆てんでに空を見まわすが、なにも変化はない。

そのうちに、北の空にポツンと一つ黒点が現われた。低空を飛行場方向に飛んでくる。高度は二〇〇メートルほどか。「空襲警報も知らないで、馬鹿なやつだ」と少佐は思ったが、機影が近づいてずんぐりした双発機と分かったとたん、別の考えが浮かんだ。

シンガポールで捕獲し福生に運ばれて、自身も試乗してみた、英空軍のロッキード「ハドソン」哨戒爆撃機ではなかろうか。

そのベースにされたロッキード「スーパーエレクトラ」は、立川飛行機と川崎航空機で国産化しているし、川崎では改良型の一式貨物輸送機も量産中だ。どれも遠目には同じ形だが、黒っぽい塗装から、少佐には「ハドソン」と思われた。

飛行実験部から自分のところへ連絡に飛んできたのか。「早く降りないと、飛行場主任がうるさいぞ」と独りごちたとき、となりで双眼鏡をのぞく梅川准尉が声を上げた。

「あっ、星が見えますよ、星が！」

「ええっ⁉」

「アメリカのマークがあります！」

まさかと思い、「うそだろう。貸してみろ」と双眼鏡をもらって目に当てる。まぎれもない米軍のマークだ。

たくさんの飛行機が雑然と置かれた水戸飛行場を素通りして、敵機はそのまま南へ飛んでいく。目標は東京、そして宮城（皇居）か！　連想して荒蒔少佐の表情が変わった。

「これはいけない」

キ六一は二機とも格納庫に入り、機首カバーをはずしたまま。少佐は近くの兵を連絡に走らせると、梅川准尉とともに落下傘用の縛帯を付けた。

追撃すればキ六一の速さなら捕捉できるだろう。第二、第三の敵機の存在もありうる。制式兵器ではない試作機を戦闘に用いるのは、厳密にいえば問題を生じかねないが、杓子定規《しゃくしじょうぎ》にとらわれているときではない。

一機はすぐに発進可能、の報告が届いた。格納庫へ行きかけると、武装班のトップの橋本技術大尉が駆けてきた。

「おい、タマはどうだ?」

少佐の問いに大尉が答える。「演習弾なら弾帯にしたのがあります」

演習に使う、当たっても穴があくだけの徹甲弾だが、対人用なら有効だ。キ六一へ向かって走り出したとき、橋本技術大尉の声が追ってきた。

「少佐殿! 信管付きのタマがありますが」。弾体の頭部に瞬発信管を付けた、一二・七ミリ用炸裂榴弾、マ一〇三のことだ。

弾頭内に爆発用の火薬を仕込んだ炸裂弾を、陸軍は「マ弾」と総称した。そもそもは七・七ミリ弾の破壊力向上を求めて、陸軍造兵廠が試作したのが始まりで、マ一〇一と呼ばれたが、一二・七ミリ機関砲の登場によって量産には至らなかった。

当然一二・七ミリ用のマ弾も造兵廠で手がけられ、マ一〇一と同じく炸薬を内蔵したマ一〇二と、さらに瞬発信管を加えたマ一〇三を開発。両方とも大戦を通じてホ一〇三に使用される。信管付きの弾丸は炸裂の確実性が高いが、小型のものの製造が困難で、概して二〇ミリ以上の弾体に採用された。本家ブローニング機関銃の一二・七ミリ弾にも信管付きはない。

マ一〇三は昭和十五年にでき上がり、一式戦に積まれて、マレー、ビルマの実戦で有効性を発揮した。キ六一への装備に関しては、空中テストはこれからだが、地上テストは終わっている。マ一〇三なら爆撃機も撃墜できよう。問題は、弾帯に組みこむのにかかる時間だ。

漫然と仕上がりを待っていては、敵を取り逃がす恐れがある。そこで、とりあえず梅川准尉を演習弾搭載機で先発させ、マ弾が組み上がりしだい自分が離陸する、拙速と巧遅の二段がまえを少佐は即断した。

梅川准尉は少佐よりも操縦学生が二期・九ヵ月古い、この時点で一二年弱の飛行キャリアを持つ超ベテラン。甲式四型装備の飛行第三連隊で出会って以来一〇年の付き合いだから、緊急事態の単機出動を任せられる腕前なのは分かっていた。

「よし梅川、先に行け、東京へ！　俺は信管付きを持っていく」

少佐に敬礼した准尉は、格納庫の前に準備されたキ六一に駆け寄り、かろやかに発進。北向きに浮き上がり、ダダッと試射すると急旋回をうって、南の空に溶けこんでいった。

B－25追撃戦

荒蒔少佐は格納庫のもう一機に搭乗し、座席の落下傘を縛帯に付ける。機首カバーの装着を終えたキ六一は、少佐を乗せたまま整備兵たちに押されて庫外に出た。

エンジン始動。さっと計器類をチェックする。風防のすぐ前の点検・給弾パネルは外されたままだ。弾帯がなかなか来ない。じりじり待つうちに、少佐は我慢しきれず「まだか、まだか⁉」と怒鳴り、風防を叩いた。敵機を捕捉しうる可能性は刻々と減っているのだ。

やっとマ弾の弾帯がもたらされ、係の兵が汗だくで弾倉に収める。

「しっかり頼みます！」の叫びを背にキ六一は動き出し、横風を受けつつ海岸線へ向けて離陸。試射をすますと南西に変針し、上昇にかかった。

日本軍の意表をついて、空母に陸軍の双発爆撃機を載せ遠距離から放つ。空襲後は中国大陸に降着させる奇抜な片道作戦を、米側は立てていた。

予想外の監視艇に見つかったため、夜間奇襲を昼間強襲に変更。午前七時二十五分から一時間がかりで空母「ホーネット」を発艦した、ジェイムズ・H・ドゥーリトル中佐が率いる一六機のノースアメリカンB-25B「ミッチェル」のうち、一三機が東京を目指した。

警戒警報ののち上空哨戒に出た第十七飛行団隷下部隊の九七戦は、燃料切れで正午近くに着陸し始めた。水戸北方の萱谷防空監視所から「敵大型機一機発見」の報告が、東部軍司令部に届いたのは正午すぎだ。梅川准尉が双眼鏡で認めたのと同じB-25と思われる。

艦上機に「大型機」はないのが常識だ。東部軍が確認を急ぐうちに十二時十五分、東京に第一弾が炸裂した。

あわてて空襲警報を発令したが、敵機の位置も高度も把握できず、邀撃はまったく後手にまわった。

荒川の先を黒煙が流れている。敵機の空襲を受けたに違いない。深呼吸して空戦への気持ちを整えた荒蒔少佐だが、四周のどこにも敵影が見当たらなかった。さいわい皇居の方角に煙が上がっておらず、ひと安心だ。

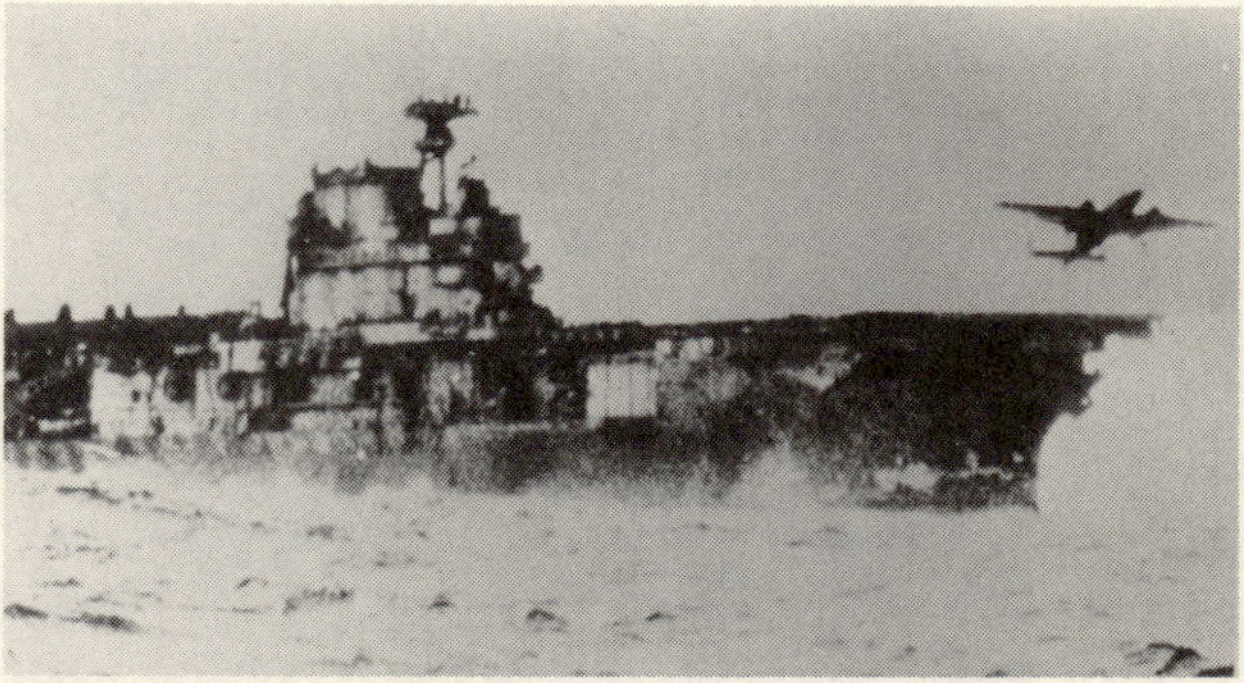

荒天下、米空母「ホーネット」から発艦するB－25Bを、護衛の艦から撮影した。飛行甲板の後方に待機する僚機のため滑走可能距離はひどく短い。

下方を味方戦闘機が飛んでいる。やがて上空にも現われた。横須賀航空隊の零戦の三機編成が、見なれぬキ六一を怪しんで、前上方から後下方に回りこんできた。状況を察した少佐が急旋回で機を傾けて主翼の日の丸を見せ、さらに翼を振ると、了解して離れていった。彼の判断も、あわてて射弾を送らなかった横須賀空の編隊長も、機敏かつ冷静だった。

東京上空に敵を見ず、水戸飛行場に帰還した荒蒔機が、格納庫前の駐機場に止まると、整備兵が駆けつけて「何機やっつけましたか⁉」と問いかけた。梅川准尉は一機撃破だという。その戦闘はおよそ以下のような状況だった。

三〇〇メートルほど高度をとったとき、超低空を南下する敵機を見つけ、霞ヶ浦の手前で追いついた。散在する農家に被害が出ては、と即座の攻撃を手びかえ、速度を増すB－25との間合を容易に詰めて、霞ヶ浦上空にかかったところで射弾を放った。

低空で航過するB－25のコクピットから副操縦士が写した横須賀軍港。開戦後の米人が初めて見る重要地域の光景だった。

応戦の敵弾をかわしつつ、二撃、三撃。やがて敵の抵抗がとだえた。銃座の射手を仕留めたのか。さらに近づいて左翼の付け根へ撃ちこむと、ガソリンが白く噴き出た。

マ弾ならもう撃墜というところだが、演習弾ではあと何撃を要するのか分からない。そのうえ、おっとり刀で満タンにするひまなく離陸したため、燃料残量がわずかになってきた。無理に追撃を続け胴体着陸でもして、貴重な試作機を壊しては大損だ。

思いきりよく決意した梅川准尉は、千葉県八街《やちまた》あたりから洋上へ抜ける敵機を見送って、水戸飛行場へ機首を返した。

梅川機に追われたB－25は、「ホーネット」から四番目に発艦した、機長エベレット・W・ホームストロム少尉が操縦の機（製造番号40－2082）と推定できる。

ただし、未知の日本本土への初侵入だったのと、中国大陸を経由しての帰還で調書作成が遅れたためなどで、各B－25クルーの報告や回想には、あやふやな部分がいくつも見受けられる。ホームストロム少尉機もこの例にもれない。

同機はごく低い高度を飛行。まず二機の九七戦の銃撃をかわす。次に高度四五〇メートルあたりに別の九七戦二機を見つけたが、爆弾と焼夷弾をすべて東京湾に投棄し、機速を四三五キロ／時まで上げて危機を逃れた。

このあと、左前方から引き込み脚の液冷エンジン機が単機、襲ってきた。

当時、日本の「引き込み脚の液冷機」はキ六一のほかに、海軍がテスト中の十三試艦上爆撃機（のちの二式艦偵／「彗星」）があるけれども、B－25襲撃に関しては問題外だ。したがって、クルーの誤認でなければ、これが梅川機になる。

キ六一だったとするなら、B－25を追い抜いたのちに前側方攻撃を加えてきたわけだ。カタログ値で見て、キ六一は一〇〇キロ／時以上も優速だから、充分ありうる話である。

ホームストロム機は銃塔が故障し、左翼タンクから燃料を洩らしていた。これはクルーの回想では本土侵入以前のトラブルとされるが、荒蒔さんが記憶する梅川准尉の交戦報告に合致する。また一六機のB－25のうち、ホームストロム機だけが爆弾を捨てた。この原因もあるいは准尉の攻撃によるものかも知れない。

B－25の撃墜は叶わなかったが、本土防空戦史に残る初戦果（撃破）は梅川准尉が記録した、と書いて間違いはなさそうだ。

腕を買われて

ドゥーリトル隊のB－25は東京のほかに、名古屋へ二機、神戸へ一機が向かった。後者のドナルド・G・スミス少尉機（40－2267）の目標は神戸製鋼所。この機も本書の内容にいささかの関わりをもつ。

防空任務で臨時に出張中の伊丹飛行場から離陸した、飛行第十三戦隊・第二中隊の竹澤俊《とし》郎《お》准尉は、大阪湾の空域へ飛んだ。目的は射撃訓練で、一銃三〇発ずつ撃ちつくして帰途につく。

六〇〇メートルほどの高度を飛ぶ竹澤准尉の目に、一〇〇〇メートル上空を伊丹の南から西宮の丘陵部へ向かう双発機が映った。

「変な飛行機がいるな」

なんの警報も受けていないが、「敵機」のイメージがわいた。しかし攻撃しようにも弾丸がない。そのまま見逃してやり、スミス機は竹澤機の存在に気づかずに神戸爆撃を目指した。

それから三ヵ月後、竹澤准尉は十三戦隊から飛行実験部実験隊へ転属する。理由は、彼の腕を見こまれての引き抜きだ。

昭和十四年の春から二年間、漢口の独立飛行第十中隊付で日華事変を戦った。前半の一年間、隊長を務めたのが操縦学生のときの教官でもあった木村清大尉（当時）。そこで飛行実験部への転属は木村少佐が呼んでくれたものと、竹澤准尉は思っていた。

もちろん木村少佐の推薦もあったに違いないが、大阪・八尾の十三戦隊本部へ転属の交渉に出かけたのは荒蒔少佐だ。

荒蒔少佐が大尉で九七司偵装備の独飛十八中隊長のとき、同じ漢口にいたし、独飛十中隊が運城に前進したとき彼が九七司偵でやってきたのを、竹澤准尉は覚えていた。

竹澤俊郎准尉とキ六一試作1号機。愛国号献納式のアトラクションで福生から羽田飛行場に飛んできたときのスナップ。

そのころに竹澤曹長（当時）を見ていて優れた腕前を見ぬき、操縦者が手うすの実験隊戦闘班にもらおうとした。荒蒔少佐の交渉は成立をみた。

福生に着任した准尉はキ六一担当の一員を命じられ、たちまち乗りこなして特徴を把握。以後、敗戦に至るまでキ六一シリーズを主要乗機に飛び続ける。

きわどい事故

整備班の西村敏英曹長には、忘れられない事故の体験があった。一式戦との戦技演習で、石川少佐が操縦するキ四五改に同乗したときだ。

キ四五改の高位戦で、二〇〇〇メートル下方の一式戦二機に向けて加速降下《パワーダイブ》。ところが調速器の故障か、左プロペラはピッチが深くならず、過回転に陥《おちい》ってエンジンが壊れた。ピストンがカウリングを突き破り、ザクロ状になって火を噴いたのだ。

連続爆発する左エンジンから流れる炎が、後方席の風防をなめそうにまで伸びてきた。さいわい飛行場はすぐ下なので、石川少佐は進入方位などにはかまわず降下し、脚を出して巧みに滑りこんだ。

この事故は石川少佐の技倆をはじめ、生還しうる条件がいくつか残っていて助かったのだが、昭和十七年七月二十九日の場合はほんのわずかの差で命をひろった。

二月に制式機材になったときの二式複戦の翼内燃料タンクは、なんの付加もない生《なま》のタンクだったが、まもなく加圧式に変更。南進作戦時の、熱地用に燃料冷却器も用意された。

暑さが増して、複戦装備の飛行第五戦隊から「高度をとるとエンジン不調」の報告が飛行実験部に入ったため、佐浦少尉と西村曹長は柏飛行場へおもむいた。地上待機のあいだに燃料が熱くなって、上空でベイパーロック現象を生じたものと判明。燃料冷却器を付けてのテスト飛行が二十九日に実施された。

操縦は五戦隊一中隊の白男川《しらおがわ》肇伍長。複戦の同乗には慣れている西村曹長が後方席に座るつもりだったが、激しい腹痛に襲われた。

「それなら私が」。佐浦少尉が代わろうとすると、「部隊の者を乗せましょう」と止めた西村曹長は、一中隊長・千葉吉太郎大尉に機関係の加藤久士曹長を指名し、交代を依頼した。西村曹長は飛行実験部に来るまで五戦隊に在籍しており、加藤曹長を指導して腕の確かさを知っていたからだ。

落下傘の縛帯が、佐浦少尉から加藤曹長にわたされる。発進した複戦を見送って、少尉と西村曹長はピストのテントに入って一服した。なにも難しくない飛行テストのはずだった。しばらくのち、サイレンのような異様な音が響いてきた。テントをとび出し空を仰ぐ。すぐに爆発音。

双眼鏡をのぞく少尉は、空中破壊直後のようすをつぶさに見た。落下傘が二つ出たが、一つは縛帯につなげてなかったらしく人間の姿が見えなかった。

搭乗の二人は殉職した。西村曹長に腹痛が起きなかったら、あるいは佐浦少尉がみずからの同乗に固執したら、ここで福生との縁は切れていただろう。

のちに空中分解の原因は方向舵のねじれ振動と判明し、メーカーの手で全機に対策が施された。唸《うな》りが地上に届くほどの急降下は、白男川伍長が意識的にしかけたのではなく、酸素吸入器の故障で失神したためらしいと考えられた。

第二章　テスト：キ八四、キ九六、Bf109E、Fw190A、P-40E、「バッファロー」、「ハリケーン」、ホ一〇三上向き砲、防弾タンク

航空審査部、誕生

予想以上の快進撃の半年間が終わって、ミッドウェー海戦に海軍が敗れ、続いてソロモン諸島で米軍の本格的反攻の火の手が上がると、兵器のスムーズな開発と生産、それに補給の重要さが強く感じられ始めた。

そこで陸軍は昭和十七年（一九四二年）十月十五日付で、地上、航空の双方の兵器行政の変更を実施した。面倒に入り組んだ担当業務の、風通しをよくして、確実な効果を速《すみ》やかに上げるのがねらいだ。

航空の分野でまず記さねばならないのが、飛行実験部の改編である。

すでに述べたように、実用テストと審査を担当する飛行実験部ができたあとも、立川の航

空技術研究所では第五科に水準以上の人員を集め、飛行テストを含む基本審査を続けていた。

今回の改革で技研は、機体、プロペラ、火器など種目別に第一～第八航空技術研究所に分割され、研究だけをこなすよう定められた。すなわち、これまで技研が持っていた審査業務はまったく消滅したのだ。

そのぶんを吸収して、航空関係機器材のいっさいのテストと審査を請けおったのが、新たに編成された陸軍航空審査部だった。飛行機の審査が主体だった飛行実験部の業務を大幅に拡大し、存在感をより高めた組織と言えるだろう。新制式機の伝習教育担当も従来どおり継続された。

内部機構としては、これまでの「飛行実験部実験隊」が「航空審査部飛行実験部」に変わった。名称がまぎらわしいように、両者は内容が似かよっている。前者を構成していた戦闘機班、偵察機班、爆撃機班、襲撃機班は、それぞれ戦闘隊、偵察隊、爆撃隊、攻撃隊へと改称、拡充され、それ以外の機（輸送機、連絡機、滑空機など）の審査はそのつど試験班を組んでいたのが、特殊隊の名で常設とされた。

実験隊と同ランクで並立していた整備隊は解消。実験隊内の整備班が整備隊に改称され、戦闘、偵察など各隊ごとの担当に分かれた。また別に武装班、測定班、通信班が実験部の下に置かれた。

飛行実験部と並立するのは、飛行機部（機体やプロペラの形状調査、検討、製図など）、発動機部（動力関係）、武器部、爆撃部、材料部（燃料、油脂）、精器部（計器類）、電気部、衣糧部（航空被服、航空糧食）、衛生部（航空衛生材料）など。ほかに技研の哈爾賓支所（機器材、燃料の寒冷地における研究）を改編した満州支部があった。

航空審査部本部長に任じられたのは、初代飛行実験部長だった阪口芳太郎中将。昭和十七年五月まで南方軍総参謀副長を務めたのち、飛行実験部長と技研所長を兼任していた。先任部員は駒村利三少将、審査部飛行実験部長と戦闘隊長には、実験隊長だった加藤敏雄大佐と戦闘機班長だった横山八男中佐がそれぞれスライドした。定員は満州支部も合わせて三〇〇名ほど。

同日、航空行政の元締めの航空本部も内容が改められた。航空本部も技研も、そして旧・飛行実験部／航空審査部も、いずれも軍隊ではない。官衙《かんが》、ひらたくいえば官庁、役所だ。陸軍の組織だから軍人が中枢を占めるのは当然だが、民間人もおおぜい勤務した。

審査部で働いた民間人とは、どのような人々だったのか。また、技研と旧・実験部の改編が人事面でどんな変化を生んだのだろうか。

技研から来た辣腕《らつわん》

改編によって技研の審査業務がまったくなくなったために、その第五科に在籍し基本審査を手がけていたメンバーの相当数は、航空審査部飛行実験部へ転属した。

技研が最後まで手放さなかった航空兵器の基本審査権を、遂行していた人々の技倆水準は、陸軍航空の平均値を確実に超えていた。審査部飛行実験部の戦闘隊への着任者の例を、二、三あげてみよう。

まず操縦の田宮勝海《かつみ》准尉。少年飛行兵の第一期生のうち、「恩賜」と呼ばれた航空本部長賞の銀時計を授与された六名（操縦二名、整備四名）の一人だ。日華事変の勃発直後に飛行第四連隊で編成された飛行第八大隊の一員として、九五戦で華北へ出陣し、ついで華南に転戦。部隊の改編で飛行第七十七戦隊付に転じ、病を得て昭和十四年五月に内地に帰還した。九月から技研に勤務し、航空工廠（航空機器材の生産、改修、技術研究を担当）のテストパイロットも兼務した。

そして十七年十月十五日付で、同日に改編・発足の航空審査部へ転属する。飛行実験部ではなく、機体やプロペラなどの検査が任務の飛行機部付と履歴にあるのは、転写ミスか単なる誤記（ほかの者にも同様の誤記例がある）で、改編時のあわただしさを想像させる。

いずれにせよ田宮准尉は、腕ききぞろいの戦闘隊のなかでも技倆最右翼の一人として、飛行テストに、あるいは邀撃《ようげき》戦に活躍するのだ。彼の人物の高さは、今後おりにふれて述べていく。

やはり少飛一期の出身で整備の坂井雅夫准尉は、入校時の宣誓をしたほどの成績で受験をクリアー。満州の十六戦隊で九七式軽爆撃機、九四式軽爆撃機（九四式偵察機）を相手にしていたが、昭和十四年三月に技研に転属後、まずキ四八（九九式双軽爆撃機）、ついでソ連空軍から捕獲のポリカルポフI－15複葉戦闘機の審査に加わった。

ダイムラー・ベンツDB601Aaを装備したキ六〇に続いて、同エンジンを昭和十五年に国産化したハ四〇と装備機キ六一の審査にかかり、准尉は以後この機材に全力を注ぎこむ。部内はもとより、製造会社の川崎航空機の技師からも一目も二目も置かれるほどの、秀でた判断力と技能で、巧緻《こうち》な液冷エンジンを取り扱った。

審査部飛行実験部に転属し、戦闘隊のキ六一―Ⅰを扱ううちに、出力向上型のハ一四〇を付けたキ六一―Ⅱが登場する。水・メタノール噴射を用いブースト圧を高めたハ一四〇は、不良品が続出してキ一〇〇の出現をうながすのだが、審査部戦闘隊はキ六一―Ⅱをキ八四とともにB―29邀撃戦の主力に使う。ハ一四〇の稼働状態がよかったためで、その一因をなしたのが坂井准尉の存在だった。

昭和15年の初夏、九七重爆で明野からの帰途、富士山上空を飛ぶ技研・第五科付の田宮勝海准尉。戦闘機操縦者として抜群の腕を発揮し、賞賛を受けた。

ところで、陸軍では士官候補生出身者のほかは、少尉候補者（略して少候）に進まないと准尉止まりで、特進の場合を除いては現役の兵科将校の地位を得られない。年季を積めば特務士官の大尉までは上がっていける海軍と、まったく異なる階級制度だ。そのかわり、曹長（操縦者は軍曹）～准尉で選ばれて少候の試験に通れば、士官学校で学び、少尉に任官後は原則的に士官候補生出身将校と同じ待遇を受けられる。海軍の特務士官が将校ではなく、少佐へはほとんど進めないのと対照的である。

少飛一期生は海軍の飛行予科練習生（のちの乙飛予科練）一期生と同じく、抜群の人材が集まった。士官学校合格を蹴った者もいた。当然、少候を命じられた者は少なくないが、該当しない者も意外に多く、成績優秀の田宮准尉と坂井准尉もそのなかに入る。なぜなのか。同期生の刈谷正意《まさい》さんが明解に答えてくれる。「そもそも飛行機が好きで少飛を受けたんで、〔階級的に〕偉くなろうという考えがないんです」

刈谷さん自身は二十二期少候へ進み、大尉まで進級。首都防空の四十七戦隊で整備隊をみごとに運用して、他部隊に類を見ない高可動率を達成する。しかし彼はもともと除隊後（開戦前なので）に民間の航空機メーカーで働く希望を持っており、班長から促されて大した熱意を持たずに少候を受験した結果だった。

もう一つの理由を「技研は階級の感覚のないところだから」と彼は言う。命令ひとつで部下を動かし戦争する軍隊と違って、研究が本務の官衙なのだから、金筋と星の数の意識が薄れるのは当然だろう。

田宮、坂井両准尉は技研から、同じような雰囲気の審査部に転属したのだから、少候受験が眼中にないのは納得できる。二人の性格を、技研でともにすごした刈谷さんは「悠揚《ゆうよう》迫らない田宮君と、ニヒリストの坂井君」と、なつかしげに回想する。

技研から戦闘隊へ転属した操縦者には、もちろんもっとキャリアの若い者がいる。

重爆の六十二戦隊で整備を務めたのち、七十三期の操縦学生に選ばれ、戦闘分科を首席で卒業した坂野《ばんの》金一軍曹は教育総監賞を授与された。この優等の成績が坂野軍曹を、技研第五科から審査部戦闘隊へのコースに乗せたのだった。

技研に着任してしばらくは乗る飛行機をもらえず、なんとか雑役用のキ五一（九九式襲撃機／軍偵察機）使用を認められるまで苦労したという。ベテランのなかで、操縦学生を終えたばかりでは当然の待遇と言ってよかった。

しかし、進級した坂野曹長が審査部に転属するときには、四年半の飛行キャリアを持つ、中堅からベテランへの過渡期にあった。実戦部隊なら確実な戦力として、中隊長から期待される存在だ。それなのに「新米なので、任務は燃費計測」と彼に言わせるほど、戦闘隊には腕達者がそろい始めていた。

民間人も勤務する

航空審査部が官衙である以上、相当数の民間人が勤務していて当然だ。

軍属と総称される彼らおよび彼女らのうち、飛行実験部に関わりが深いのが「工員」と呼ばれる各種整備作業のアシスタントで、むろん男の職場である。吉岡静《しずか》工員はそのなかでも古参で、旧・飛行実験部実験隊当時の昭和十六年初めから勤務していた。

高等小学校を卒業して農作業を手伝っていた十五歳の彼に、退役曹長で技研勤務の叔父が「若いんだから外で働いてみたら」と、同年兵だった旧・実験部の人事の准尉に紹介してくれた。

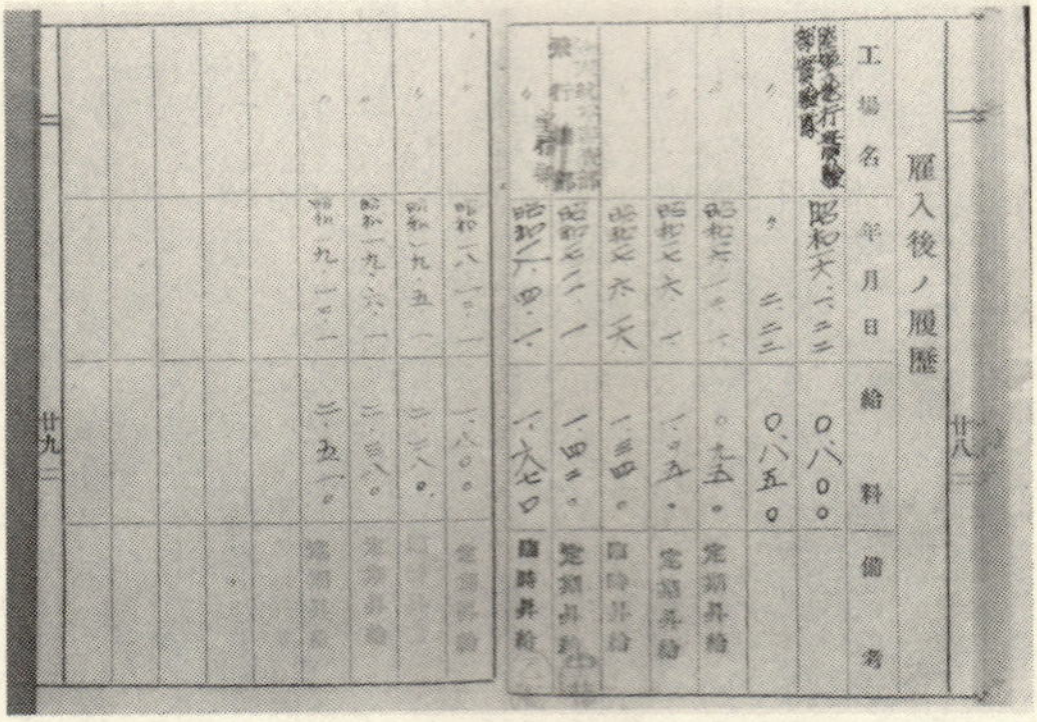

吉岡静軍属の工員手帳。航空審査部への改編時期や、80銭の日給がインフレもあり4年で3倍以上に増えるのを読み取れる。

狭山から福生飛行場へ出かけ、趣味や世界情勢、軍事情勢への関心などをざっと質問されたあと、いつから勤務可能かをたずねられた。すぐに「いつからでも行きます。お世話になります」と答え、結局一月下旬から一ヵ月間、試工員として実験隊の戦闘班に配属された。新型機器材など機密事項に随所でふれる職場にしては、あっさりした採用決定に思えようが、叔父と准尉の同年兵の信用の上に成り立ったのは明らかだ。

福生へは自転車を片道三〇分こいで通った。完成してまだ半年ほどの飛行場には、不充分な箇所がある。技研やそのハルビン支所、航空廠・立川支廠および各務原支廠などから、先輩軍属が五～六名ずつ飛行場整備に来ており、吉岡工員も当初その手伝いに加わった。一ヵ月後、軍属を命じられ、普通工員に昇格する。

本来の仕事の飛行機整備はまず九七戦から。機付《きづき》の整備兵が取り扱うエンジン換装作業を手伝い、道具の手わたし、物品の運搬など言いつけどおりに走りまわる。早い話が雑用係で、便所掃除も交替でやり、リーダーの西村敏英曹長や技研から来た西田雇員《こいん》（軍属の上級者。後述）は別格の高い存在に思えた。

若さは体験をすぐに咀嚼《そしゃく》し、吸収する。九七戦からキ四三に移り、六十四戦隊が機種改変に来たときには、福生での飛行訓練や水戸飛行場での射撃・爆撃訓練、さらに明野、福岡県芦屋飛行場への移動にずっと同行した。その後、力量が増すにつれて、審査部戦闘隊の整備力を構成する一員へと育っていく。

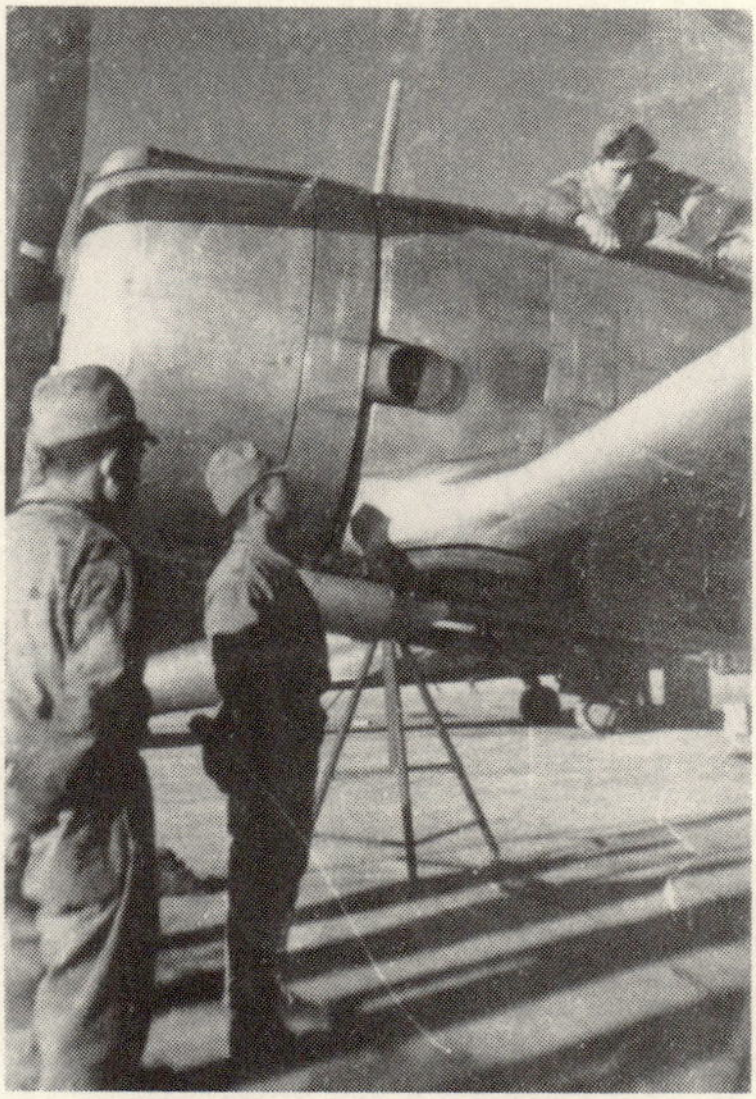

審査部戦闘隊の一式戦二型の整備。工員が主脚の揚降と指示灯の点灯を確認する。

吉岡工員と同級生で、飛行機に乗りたくて第十二期少年飛行兵を受験したが視力低下のため通らず、「飛行実験部へ行けば重錘《バラスト》がわりに乗せてもらえる」と履歴書を出したのが田中三司工員。少飛受験のぶんだけ遅くなり、昭和十六年の三月後半に勤務を始めたが、一ヵ月の差が、吉岡工員とはまったく異なった処遇につながった。

このとき旧・飛行実験部は軍属の工員の定期採用を決めており、四月に入る者を一期生と呼ぶ対応を定めた。それよりも半月ばかり早かっただけの田中工員は、このなかに組み入れられた。

それまでの適宜《てきぎ》採用者と、新しい定期採用者との決定的な違いは、前者がふつうの自宅通勤なのに対し、後者は軍隊と同じ内務班を作り、三ヵ月間は日曜に帰宅するほかは福生の兵舎ですごさねばならない点だ。

一期生の新米工員たちは三〇名ほどで一個班を作り、兵舎のいちばん端でラッパの音とともに六時に起床。兵隊に負けない早さで営庭にならんで点呼を受け、食事も大きな食缶《メンコ》から金属《かね》の食器に麦飯を配分して食べる。学科と教練をすませ、ときには班長や班付上等兵にしぼられて、午後九時の消灯ラッパで毛布をかぶるときには、十五〜十六歳の少年の目から涙がこぼれた。

三ヵ月たって内務班は解散。家から、自転車で通い始めた田中工員は、四〜五名の仲間と戦闘班に振り分けられ、キ四三整備の雑務にはげむ。給料は日給月給で一日八〇銭からスタート。

テスト飛行に同乗すると、楽しいうえに危険手当てが出るから、朝まっ先にピストへ走って、黒板の搭乗者名に自分が入っているかを探した。以後四年あまりのあいだ、キ四三を相手に、さまざまな経験を積んでいく。

民間人である軍属も、軍人と同様に階級社会だ。下から順に見習工（二期生以降に用いられた呼称）、工員、そのリーダー的な職長、雇員、技手《ぎて》。雇員は判任官、つまり下士官待遇で事務所内に机があり、技手は初級高等官の尉官待遇だった。

女性の目で見れば

軍隊でも必要に応じて、軍属と呼ばれる民間人をともなう。その典型的な一例が、新鋭機を装備して前線へ向かうときに、同行するメーカーの技師や技手である。これらの技術者たちは、もちろん男性だ。

規模の大きな高級司令部は別として、軍属に関し官衙と軍隊の最も異なる点は女性の存在。実戦部隊や小規模の司令部にはいないが、官衙では少なからぬ人数が勤務していた。旧・飛行実験部／航空審査部も同様である。

航空審査部の組織のなかでは、最も軍隊に近い構成の飛行実験部だけが男所帯で、飛行機部、発動機部、材料部などに所属する各科には、事務や製図を担当する女子軍属が働いていた。彼女らの状況を、総務部の庶務科（「課」ではない）と医務科を例に見てみよう。

地元の高等小学校を卒業した市川（現姓・浜垣）政子さんが、筆記テストに合格したのは昭和十五年の四月。旧・飛行実験部が発足してまだ四〜五ヵ月のころで、福生移動を前提に、立川の航空技術学校の施設に間借りのかたちで仮事務所が置かれていた。

いっしょに実験部に採用された同級生九名のうち、市川さんの配属先は庶務科だった。このときの庶務科のトップ、飛行実験部部長（本部長）の副官を務める、予備役応召の吉川千賀蔵少佐のもとには、女子軍属はまだ四〜五人しかいなかった。

十五歳の女の子が、すぐに机に座っての事務作業につけはしない。まず雑用係の「給仕」から始める。当然、お茶汲みも仕事のうちだ。これを一年ほど務めると、デスクワークが主体の「筆生《ひっせい》」（事務員）に昇格し、さらに二年前後で女子軍属としては最高ランクの「雇員」の辞令を受けられる。

福生に移動後の庶務科は本部建物の二階に置かれ、各班（係）に分かれていた。少尉／技手以上の高等官から軍属までの人事関係が主な業務で、合わせて副官部的な役割も果たす。女性の数は定期採用のほか、縁故による臨時採用もあり、結婚などでの退職者があっても逐次増えて、敗戦時には科全体で約三〇名を数えた。

初代の吉川少佐から最後の駒田喜八大尉まで、副官五名全員のもとで勤務した市川さんは、初代実験部長・阪口少将／中将のお茶の給仕、建物内での鞄持ちをはじめ、将校スタッフの世話をこまめにこなす。引っ越しの片づけで大変な転入者の住居へ休日に出向いて、子どものお守を引き受けたり、「椅子や腰の暖まる暇もない」が口ぐせの実験隊長・加藤敏雄中佐／大佐（一時、副官を兼務）には、椅子が暖まる毛糸カバーを作って進呈し、喜ばれた。

小柄でくるくる働く彼女を、皆は「市川は返事が早いし機転がきく」と重宝がった。給仕から筆生に昇格し、実験部が審査部へと変わるころには、和文タイプライターも習って、陸大入校の内申書や佐官クラスの人事用の書類を含むマル秘文書を打った。こんなときは、複写をとるさいに挟むカーボン紙も全部返却するのだ。

打てば響く勤務ぶりが好感を持たれて、審査部本部長は当時は貴重品の虎屋の羊羹《ようかん》を余分に注文してくれ、飛行実験部長の今川一策大佐が外地みやげの革靴をくれるなど、思わぬ余禄もあった。

そうした厚意に報いようといっそう懸命に働いた市川さんの、記憶力は抜群で、旧・実験隊戦闘機班／実験部戦闘隊の将校たちの言動をよく覚えている。

「荒蒔少佐は性格がやわらかで、おもしろい人。〔審査部〕飛行実験部いちばんの美人筆生でスタイルもいい利根川さんなんかを、からかって楽しませていました。今川大佐もゆかいな、くだけた人で、人気があった。士官学校が一期下の総務部長（ついで飛行機部長）の駒村〔利三〕少将の部屋に来て『お前は少将だが俺は大佐だ』とふざけるんです」

総務部の女子職員が昼休みにボール遊び。遠方の誘導路わきに左からキ六七、九九式軍偵察機、三式指揮連絡機がならぶ。

「タイプで『メッサーシュミット』と打ったのを覚えています。そのころ、恐そうな感じのドイツ人が二人、旅館から福生に来て、忙しいときは将校集会所で寝泊まりしました。副官の指示で、ときどきクラフト紙に包んだバナナやパイナップルを『本部長閣下からです。召し上がっていただければ』と届けに行きました」

ドイツ人は将校集会所で、いつも黒パンと水の食事をとっていたという。彼らが前章で述べた、フリッツ・ロージヒカイト大尉とヴィリー・シュテーア氏だったのは言うまでもない。

医務科の看護婦さん

女子職員といえば、すぐに思い浮かぶのが医務科の看護婦だ。

旧・飛行実験部の発足時は、松尾軍医大尉をトップに軍医二名、看護婦一名のほか、担当准士官、下士官、衛生兵（兵種のことではなく、兵長以下を便宜上こう呼んだ）、事務員、用務員を合わせて一二名だったのが、審査部に改編され組織がふくらむのに合わせて人数が増加する。

最終的に、三沢軍医少佐以下の軍医（見習医官を含む）六名、看護婦一〇名、担当准・下士官五名、衛生兵六名、マッサージ師、事務員などを加えて四十余名の大所帯、さらに歯科、内科、耳鼻科、眼科の各嘱託医が勤務したのだから、まさしく病院規模である。衛生兵は立川陸軍病院から派遣されるかたちをとった。

昭和十六年に検定試験に合格し、立川陸病で訓練をつんでから旧・実験部の医務科に来た岸（現姓・小林）浪子さんは、二人めの看護婦だった。彼女を感心させたのは医療器具が上等なことで、当時は珍しい寝たまま撮れるレントゲンも備えられ、薬品についても高級な製品が豊富に用意された。

医務科は診察と応急手当てが本務であり、重病・重傷者は陸軍病院へ送った。また基本的には軍人だけを対象にし、軍属たちは臨時に診《み》るにとどめ陸軍共済病院を利用させた。看護婦は雇員と同ランクの、判任官／下士官待遇だったようだ。白衣代わりの白い作業衣に、星二つのバッジを付けたこともある岸さんは、軍曹と同等とみなされ、兵長から敬礼された経験をもつ。

白衣がわりの作業衣を着た医務科の看護婦たち。左から私市（きさいち）さん、岸浪子さん、田辺さん、河野典子さん、村野八千代さん。昭和18年、医務室を背にくつろぐひととき。

　庶務科の市川さんと同級生で、同時に旧・実験部に就職した村野（現姓・大木）八千代さんは、この職場でのキャリアが最も長い一人だ。

　家では進学の用意もあったが、皆につられてテストを受け、採用された以上は勤めようと決めた。近隣の少女たちにとって、実験部勤務はそれだけの価値があった。

　医務室に配属されて最初は給仕。事務ができるように和文タイプの学校へ通い、修了したときに看護婦が岸さんだけに減ったため、学費の補助を受けて今度は午後に看護学校へ通学する。審査部に改編後の昭和十八年八月に卒業して医療に加わった。

医務科には、旧・実験部／審査部のオアシス的な雰囲気があった。科内もチームワークがとれ、みな仲がよく、ときおり秋川渓谷や長瀞《ながとろ》で飯盒炊爨《すいさん》を楽しんだ。好人物でムードメーカーの松尾軍医大尉は、のちに戦地への赴任のさい、潜水艦の雷撃を受けて船とともに沈んだ。

もちろん部内でのロマンスとも無縁ではない。看護婦の一人は整備隊の下士官と、もう一人は戦闘隊の将校操縦者と結ばれる。

「勤務は楽しかった。昼休みは医務室の前のコートで、皆いっしょにバレーボールをしたり」と岸さん。村野さんは「いい人ばかりでした。いまでも勤めたいほど」となつかしむ。

審査部の諸施設区域の北西部に設けられた医務室は、一棟から二棟に拡大された。やがて空襲が始まると、昭和十九年末に西方の多摩川沿いの柳山地区に、三角兵舎式の半地下施設を作って移動する。

Bf109のテスト飛行

旧・飛行実験部実験隊と改編後の審査部飛行実験部の主要な任務の一つに、外国製機の性能調査がある。長所と欠点をさぐり出し、よりよい陸軍機を開発するために、あるいは戦闘したときに勝ちを占めるために、それらのデータを使うのだ。

なじみがないうえ設計思想が異なる外国機のテスト飛行には、言うまでもなく優れた操縦技倆と、先読みできる勘のよさ、臨機応変の決断力が欠かせない。つまり福生の操縦者たちに、うってつけの仕事だった。

輸入機テストの典型例をメッサーシュミットＢｆ109Ｅ－７で見てみよう。キ四四のお蔵入りを救った昭和十六年七月下旬の岐阜・各務原での模擬空戦のあと、特殊飛行や射撃テストを実施するため、Ｂｆ109を明野飛行学校へ移した。

着陸時の低速のＢｆ109は尾部が下がりにくく、水平姿勢で接地するとしだいにバウンドが激しくなって機体が傾き、翼端が地面をこする。日本のパイロットにとって不なれな現象なので、明野でも何度かミスして、そのつど補助翼を破損した。

壊れた補助翼は、工員が汽車に乗って岐阜の川崎航空機へ持っていく。ただちに修理し、翌朝に持ち帰ると、駅の改札係が「飛行機って、よく壊れるものですね」と言うぐらいしばしばだった。

補助翼が直っても、修復が重なれば強度に不安を感じるのが人情だ。激しい機動のテストとなれば、なおさらである。

向こう意気の強い岩橋譲三少佐が「壊れて修理ばかりしている補助翼を付けて、危なくて急降下試験なんかできるかい」と言うのを、士官学校が三期先輩の荒蒔義次少佐が「それなら俺がやってみるから」と代わって搭乗した。

荒蒔少佐は、スロットルレバーを慎重に引いてバウンドせずに着陸するコツを心得ており、Ｂｆ109とともに来日した民間人パイロットのシュテーアに誉められたほどだった。それでも

キ六〇の追撃を受けるBf109E－7の2号機。操縦者には突っこみのよさが、地上勤務者には優れた整備性が好評だった。

不安が皆無ではなかったが、うまく引き起こせば大丈夫と読んで、計器速度七五〇キロ／時までの急降下を決意した。

まず三〇〇〇メートルまで高度をとる。上昇力は相当なものだ。伊勢湾を眼下に試しの降下を二～三回反覆して、補助翼の具合をみたが異常なし。高度一五〇〇メートルから四〇〇〇メートルまで上昇し、いったん水平姿勢にもどしてから、操縦桿を前に倒してフットペダルを両方の踵《かかと》で強く踏む。これで昇降舵が下げ位置、方向舵は固定され、Ｂｆ109は七〇～八〇度の急降下に入った。

感覚的には垂直下降だ。速度計をにらみつつ、高度計にも視線を流す。加速力がすばらしく、みるみる機速が増す。六五〇キロ／時を超えたが胴体にも主翼にもなんの変化も現われない。補助翼もちゃんとしている。

操縦桿を抑える力を強め、降下を続行。七〇〇キロ／時に達し、補助翼への不安が頭をもたげた。心配を振り切ってさらに突進し、高度二〇〇〇メートルをよぎったところで所期の七五〇キロ／時を記録した。

操縦桿の力を少しずつゆるめて、降下角を浅くし、やがて強く引き起こす。激しいGが身体を押すが、もう目的は達した。緊張がとけ、汗まみれだ。彼ほどのキャリアでも、安堵《あんど》で手足がガクつくほどの反動があった。

補助翼に異状は出なかった。このテストで、Bｆ109の加速降下の鋭さと機体の頑強さが、あらためて認識された。

性格が似ているキ四四と比べると、水平速度は互角、上昇力と旋回性、離着陸特性はキ四四、急降下時の加速性と量産への対応はBｆ109E、というのが荒蒔少佐の判断だった。

捕獲戦闘機は水準以下

米英からの輸入機は、昭和十四年十月に船着のダグラスDC－4E四発輸送機が最後だ。戦闘機なら昭和十三年のセバスキー2PA－L（複座）でピリオドを打った。

しかし昭和十七年に入って、新旧合わせて約二〇機種もの米英製機が日本にもたらされた。いうまでもなく、緒戦の勝利で得られた捕獲機である。

これらの機材はおもに陸軍が調査し、性能測定を受けもった。主担当の実施機関はもちろん旧・飛行実験部／航空審査部で、明野飛行学校でも空戦の研究に使用した。

ここでは戦闘機班／戦闘隊が扱った戦闘機三種を、荒蒔少佐の評価を主体にながめてみよう。

緒戦時の南進作戦中に捕獲したP－40E。各種装備品、無線機などは日本のものを凌駕した。左遠方はキ四四の準備線。

カーチスP－40はフィリピンでB型とE型、ジャワ島およびバリ島でE型が捕獲され、まず三機のE型が立川飛行場に空輸されてきた。

　操縦席は広すぎるほどで「作りも性能も大まか。長所は下手なパイロットでも気軽に乗れるところ」が少佐の判断だ。最大の欠点は方向舵のタブをひんぱんに修正しないと、機がすべって方向を維持できない点だった。降下時には左へ、上昇時には右へすべるため、そのつどスロットルレバーから手を離し、タブ操作の転輪を回さねばならず、格闘戦をするには大変な労力が必要だ。

　たしかに米陸軍にも「P－40Eのパイロットは方向舵トリムタブの奴隷」と表現する者がいる。P－40は一撃離脱に適した戦闘機だから、垂直面での運動性を競うような戦いをやらなければ、この欠点も緩和される。要は、機材に合わせた機動に慣れる、のが使いこなす処方なのか。

　のちに荒蒔少佐の後任でキ六一を担当する坂井菴《いおり》少佐は「P－40は癖が強い。Bf109と同じで、とくに離着陸時に顕著だ。ただし、野外に放置しておいてもセルモーターですぐに発進できる」との感想をもった。
飛行性能はもとより、機器材の各種のデータを計測するのが飛行実験部の測定班。ピトー管の位置誤差検定やロケット弾の弾道測定、耐熱・耐寒試験の数値記録なども担当分野で、岩橋少佐や岩倉具邦少佐ら操縦者の幹部が班長を兼務した。

マレー方面で捕獲した英空軍の「バッファロー」Ｉ型の国籍マークは日の丸に変わったが、映画「加藤隼戦闘隊」に出るので再塗装された。飛行性能は低くても手こずる悪癖はなかった。

のちに測定班の最後の班長を務める矢木次郎技術大尉の判断は、Ｐ－40Ｅの各種データをチェックして「居住性や防弾装備を含めた、数字で出ない性能は、わが陸軍の戦闘機よりもＰ－40が優れているのでは」。編隊で飛ばしてみて（最終的に一〇機以上集まった）長所がだんだん分かってきたそうである。

ブルースター「バッファロー」は本場の米海軍の艦上戦闘機Ｆ２Ａではなく、英空軍およびオーストラリア空軍仕様の「バッファロー」Ｉ型とオランダ空軍のＢ339Ｄが、シンガポール、マレー半島スンゲイパタニ、ジャワ島カリジャチで日本軍の手に落ちた。

荒蒔少佐の評点は「低速時の舵がよく効き、沈み

スマトラ島パレンバンで日本軍の手に落ちた「ハリケーン」ⅡB型。英空軍のマークを消しただけでほとんど無傷に見える。

が適当にあって思いどおりに素直に接地する。さすが艦上機として作っただけのことはある。『サイクロン』エンジンもいやな振動がない」と、「操縦席内は計器やレバー類の配置が雑然としていて非近代的。操縦はやや鈍重と言えようか。水平飛行時もかなり加速しないと、沈み気味の傾向が現われてしまう」の、プラス面とマイナス面に分かれる。

トータルとしては「出来がよくない」に落ち着くのだが。

「バッファロー」よりはましだが「スピットファイア」より劣る、英空軍のホーカー「ハリケーン」の、捕獲場所はマレー半島とスマトラ島パレンバン。昭和十七年四月に二機が立川に空輸されてきた。翼内に七・七ミリ機関銃一二梃装備のⅡB型である。

「人が乗っていた飛行機だから、自分が操縦できないはずはない」と、さして不安なく発進。尾部が上がると、左へのひどい偏向が始まった。方向舵を右に当てても、左へそれ続ける。芝地に入りこんだが、速度がついていたので操縦桿を引いたら浮き上がった。浮きさえすれば操縦には自信がある。昇降計と速度計を見て、最良の上昇速度を選び出す。マイル表示の速度計は、二倍して二割を引けばキロになる。何回か算出しているうちに、計器の数字そのものに慣れてしまうのが、荒蒔少佐の切りかえ能力だ。

高度三〇〇〇メートルで水平飛行に移り、巡航速度域を探し出したのち、スロットルをしぼって失速速度を知る。つぎに脚を出して失速速度を計り、さらに脚とフラップを出して同様に計測。データは膝上の筆記板に書きこんでおく。

急旋回をうつと失速に陥《おち》りやすく、振動とともに高度が下がり、格闘戦能力は高くない。上昇力もパッとしないが、降下時の加速性は上々だった。

上昇力と旋回性能、それに航続力は問題なく一式戦がまさる。ただし、上空から斉射をかけ降下で離脱するのなら、「ハリケーン」に分《ぶ》があると思われた。

面白いのは操縦席に埃《ほこり》が入りやすい点。P－40は密閉性が高いためか飛行後もきれいなのに、「ハリケーン」は短時間で埃だらけのありさまなのだ。

確実に駆動し、点火栓に汚れが付かないロールスロイス・エンジンの優秀性を認めたのは、言うまでもない。

以上、米英の三機種は、Ｂｆ109ほどには荒蒔少佐を感心させなかった。彼が真に賞賛する二種の外国製戦闘機、Ｆｗ190ＡとＰ－51Ｃで飛ぶのは、一年半および三年近くも先のことだった。

昭南島《シンガポール》と満州で

暑い地域で実用状況を調べる耐熱試験、いわゆる熱地試験が、昭和十七年八月下旬から十月の初めにかけて、占領後に昭南島《しょうなんとう》と日本名が付いたシンガポールで実施された。

使用機材は新鋭キ六一が二機、制式採用されたばかりの一式二型戦闘機と採用半年後の二式複座戦闘機甲が一機ずつ。キ六一担当主任の荒蒔少佐、木村清少佐、補佐の梅川亮三郎少尉のほか、下士官操縦者が三名で、ほかに整備関係者と器材を乗せた九七重爆二機が同行した。

シンガポールでの各種テストのほかに、ジャワ島、スマトラ島をめぐる運航テストもやってみる。航空技術研究所のシンガポールにおける出先機関の南方技術研究班から「飛行機を置いていってほしい。当方で試験をやりたい」との申し出があったが、むろん応じるわけにはいかなかった。

一式戦と二式複戦に不具合は生じなかった。肝心のキ六一については、操縦者の足の前方に滑油タンクがあるため、高度三〇〇〇メートルまではかなりの熱さを感じる点を除いては、とくに問題を生じなかった。テストのあいだに、南方軍総司令官の寺内寿一大将がわざわざテスト状況を視察にやってきて、「キ六一の威力に大いに期待する」と述べた。南国の陽光にきらめく無塗装の液冷戦闘機の姿には、それだけの精悍さが感じられた。

つづいで三ヵ月近くのちの十二月下旬から、こんどは満州北西部のハイラルで耐寒試験が始まる。ソ連との国境の満州里の手前にあるこの飛行場は、厳冬期にはマイナス五〇度にも達する酷寒の地だ。

テスト機材はキ六一とキ四四（二式戦二型？）が一機ずつで、荒蒔少佐と岩橋譲三少佐が操縦を担当。キ六一の機構に詳しい斉藤文夫曹長をつれ、整備の責任者として同行した当時少尉の佐浦祐吉氏は、一式戦二型も持っていったように覚えている。

寒くて、いきなりの始動は無理なので、機首をカバーでおおって下から炭火でエンジンを暖める。滑油は粘度の低いヒマシ油に換えてあった。

翌十八年の二月初めまでかかったテストは、おおむね順調に進んだ。事前の暖房が功を奏して、キ六一（試作一～三号機のいずれか）のオリジナルのDB601エンジンは容易にかかり、短い試運転で発進できた。唯一の大きなトラブルは、南東へ八八〇キロの牡丹江《ぼたんこう》へ飛行したさいに不具合が出たことで、エンジンの換装を要した。

熱地テストのときは暑くて閉口した滑油タンクの熱が、こんどは暖かでストーブの役目を果たした。キ四四にはアクシデントはなかったようである。

荒蒔少佐はラバウルへ

熱地試験と耐寒試験のあいだの昭和十七年十一月十七日。群馬県の中島飛行機・太田製作所におけるキ八四の第三次実大模型《モックアップ》審査に加わった荒蒔少佐は、操縦席の計器や装置類をチェックした。

実験部長・今川大佐から「座席博士」と呼ばれるほど、コクピットのレイアウトに造詣《ぞうけい》が深いのは、少佐の天分と豊富なキャリアによる。離着陸および各種機動の、操作とデータ視認が容易なように、計器や把手《レバー》の配置、踏み棒《フットバー》の長さなどを調べる。航法の面からも計器の見やすさは大切だ。

　広い工場内の奥に置かれたベニヤ板製の実大模型の操縦席にもぐって、使い勝手を考え、中島の技術者に変更点を指示する。それが終わって一服していると、航空本部から立ち会いにきた清水中佐が話しかけた。

「君、この試作機を何機作ったらいいかね？」

　一式戦、二式戦の経験が土台の機体に、小直径・大出力のハ四五エンジンを付けたキ八四は、いい戦闘機になりそうだ。しかし、これまでのように少数の試作機で性能テストと実用テストを進め、逐次の手なおしをほどこし、そのあとに生産機がそろうのを待って部隊編成にかかったのでは、実戦投入の時機を逸しかねない。

　試作機を作りつつ改修を進め、同時に部隊を形成していくなら、量産および実戦配備のテンポはぐっと早くなる。そこで、人さし指を中佐の目の前に立てた。

「一〇〇機。一〇機じゃなくて一〇〇機ですよ。増加試作機を合わせてね」

　彼の説明に中佐は反対せず、その後の打ち合わせでも荒蒔案を受け入れるようすだった。そして、これが実行に移され成功をみるのは、よく知られた事実である。

　当時、陸軍省軍務局の軍事課長で大佐だった西浦進氏が、敗戦から二年後にまとめた回想録のなかで、「十七年六月の太田製作所での第一次木型審査に出向いたとき、他機の生産を抑えてキ八四の試作機を一〇〇機に増やすよう決め、帰京後に大臣の認可を得た」旨書いている。時期は五ヵ月ずれているが、これが荒蒔少佐の発案だったのは間違いない。砲兵出身の西浦大佐に、試作一〇〇機を必要数に定める判断は浮かぶまい。

キ八四の試作一号機は昭和十八年三月に完成。前月にハイラルでの耐寒試験が終わり、キ六一の各種審査がひととおりすんだため、荒蒔少佐が担当主任の一人になるのが自然のなりゆきだが、彼には別命が待っていた。

海軍の要請を受けて、十七年末〜十八年初めにラバウルに進出した飛行第十一および第一戦隊。その上部組織である第十二飛行団司令部への転属である。両戦隊とも一式戦一型装備で、かつてこの機の審査に加わった荒蒔少佐が、司令部付を命じられるのは理に適《かな》っている。

審査部飛行実験部を出るにあたって、彼は自分の後任者の名をあげた。

一人は明野飛行学校付で進級したての坂井菴《いおり》少佐。予備役下士官出身で、このときすでに飛行歴は一五年に達する超ベテラン。飛行第二大隊／飛行第六十四戦隊付で日華事変、ノモンハン事件を戦って、実戦のキャリアも豊富だった。

もう一人は、開戦前に旧・飛行実験部で独立飛行第四十七中隊を編成のさいに加わった神保進大尉。二式戦でマレー、ついでビルマの英空軍と戦ったが、昭和十七年四月のドゥーリトル空襲の余波で部隊は内地へ呼びもどされ、東京・調布飛行場で二代目の隊長として指揮をとっていた。

前出の庶務科軍属の市川さんが「履物《はきもの》なんか右でも左でも履ければいいんだ、と言ってい

坂井菴大尉（当時）が一式戦一型で発進にかかる。望遠鏡式照準眼鏡の先端が開状態なので、射撃テストに上がるようだ。

た首の太い人」と形容する神保大尉は、抜き出た度胸と知力を合わせ持つ人物だった。

坂井少佐は昭和十八年三月に実験部の戦闘隊に加わって、荒蒔少佐の後任者のかたちでキ六一-Ⅱを担当。神保大尉は少佐に進級後の八月四日に福生に着任し、審査主任・岩橋少佐とともにキ八四の副主任を務める。

四月早々、荒蒔少佐は横浜水上基地から単身、海軍の飛行艇に便乗して、サイパン、トラック経由でラバウルへ向かった。少佐を見送ったのは、独飛十八中隊長時代の部下で朝日新聞の飛行士になった長友重光氏と、同僚の川崎一《はじめ》飛行士。

二人は飛行艇に向かう少佐に「向こうは大変ですから、気をつけてください」と述べた。最激戦の南東方面へ向かう操縦将校に内地の新聞社パイロットが言う、しごくありふれた言葉だ。

だが三ヵ月後、立場は逆転する。長友、川崎両飛行士は立川飛行機製の双発長距離機A-26（キ七七）二号機に搭乗し（ほかに朝日新聞社から二名と陸軍から四名）、六月三十日に福生飛行場を発進。七月七日にシンガポールからドイツへ無着陸の連絡飛行に飛び立ったのち、A－26はインド洋上空で姿を消した。

ラバウルに到着した荒蒔少佐は、七月に十二飛団司令部が内地へ向かったあとも残留し、こんどは新しく進出した第十四飛行団司令部に転属した。十四飛団の二個飛行戦隊の装備機はキ六一。飛団長・立山武雄大佐が残留を望んだ理由を、あらためて記す必要はないだろう。

新たな基地である東部ニューギニア北岸のウエワクへ移動した荒蒔少佐が、審査部に帰ってきたのは九月だった。

木村新戦隊長も出征

昭和十八年の夏、東部ニューギニアの戦況は泥沼状態だった。挽回の期待を担って送りこまれたキ六一だが、四月に先着の飛行第六十八戦隊はもとより、七月に参入した七十八戦隊も、量も質も優勢な米陸軍戦闘機に押されていた。

進出時のトラック～ラバウル間の洋上飛行失敗に、戦闘による消耗と低可動率が加わって、数機にまで戦力が落ちた六十八戦隊では、戦隊長・下山登《みのる》中佐がデング熱に倒れた。戦闘機は部隊長の率先空中指揮が望ましいから、新しいトップと交替させねばならない。

新六十八戦隊長として白羽の矢が立ったのは、荒蒔少佐とともにキ六一審査の担当主任を務めた木村少佐。独飛十中隊長で日華事変を戦って、指揮官経験と実戦経験を有し、抜群の操縦技倆と優れた人格をそなえる彼は、三式戦闘機（六月に制式化）部隊を率いるのに恰好《かっこう》

18年8月22日、木村清少佐送別の記念写真。戦闘隊を中心に審査部飛行実験部の主だった人員がならぶ。各列とも左から。前列は酒本少佐（爆撃隊長）、高橋大佐（飛行機科長）、駒村少将（飛行機部長）、出征する木村少佐、今川大佐（実験部長）、高橋中佐（実験部部員）、渡辺少佐（特殊隊長）。中列は中村大尉（整備）、窪田航技中尉、岩倉大尉（戦闘）、吉屋航技大尉、坂井少佐（戦闘）、伊藤中尉（戦闘）、石川少佐（戦闘隊長）、新美中尉（整備）、岩橋少佐（戦闘）、竹澤准尉（戦闘）、神保少佐（戦闘）、島航技中尉（戦闘）、東谷中尉、大塚中尉（爆撃）、金子大尉（測定）。後列は2人め田宮准尉（戦闘）、梅川少尉（戦闘）、光本准尉（戦闘）、林准尉（戦闘）、2人おいて古瀬曹長、坂井准尉（整備）、鈴木少尉。ニューギニアから木村少佐は帰らなかった。

の人物だ。

旧・飛行実験部が設立されて以降このときまでに、審査担当機の装備部隊の長に転属したのは、キ四四の坂川敏雄少佐（独飛四十七中隊）とキ四三の石川正少佐がいる。坂川少佐は内地に帰還後、前述のように神保大尉に椅子をゆずって飛行第二十五戦隊長に転任。五十戦隊長に任じられた石川少佐は、この八月に航空審査部に復帰し、二十四戦隊長として転出した横山八男中佐のあとを受けて、飛行実験部戦闘隊長の座についた。

9月初め、落下タンクを付けた三式一型戦闘機甲が、福生飛行場の滑走路端で発進を待つ。機内は六十八戦隊長としてウエワクへ向かう木村少佐。

二人とも、優勢な時期に比較的戦いやすい地域に展開したため、内地に帰還できた。だが、木村少佐が向かう十八年八月の任地はずっと条件が悪く、戦死の覚悟が必要だった。

九月初め、三式戦一型甲に搭乗した少佐は福生飛行場を発進。新十四飛団長・寺西多美弥《たみや》中佐らと会合（明野で？）ののち、フィリピンのマニラへ飛んだ。マニラから補充機とともに三式戦一五機で、九月八日の夕刻にウエワクに進出した。

以後、少佐は部下に「危ないときは離脱せよ」「生き延びて戦え」と訓辞し、率先出動を心がけた。消耗する体力を注射でもたせる苦闘の四ヵ月ののち、十九年一月十六日にグンビ上空の空戦で第35戦闘飛行隊のP－40、第433戦闘飛行隊のP－38と交戦し、帰らなかった。

エンジニア・パイロット

木村少佐の出発を見送った人々のなかに、島榮太郎航技中尉がいた。「航技」とは既述のように、航空技術の略語だ。

この航技将校と地上担当の兵技将校からなる技術部将校には、現役と予備役とがある。

現役は、大学学部または高等専門学校在学者が志願して技術部委託学生／生徒に選ばれ、卒業後に見習士官へ進む技術部見習士官コースと、下士官から昇進する技術部少尉候補者コースの二種があった。

予備役も二種類で、兵科の甲種幹部候補生と同様の技術幹部候補生コースと、短期現役（二年間。そのあとが予備役）の技術候補生コースに分かれる。どちらも大学、高専卒業者を対象にし、後者のほうが歴史が浅い。

島航技中尉は予備役のうちの短期現役コースの出身。昭和十五年三月に仙台高等工業学校を卒業して立川飛行機に勤めたのち、翌年四月に第三期技術候補生のテストに合格し陸軍に入った。

立川の航空技術学校で軍隊教練が主体の訓練を四ヵ月受けて見習士官へ進み、ついで航技少尉に任官。航技校に配属されてまもなく、航技将校を対象とする操縦者の募集があった。

学生時代に滑空部のキャプテンだった彼は、すぐさま応じ、首尾よく選ばれた。熊谷飛行学校で、陸士五十五期の航空転科が対象の八十八期操縦学生に加わって、十六年十一月から九五式一型練習機（中練）と九九式高等練習機による基本操縦教育を受ける。視力〇・四の仮性近視を、遠くを見て人知れず一・〇にまでもどす努力もした。

航技将校を操縦者に仕立てる航空本部の試みは、これが初めてだった。言うまでもなく狙

明野飛校・天竜分教所での第88期操縦学生。航空転科の陸士55期出身の少尉だが、右端の島航技少尉だけは異質の存在だ。

いは、空気力学やメカニズムを理解する技術関係者がみずから操縦桿をにぎって、設計や改修の効率アップを図るところにあった。

航技将校操縦者には正式呼称はつかず、この第一回目には島航技少尉のほかに二名が選ばれた。東北大学工学部卒業で第二期技術候補生出身の大塚丈夫航技中尉と、横浜高工卒業で現役の技術部見習士官コースの畑俊八《はたしゅんはち》航技少尉だ。十七年九月に熊谷飛校を卒業。島航技少尉は戦闘、大塚航技中尉は軽爆、畑航技少尉は偵察分科を命じられ、それぞれ明野、鉾田《ほこた》、下志津《しもしづ》の各飛行学校に入校した。

自分でも航技将校と操縦者の二足のワラジに奇妙な感じを抱いているのだから、明野飛校の面々が島航技少尉を異端視しがちなのは当然とも言える。熊谷飛校では仲間が三人でまだ心強かったけれども、明野では一人だけ。

なにかと気苦労が多く、つらい目にも遭ったが、負けん気と、ウマの合う陸士五十五期生の支えもあって、九七戦で錬成をかさね、乙種学生の全課程を終えて十八年三月に卒業。いったん航技校にもどったのち、七月に審査部に転属し、飛行実験部戦闘隊に着任した。

技術士官をパイロットに仕立てるシステムは海軍にもあって、前翼式の局地戦闘機「震電」の設計で知られた鶴野正敬《まさよし》技術少佐が代表例だ。海軍の場合は技術者色の方が濃く、操縦ができる技術士官、パイロット・エンジニアの感が強い。

これに対して陸軍では、個人差もいくらかあるが、技術力をより高める教育はせず、技術を判断できる操縦者、エンジニア・パイロットが育成された。

整備やメカニズムの知識は得ないまま、島航技少尉は福生でまず一式戦、ついで二式戦の未修飛行にはげみ、岩倉少佐から「乗ってみたらどうだ」と言われて二式複戦の操縦も経験する。

分科が分かれた畑航技少尉、大塚航技中尉も、その後に審査部に転属命令が出て、戦闘隊と特殊隊で勤務する。彼らの興味ぶかい履歴と活動ぶりは、そのつど綴っていこう。

〔審査部ではどの飛行機でもキ番号で呼んだ。しかし本書では便宜上、記述の時点で試作中の機にキ番号を用い、制式採用後の機を○式戦闘機と表記する〕

審査部への辞令

文官が講義中の教室に入ってきた、面長《おもなが》で背の高い大尉は、入り口付近の学生に聞くと周囲にかまわず、左後方の席に座る新美市郎中尉の前にやってきた。

「新美中尉は加藤戦隊にいましたか」

「そのとおりです」

妙な人物は、さらに質問を続ける。「どうですか。審査部へ来てもらえませんか」

陸士五十三期、工兵から整備に転じた新美中尉は、たしかに昭和十五年末から飛行第六十四戦隊付だった。第一章に書いたように、九七戦から一式戦への機種改変のさいに前身の飛行実験部も訪れている。

だが、いったい何のことだ？　彼はいま、ここ立川の航空技術学校で、七乙《ななおつ》と略称する第七期乙種学生として普通科の講義を、戦地帰りの同期生二七名（ほかに陸士五十二期が二名）と受けている。内容は大学の航空学科に準じる高さだ。ひょっとしたら、青田買いに来たのだろうか。

「いきなりそう言われても分かりませんが」

彼の返事にはかまわず、大尉は「審査部の辞令を出してもいいですか」とたたみかける。飛行機の整備に携わる者にとって、新鋭機器材の実用テストをつかさどる審査部飛行実験部は、やはり魅力があった。

「お任せします」

新美中尉の内心は返事とは裏腹に、陸軍省人事局が扱う辞令を、一介の大尉の意志で左右できるものだろうか、と半信半疑だった。

新美中尉の軍歴はスタートが異色だ。陸士を受験後に、甲飛予科練一期のテストを名古屋で受け、両方とも高い競争率を突破して合格。父・彦市氏の「陸士へ行け」の言葉に従ったのは、階級面では正解で、結果的にかたや陸軍少佐、かたや海軍少尉と大差がつく。

予科練の合格通知がナシのつぶてなので、憲兵が実家に調べにきた。「息子さんは？」。詰問口調の相手に彦市氏が「市ヶ谷へ入校しました」と答えると、平身低頭で引きあげていった。

武勲の誉れ高い六十四戦隊での勤務を終え、昭和十七年七月に真に航空工学を身につける七乙として航技校に入校。受講中に大尉が入ってきたのは、卒業が近い十八年の三〜四月だ。五月の卒業時に学生は、原隊復帰、他隊へ転属、それに乙種学生の高等科と、針路が三とおりに分かれる。新美中尉には「審査部付」の辞令が出た。あの大尉の言葉どおりの勤務先である。

その人物は、審査部飛行実験部の整備中隊長の木佐木《きざき》大尉だった。まさしく、実験部に必要な整備将校の青田買いに、技校に現われたのだ。

前年、キ四三を皮切りに、キ四四、キ四五改、キ六一と次から次へと実験部に持ちこまれる新型機を、整備隊は寝る間も惜しんで取り扱った。絶対的な手不足を木佐木大尉に訴えた佐浦祐吉少尉は、「航空戦に最重要な制空権の獲得を担うのが戦闘機。この大切な機材の整備を、試作の時点から責任を持って担当、慣熟し、実戦部隊の整備隊の指揮を的確にとりうるように、士官学校出の将校を審査部へ呼んでください」と進言した。新美中尉の審査部転属は、その具体化の一例なのだ。

陸士五十三期からは、一期早い六乙《ろくおつ》の高橋康威中尉が先に来ていて、七乙ではほかに岡田正夫中尉が着任した。以前の所属戦隊がそれぞれ軽爆と襲撃なので、ふたりとも攻撃隊の整備班で勤務する。

新鋭機の泣きどころ

三代目の審査部本部長・中西良介少将に着任の申告をした新美中尉は、歩兵出身の整備隊長・井上来三《らいぞう》少佐にあいさつする。

整備の将校、下士官、兵は全員が整備隊に所属する。そのうえで、戦闘、偵察、爆撃、攻撃(軽爆と襲撃機)、そして特殊の、各隊を担当する整備班に分かれ、作業の指示は各隊の隊長あるいは審査主任から出るかたちをとっていた。

新美中尉はもちろん戦闘隊の整備班。陸士が一期上の中村孝大尉が班長を務め、その下にキ四三、キ四四、キ四五改、キ六一など機材の種類ごとに班が置かれていた。中村大尉がリーダーを兼務する最新鋭のキ八四の班を、大尉とともに率いていく任務が新美中尉に与えられた。

陸士卒業と同時に歩兵から航空への転科を命じられ、技校で飛行機整備のイロハを修得。偵察機の飛行第二戦隊で隊付勤務ののち、昭和十六年初めから再び技校で第五期乙種学生の普通科と高等科を終えて、中村中尉（当時）は十八年一月に航空審査部に着任した。

キ八四の担当に指名されたものの、まだ実機は完成していない。唯一の資料の、手書きメモに毛の生えたような仮の取り扱い説明書を読んだところへ、「すぐに中島・荻窪《おぎくぼ》製作所の試作工場へ行き、発動機の試験に参加せよ」との命令が出た。

「発動機」とはもちろんキ八四のハ四五（海軍呼称は「誉《ほまれ》」）。ようやく生産が始まったばかりの、画期的な小直径・高出力エンジンを、把握する任務である。

中村中尉は作業服を持って、福生から遠からぬ荻窪へおもむき、中島の技師や技手、工員にまじって、三ヵ月のあいだ試運転、組み立てなど一連の作業を体験。ハ四五の構造と特徴を覚えこんだ。

大尉に進級していた彼はこれが終わると、こんどは完成機を扱うため群馬県の太田製作所へ。昭和十八年の四〜六月、太田に泊まりこみ、小山悌《やすし》技師、太田稔技師ら設計幹部からキ八四の機体について習うとともに、エンジンの着脱や試運転にも携わった。

このあいだの四月には、試作一号機の進空に立ち会い、審査部へ引きわたす最初のキ八四（試作一号機か、できたての二号機か不明）といっしょに福生飛行場に帰ってきた。

中村さんは当時を回想し、「担当の整備将校を当初から製作会社へ行かせる、この方法は効果的」と語る。

新美中尉の福生着任は、中村大尉がもどる少し前だったようだ。「初めは一機だけ。しばらくして三号機ぐらいまで来た」と記憶するキ八四の第一印象は、「キ四三の後継たる、大馬力・高速の戦闘機」。

だが、内容が分かるにつれて「これは難しい飛行機だ」と思いがつのってきた。手の入るところがないほどぎっしり気筒の詰まったハ四五に、不具合が相次いで生じた。

試作機の試験飛行のあと中島飛行機の技術者に説明する、キ八四班の舟橋四郎少尉。８年以上の飛行経験をもつ老練だ。

たとえば配電盤のボックス内の結露による始動不能。後方のマグネットで起きた電気を、エンジン前部の配電盤に伝えるさいのコードのパンク（電気的に破損して使用不能）に、中村大尉も悩まされた。

これだけの高精度のエンジンだから、いまだ試作品に近いレベルのものにトラブルが付きまとうのは、むしろ当然とも言える。

キ八四《ハチヨン》班のトップ二人がそろって、トラブルメーカーの筆頭に掲げるのは、ラチエの定速四翅プロペラだ。

ついに自国開発の定速（定回転）プロペラを実用化できなかった日本では、アメリカのハミルトン・スタンダード式（油圧式ピッチ変更制御）を主用し、フランスのラチエ式とドイツのＶＤＭ式

（ともに電気式ピッチ変更制御）で補った。

ラチエ式のプロペラは「ラ式定回転」の名で、すでに九七重爆の二型に用いられていた。とくに機構面が買われたからではなく、住友金属製のハミルトン式の品不足が主因だった。キ八四への採用理由はまったく異なる。当初のハミルトン式がピッチ変更範囲が二〇度しかなかったため、高速（すなわち速度域が広い）のキ八四には適さず、逆ピッチまで可能なほど変更範囲が広いラチエが選ばれたのだ。

昭和十二年にライセンス生産権を買っていた日本国際航空工業では、ピッチ変更機構を独自に改良して、九七重爆用よりも変更速度を大幅に高めたプロペラに、ペ三二の陸軍名称をもらったが、これが完全な製品ではなかった。

キ八四増加試作機に整備されたペ三二のピッチ角変更範囲は三二〜六〇度。これを制御する調速器《ガバナー》は、エンジンの回転数にともなう遠心力の大小によって、回転重錘（エンジンの回転軸とともに回る）が移動し、ピッチ変更用のモーターのスイッチ（正回転と逆回転の二種）を断・続させる仕組みだった。ハミルトンの油圧式に比べると制御の精度はやや劣り、プロペラ技師だった佐貫亦男《またお》さんの言葉では「不精《ぶしょう》な機構」と表現される。

この調速器のスイッチ断・続の機構が不安定で、急機動や急加速のさいにプロペラ・ピッチとエンジン回転数が嚙み合わず、何秒間か（六〜七秒という）過回転と過小回転をくり返す。いわゆるハンティング現象で、機首が前後に振れ、尾部も左右に揺れて、戦闘機にとって最重要の射撃照準が不能におちいる事態が生じたのだ。

ハンティング現象の実態を知るため、新美中尉はキ八四の胴体内に腹ばいに乗った。操縦者はピッチ変更のスイッチを切って離陸し、上空でスイッチを入れる。ピッチがひんぱんに変わって機が振れ出すのをまざまざと味わった。

ラチエ・プロペラのこの一大欠点は、なかなか全快しなかった。盛夏のころ、審査主任の岩橋少佐は業を煮やし、プロペラの審査不合格を口にした。

ガバナーを製造する富士電機で、回転軸に重錘振り子を付加して、より早く適正回転数に落ち着く成果を得たが、全面的な解決にいたるには、翌十九年を待たねばならなかった。

スピナーを取りはずしたキ八四増加試作機のペ三二プロペラ。中央に突出する部分がピッチ角変更用モーターで、すぐ後ろのケースにギア類が内蔵されている。

好評、Ｆｗ190

荒蒔義次少佐が第十二飛行団部員に転出してラバウルへ発つとき、後任たりうる人材として坂井少尉と神保大尉の名をあげた。

昭和十八年八月、進級直後の神保少佐は独立飛行第四十七中隊の調布飛行場から、九九式高練に乗って福生に着任。岩橋少佐の次席でキ八四の審査に加わった。

神保少佐に対する審査部戦闘隊の人々の印象は、多少の差異はあっても「豪放磊落《らいらく》」で一致する。のちにキ八四で全速ダイブを連日のようにくり返し、異様な爆音を地上にいて聞かされる者たちをあきれさせた。飛行機ばかりか、酒にも強かった。

彼の人となりを知悉《ちしつ》する一人が、独飛四十七の編成いらい行動をともにした刈谷正意さん。神保少佐の転出を見送ったとき少尉だった彼は「度胸でかなう人はいない。竹を割ったような性格で、決断が早く、頭もいい」と、最高ランクに評価する。麻雀も巧者だったそうだ。

神保少佐が審査部へ転出したのち、刈谷さんは珍しいかたちの再会をする。

独飛四十七は昭和十八年十月に飛行第四十七戦隊に改編され、調布飛行場が混み合っているため、第二中隊は一時的に埼玉県の所沢飛行場へ移動した。刈谷少尉は二中隊の整備小隊長だった。

十二月の初め、飛行場の東地区にいると、北から変わった単発機が降りてきた。すぐさまその方向へ駆けていった刈谷少尉には、がっしりした体格の操縦者が神保少佐だと遠くから分かる。初めて見る飛行機は、噂に聞くフォッケウルフのようだ。

「神保さん、見せにきたんだな」。少尉はいつも携えているカメラを構えるとFw190に向けて六〜七回シャッターを押した。独特なアングルの作品を多数ものにしてきた、非凡な腕前だ。

降り立った少佐は短い会話を彼と交わすと、中隊長の真崎康郎中尉としばらく話しこみ、三〇分ほどたって飛び去った。

18年12月上旬の所沢飛行場に、審査部戦闘隊が管理するＦｗ190Ａ－５が降りてきた。古巣の飛行第四十七戦隊に見せるためで、機内は神保進少佐。

Ｆｗ190Ａ－５はこの年に潜水艦でドイツから輸送され、陸軍戦闘機との性能比較および技術的研究に供するため、航空審査部に運びこまれた。おりから審査が始まったキ八四との対比の点でも、かなりの関心が寄せられた。

Ｆｗ190の審査主任は神保少佐。キ八四審査の次席なので適切な役どころと言える。副担任を務めたのが、ラバウルから東部ニューギニアを転戦して、九月末に審査部にもどってきた辣腕《らつわん》・荒蒔少佐だった。

神保少佐はのちに戦死して感想を聞くすべがないから、荒蒔少佐の評価は貴重である。

初めて搭乗したのは、帰還後まもなくの十月初め。Ｂｆ109Ｅのように狭すぎず、Ｐ－40ほど広くない操縦席は、日本人の標準的な体格の少佐にちょうどよかった。

離陸時の滑走は偏向癖がなく、すなおに直進する。上昇力も充分にある。水平飛行時の加速は優秀。機体をほぼ垂直に傾けての急旋回でも悪い癖は見られない。降下時の加速性はＢｆ109には及ばないが、良好と認めうる。

総合的な飛行性能は四式戦、五式戦のどちらにも似ていて、両機の中間あたり、と荒蒔さんは語る。ただし、電気駆動の確実さをはじめ、工業力のレベルの差が随所に感じられた。

彼が試乗した外国機のうち、優良と判定したのはＢｆ109Ｅ－７、Ｆｗ190Ａ－５、Ｐ－51Ｃの三種で、Ｆｗ190を最優秀機にあげている。

もちろん、機材の評価には個人差がある。荒蒔少佐がその腕を見こんだ竹澤俊郎准尉は、次のような感想を抱いた。

「フォッケウルフは何もかも電動で、いい飛行機。メッサーシュミットよりも上だ。キ六一もメッサーより上だが、戦闘機と戦うとき、キ六一よりもエンジンの信頼性が高いフォッケウルフを選ぶ。頭を下げての突っこみが鋭い。しかしＰ－51は速度があって、さらにいい」

ここに記したのは、主に飛行特性についての採点だ。ＭＧ151／20二〇ミリ機関砲四門、ＭＧ17七・九二ミリ機関銃二梃の火力は、陸軍のどの制式単発機よりも強力で、反対に機内燃料による航続力のカタログ値は二式戦をも下まわる。

上向《うわむ》き砲をテストする

双発戦闘機は岩倉大尉が担当していた。昭和十八年なかばの時点では、二式複戦の機体の審査はすべて終了していて、武装や装備品の変更時に審査を要するだけだった。

上向き砲は12.7ミリ機関砲から始まった。前方席天蓋(可動風防)のすぐ後ろにホ一〇三を２門、ななめに突き出した二式複戦甲型がタキシング中。

岩倉大尉を補佐した林武臣《たけおみ》准尉は、少年飛行兵二期生出身のベテランで、今川一策中佐が戦隊長だった飛行第五十九戦隊で日華事変、ノモンハン事件に参加。後者の停戦の前日に、ソ連空軍のポリカルポフＩ－16戦闘機をタムスク上空まで追いかけて、敵飛行場内に撃墜した。九七戦から一式戦に機種改変して開戦を迎え、南方進攻作戦中に「ブレニム」双発爆撃機五機（うち確実四機）とＢ－17一機を葬る活躍を見せた。

福生に来たのは、飛行実験部実験隊当時の昭和十七年七月。しばらくのあいだは一式戦を手始めに、二式戦、キ六一など単座戦闘機が主体で、二式複戦にはちょいちょい乗る程度だった。

岩倉大尉の補佐役を務めた藤原武彦准尉が、十二月に少尉候補者として航空士官学校へ入校したため、同期生の林准尉が任務の引き継ぎを命じられた。准尉にとって双発機に関する初の審査は、二式複戦の操縦席後方に取り付けた上向き砲についてだった。

上向き砲とは、機軸に対し三〇度ほどの仰角をもたせて胴体に取り付けた、変則装備の機関砲で、海軍の斜め銃の陸軍版だ。

敵重爆の後下方に忍び寄って撃ち上げる戦法により、十八年なかばのラバウルで海軍があいついで撃墜を果たし、夜間戦闘機「月光」を誕生させた。原理は簡明、改造も難しくないため、陸軍はすぐに追随し、同年末に部隊配備が始まった二〇ミリ機関砲ホ五を用いる上向き砲が普及した。

だが、審査部へ最初に持ちこまれたのは、一二・七ミリ機関砲ホ一〇三を二門、上向き砲装備した二式複戦甲である。時期は判然としないけれども、十八年の夏から初秋にかけてと推定される。

曳的の吹き流しを引くのは一式戦。尾輪柱に三〇〇メートルのロープをつないで、先端に付いた吹き流しを整備兵が機側で持ち、一式戦の車輪が地を放れたところでパッと離す。凧上げの要領だ。この曳的機と上向き砲の複戦に、林准尉と岩倉大尉が交互に乗って、薄暮の相模湾上空で射撃テストを実施した。

後下方に接近すると、夕闇にほの白く浮かぶ吹き流しが、左右にバタバタ振れている。同航で撃ち上げる無修正射撃だから、二人の技倆ならおもしろいように当たる。准尉が撃った曳的には、引きちぎれるほどの命中弾があった。

このテストで、海軍の「月光」がラバウル、ソロモン諸島で示した有効性が、はっきり確認され、九月には航空本部から立川の航空工廠に、ホ五の上向き砲装備が命じられる。

同じ九月、航空工廠では三七ミリ機関砲ホ二〇三のかわりに、五七ミリのホ四〇一を二式複戦の機首に取り付けた、一撃必殺機を一機だけ改修試作した。ホ四〇一はホ二〇三の大型版で全長二メートル、重量一五〇キロの〝空の大砲〟だ。

この試射も複戦班（本書での便宜上の呼称）が請けおって、水戸の射撃場に布板的を敷いて命中精度をテストした。三〇度の射角をとって、距離三〇〇〇メートルから射撃の態勢に入る。毎分八〇発という、一二・七ミリ機関砲の一〇分の一の遅い発射速度。一トンの反動は駐退器で減らしていても、相当にこたえる。

林准尉は搭載の全九発を放って、布板に全弾を命中させた。この火器による地上攻撃の有効性を実証したのだ。

双発単座戦の挫折

〝複戦班〟が装備火器ではなく、双発機そのもののテスト飛行を実施したのは昭和十八年の秋。機材は川崎製のキ九六だ。

二式複戦の後継をめざして十七年八月に川崎へ試作発注されたのが、双発複座のキ四五改－Ⅱ型。しかし、二式複戦の実績から後方席は不要と判断されて、四ヵ月後に双発単座のキ九六をあらためて発注し直した。

川崎では製作中のキ四五改－Ⅱの試作一号機と二号機を、後方席を外板で覆ってキ九六の

搭乗するまでピスト前の折りたたみ椅子で戦闘隊の操縦者が談笑する。中央が林武臣准尉、その向こうは田宮勝海准尉。

試作一、二号機にあてた。初めから単座仕様で作った三号機だけが水滴風防で、いかにも双発重戦らしい風格があった。

昭和十八年九月、岐阜・各務原《かがみがはら》でのキ九六の初飛行には、審査部飛行実験部から竹下福寿《ふくじゅ》少佐と並木好文少佐が出向いて立ち会った。二人は戦闘隊ではない。竹下少佐は攻撃隊長、並木少佐が次席だった。

戦闘機なのに攻撃隊の両幹部が来たのは、すでに航空本部がキ九六の開発に見切りをつけ、双発襲撃機キ一〇二の試作指示を川崎へ出していたためだ。双発戦は戦闘機として魅力なしと判断し、キ九六をベースにして、九九式双軽爆撃機に代わり得る新機材を得ようという方針である。キ四五改-IIの複座からキ九六の単座へ、そしてまたぞろ複座にもどる効率の悪さだった。

偵察／軽爆の操縦者でありながら、難物の二式戦をも乗りこなす並木少佐は、各務原でキ九六に試乗して、運動性のよさに感心した。武装を積む前だからひときわ機動力に富んでお

林准尉の操縦で静岡県上空を西へ向かうキ九六の3号機。単座の双発戦闘機は諸種の理由で陸海軍とも試作にとどまり、ついに量産には至らない。

り、離陸後すぐの上昇横転も試行できたほどだ。

福生に空輸されたキ九六の試作三号機は、攻撃隊によって審査が進められた。しかし、機材そのものは双発単座戦闘機なので、戦闘隊〝複戦班〟の岩倉少佐（進級後）と林准尉もしばしば搭乗した。

たいていの操縦者は、重くて機動がにぶい双発戦を好まない。林准尉も「キ四五改は形からして、あまり好きではなかった」が、キ九六は別だった。洗練された外形がまず彼の心をとらえ、操縦してみていっそう惚れこんだ。

降下からフルパワーでの上昇に移ると、しばらくは垂直上昇を維持できる。推力重量比が一・〇を切る現在のジェット戦闘機なら造作もないが、公称第一速一三五〇馬力のレシプロ双発で、五・五トン（機関砲なし）の機体を真上へ航進させるのだ。

速度を殺し、旋回方向のエンジンをしぼれば小回りが効き、キ八四と互角の空戦も不可能ではない、と准尉は考えた。岩倉少佐も「単発機と変わらないほどの、すばらしい飛行機」と高い点を与えた。

装備予定の三七ミリ機関砲ホ二〇三を一門、二〇ミリ機関砲ホ五を二門積み、各種装備品を加えれば、三〇〇〜四〇〇キロ重量が増して、裸馬《はだかうま》の軽快さはなくなる。それでも二式複戦よりはずっと高性能だから、上向き砲を付けて、のちのB-29の夜間来襲にかなりの威力を発揮できたに違いない。

キ九六は結局、襲撃機キ一〇二乙用の五七ミリ機関砲ホ四〇一のテストベッドに使われただけで終わる。三号機へのホ四〇一の装備は、川崎・岐阜工場へもどして実行された。

開戦後まもなく、予想をこえる勝ち戦《いくさ》の最中に、技術研究所で催された今後の使用機材についての打ち合わせ会で、荒蒔少佐は「今からやっておかないと間にあわない」と、夜間戦闘機および高高度戦闘機の必要性を説いたが、だれも真剣に取りあわなかった。

キ九六の試作がスタートした時点で、審査主任は荒蒔少佐だった。彼がニューギニアから帰ったとき、すでにキ一〇二への移行は既決のものになっており、「俺がいれば単座を強く推したのに」と嘆息した。

少佐は岐阜工場へ出向いて、十月十四日に〝主砲〟を付けた三号機に搭乗。「単座でバランスがいい。速度はもちろん、操縦性と離着陸特性も、二式複戦よりはっきり上だ」と判定したが、取り返しはつかなかった。

高性能の双発防空戦闘機を手に入れるチャンスを、陸軍は二度失ったのだ。

武装班の横顔

海軍でも同様だが、陸軍航空部隊のなかで、自動火器や爆弾を扱う「武装」と、無線機器材を担当する「通信」は、エンジンおよび機体の保全が任務の整備隊とは一線を画する。航空審査部飛行実験部もこの例にもれなかった。

武装班の所帯は小さく、将校、准士官、下士官の幹部を合わせて数名といったところ。兵の人数も多くなく、手不足の分は整備兵のなかから武装の取り扱い経験者を選んで、助っ人に来てもらった。この程度の陣容で、戦闘隊はもとより、爆撃、攻撃、偵察の各隊、そして必要なら特殊隊の火器の面倒もみるのだから、暇などはあり得ない。

武装版の初代トップは、明野飛行学校から転属、旧・飛行実験部実験隊からその職にあった橋本中尉で、福生にいるあいだに大尉に進級した。橋本中尉の右腕的な存在だったのが、昭和八年（一九三三年）入隊の三枝《さえぐさ》辰雄准尉。

飛行第五連隊を振り出しに、飛行第六十四戦隊、独立飛行第二十一中隊に所属して大陸を転戦し、この間に明野飛校で火器取り扱いの技術を習得した。

三枝准尉が旧・飛行実験部に着任した昭和十七年春は、ホ一〇三／一式一二・七ミリ固定機関砲装備の新型機である、一式戦、キ四四（二式戦）、二式複戦があいついで応急の実用実験をすませ、戦場へ送られたばかりのころだ。九七戦の七・七ミリ八九式固定機関銃に代わって主役の座につくホ一〇三に、充分な実用性を備えさせるのが、武装班にとって当面の主任務だった。

ホ一〇三は、米軍が広汎《こうはん》に用いた同口径の傑作機関銃ブローニングM2の先行型、MG53Aのコピーなので、機構的に大きな故障を起こす部分はない。昭和十五年度の試作審査ののち改修を重ねて、本体には不具合をほとんど生じなくなっていた。

問題はむしろ、取り付ける機体側にあった。七・七ミリにくらべてずっと大柄な弾薬包が、弾倉内や機関砲への途中で引っかかったり、空薬莢《からやっきょう》および保弾子（弾薬包をつなぐリング）がスムーズに排出されなかったりするトラブルだ。急機動でプラス、マイナスの強いGが加わったさいの送弾と排出が、いまだ満足ではなかった。

第一章に記述した鹿島灘上空でのキ六一の送弾不調も、その一連のできごとである。

三枝准尉が着任する半年ほど前の昭和十六年十～十一月、南方進出の飛行第五十九戦隊が一式戦一型甲から一型乙への再改変のため、漢口から立川飛行場にもどってきていた。一型乙の機首の左側が、制式兵器に採用されて間もないホ一〇三で、当然だが少なからず不具合を生じた。

その最たるものは、やはり送弾関係だった。弾倉内で弾帯が引っかけ合って、止まってしまう。昭和十一年に飛行第一連隊に所属して以来、武装ひとすじの竹内鉦次《しょうじ》曹長は、要因の一つである保弾子のわずかな突出をなくすため、弾帯に組むとき凹凸が出ないように充分な注意を払わせた。

一式戦の各部改修を終えた五十九戦隊は、開戦と同時に南進作戦に加わり、マレー、スマトラ、ジャワと転戦。武装の先任下士官として竹内曹長はこの間、部下やメーカーから随伴の工手たちをリードしつつ、故障、不具合の解消に邁進した。

生来の胆力に加えて、日華事変とノモンハン事件で戦場になれた曹長が、その行動力を発揮したのは十八年一月二十日の夕方。マレー半島南部のクアラルンプールの飛行場で食事中、山陰《やまかげ》からいきなり敵が単機で来襲し、爆撃にかかる。一式戦に取りついている整備兵たちに、竹内曹長の「空襲だっ！」の大声。つぎつぎに溝の中にとびこんだおかげで、小型爆弾による死傷者は数名にとどまった。

さらに曹長は敵機の攻撃にひるまず、遺体や負傷者の搬出と飛行機の延焼防止に適切な指示を続行。のちに戦隊長・中尾次六少佐から「責任観念旺盛ニシテ独断ニ富ミ……下士官ノ範トスルニ足ル」の表彰状を受けている。

ジャワ島スラバヤから海路帰国した竹内曹長が、審査部に着任したのは昭和十八年の四月下旬。このころの一式戦「隼」は、エンジンをハ二五から出力一割増のハ一一五に換装した二型が大半を占めていて、ホ一〇三の送弾もこの機材に関してはトラブルを解消し終わった状態だった。

二型の導入当初、武装班にとっての問題点は、二翅から三翅に変わったプロペラにあった。機首武装との同調が難しくなるからだ。

三枝さんは言う。「発射速度（一定時間内に撃ち出す弾数）と、銃口からプロペラまでの距離を計算して同調させるのだが、二翅よりも三翅、四翅のペラのほうが調整が大変です。四翅だと（弾丸を通す）安全範囲が三〇度かそこらしかありません」

同調不良で弾丸がプロペラに当たったとき、穴があくだけの七・七ミリと違って、三倍強の威力の一二・七ミリ弾はブレードを壊しかねないのも難しい点だった。

竹内さんには、武装班長だったはずの橋本中尉／大尉に覚えがない。彼の着任までに転出していたとも考えられる。彼の記憶では、当初の武装班長が岩橋少佐、ついで岩倉少佐だったそうだ。

旧・実験隊長を務めた加藤敏雄中佐／大佐が一時、旧・実験部長の副官を兼務したように、佐官の操縦将校が武装班長を兼ねても、べつだん不思議ではない。もちろん彼らが自動火器や爆弾、照準器のメカニズムに精通してはいないから、あくまで組織の指揮系統における班長の職である。

竹内曹長が准尉に進級して二ヵ月後の昭和十八年九月末、武装班の主任将校の座に着く鈴村富郎中尉が転属してきた。甲種幹部候補生出身で、見習士官のときに水戸飛行学校で武装を習得していて、三年間のキャリアがあった。すなわち、橋本大尉の後任の立場であり、武装班の実質的な指揮をとる能力をそなえていた。

南方軍総司令部第四課の航空参謀付から一転、涼しい秋風の福生に鈴村中尉が来たとき、武装班長を務めていたのは岩倉少佐だ。

岩倉少佐は明治の元勲・岩倉具視の曽孫《ひまご》なので、公家《くげ》的な、いっぷう変わった雰囲気を持っていて、フランス育ちのリベラルさからか、将校・高等官集会場でダンスを楽しんだりした。飛行実験部長・今川大佐に着任を申告ののち、少佐にあいさつした鈴村中尉は、氏《うじ》と育ちの醸《かも》し出す独特のムードに感銘を覚えた。

竹内准尉と三枝准尉の両ベテラン、爆撃関係が専門の北野浅次郎曹長、ほかに下士官三名と整備隊から応援の兵三～四名、それに軍属。この小さいが、多忙な所帯をたばねる鈴村中尉は、みずからも戦闘機の武装に携わっていく。

計測は楽じゃない

審査部飛行実験部の任務はつまるところ、試作および新採用の飛行機、航空兵装、装備品の性能テストと実用テストである。このために空中勤務者が飛行機を飛ばし、兵装を試用し、地上勤務者が機器材の整備・保守に明けくれる。そうした種々のテストのさまざまなデータを取り、記録するのが測定班の役目だった。

代表的なものが飛行機の性能試験だが、正確な数値を得るための準備が必要だ。たとえば真速度と速度計、ピトー管の位置誤差の検定には、鉄道を利用する。

国鉄（現ＪＲ）の青梅《おうめ》線の福生～羽村《はむら》間、横浜線の淵野辺《ふちのべ》～原町田《はらまちだ》（いまは町田）間のレールは直線で、距離が分かっている。この線路の上空を、風の影響を相殺《そうさい》するため往復飛行し、時間を計測。これで正確な速度を割り出して、速度計とピトー管を修正するのだ。

航続力を測る時間試験は、満量が入った燃料タンクが空になるまで飛び続ける。多座機の

浜名湖で審査部と第三航空技術研究所が合同しての爆弾投下実験。データ計測のため飛行実験部・測定班が参加している。

場合、測定班の者も航空糧食と小用をたすゴム風船持参で同乗し、あらかじめ定めた三角点を延々と飛び続けるあいだ、計測を怠《おこた》れない。眠けをもよおして、測定者に「お前、少し手伝え」と操縦輪をにぎらせ、寝入ってしまう胆の太い操縦者もいたという。

水平飛行への復元性を調べるのが安定試験。

巡航速度のとき操縦桿から手を放した状態で水平飛行するように、昇降舵のタブを調節する。それから昇降舵を上げ状態にして速度を三〇キロ／時だけ低下させ、操縦桿をさわらないでいると、機首が上がって速度が落ちたのち、こんどは機首が下がって速度が増す。続いて、ふたたび機首が上がって速度が低下……の繰り返しで、側方から見た飛行の軌跡が、正弦波（規則正しい波形）を描きつつ水平飛行に復帰できるか否かを見る。

次は昇降舵を下げ位置にとり、三〇キロ／時を加速して試し、同様に正弦波を描いて水平飛行にいたれば、安定性は良好と判定される。

上昇限度試験はもっと単純で、所定の高度で正確に過給機の速度を切り替えて高度を稼ぎ続ける。エンジン出力が低下し、主翼も揚力を生みがたくなって、昇降計の針がゼロを指したところが上昇限度。計器の指示高度を真高度に算定しなおすのは言うまでもない。

このほか燃費試験、耐寒・耐熱試験、雪橇《ゆきぞり》装着時の雪上試験、ロケット弾や誘導弾の弾道測定など、測定班は多種多様のデータ採取を実施する。

しかし、空中勤務者ではない測定者の、同乗時の苦労は相当なものだった。最小旋回半径を測るさいには、旋回の遠心力のおかげで、数字を書くのすら容易でなく、目が充血して計器盤が黄色に見えるうえ、風邪ぎみだと鼻水と涎《よだれ》が流れ出るありさまだった。

多座機ならまだしも、キ四三など単座戦闘機の同乗測定時には、落下傘を付けずに胴体内にもぐって、座席の後ろに置いた板に座る。外から点検口を閉められたら内側から開けるのは不可能なので、もしも乗機が墜落したり、離着陸のミスで大破すれば即死をまぬがれない。

測定班の軍属としてキャリアの長い山下政雄氏が同乗し、高空でのテスト飛行中に、吸入器から酸素が流れなくなった。操縦者から「もう少しで終わるんだから我慢しろ」と言われ、試験終了まで耐え抜いたが、そのあと半日間は割れるほどの頭痛にさいなまれた。

山下氏の回想では、測定班の班長も岩倉少佐、岩橋少佐が務めたそうだ。最後の測定班長は前に述べたように、矢木技術少佐だった。

技術と操縦

昭和十五年六月に大日本飛行協会が仙台に飛行訓練所を開いて、東北に学生航空連盟の足がかりができたとき、東北大学から三名が参加した。そのうち理科系が二人で、理学部物理学科の熊谷彬《くまがいあきら》さんと工学部航空学科の今村了《あきら》さん。ともに二年生だが、飛行機熱が高いのは熊谷氏のほうで、訓練所開設のきっかけを作ったのも彼だった。

「操縦なんかやりおって」と航空学科の同級生にからかわれた今村さんだが、大学の配属将校に見こまれて陸軍の技術委託学生に応募。彼をふくむ合格者が第一期生で、陸軍に籍を置いて学業と学連での操縦を続けた。昭和十六年末に繰り上げ卒業し、航技将校へ進むため翌年一月に立川の航空技術学校へ。技校の中に、彼ら二〇〇名に軍人教育をほどこす教育隊が作られていた。

熊谷さんもここに入ってきて、同期生としてスタートを切る。彼らの階級は見習士官だが、規定のもと、教育にあたる下士官たちは初年兵として扱い、激しい制裁の嵐が二ヵ月のあいだ吹き荒れた。下士官たちは兵科、見習士官は技術部将校なので、将来も部下と上官の関係にならないからできる振舞いだ。

十七年三月、教育が終わり、大学学部卒業者は航技中尉に、高専卒業者は航技少尉に任官する。その直前に、下士官たちの姿は掻き消すように見えなくなった。

技研で勤務中の五月、航技将校の操縦志望者が募《つの》られた。熱望の熊谷航技中尉と、とくに志望していなかった今村航技中尉が選ばれて、軍医二名、士官学校出身の整備将校二名とともに、召集尉官として九十期操縦学生に組みこまれ、下士官学生とともに熊谷飛行学校で九五式中練に乗った。

十八年三月に卒業し、二人に航空審査部付の辞令が出た。熊谷航技中尉は戦闘分科で明野飛校へ、今村航技中尉は軽爆／襲撃分科で鉾田飛校分校の原町《はらのまち》へと別れ、航士五十六期卒業の乙種学生といっしょに、それぞれ九七戦と一式戦、九九式襲撃機を操縦する。

ハルビンの航空審査部・満州支部で航技将校たちがならんでいっぷく。右から2人目の飛行服が今村了航技中尉。

教程を終えた十一月末、ともに原隊である航空審査部に復帰するが、今村航技中尉は福生ではなく、はるか満州のハルビンを指定される。ここに技研の哈爾賓《ハルビン》支所を改編した、航空審査部満州支部があったからだ。

満州全域は関東軍の管轄のもとに置かれる。しかし唯一ハルビンの満州支部だけは、審査部、そして航空本部に属する組織だった。支部の任務はハイラルでの耐寒試験や白城子での射爆試験。

福生から飛来した飛行機、運ばれた武器のテストを手伝うかたわら、今村航技中尉は本来の航空技術者としての活動を望みつつ、九七戦と九九襲を存分に乗りまわした。松花江にかかる鉄橋の下を襲撃機でくぐったときは、関東軍に見つかって上司が司令部へ呼ばれ、お叱りを受けたという。

一式戦の未修飛行（操縦訓練）までをハルビンですませた今村航技中尉だが、帰国の機会はなかなか訪れず、福生の飛行実験部で勤務するには、昭和十九年の夏を待たねばならなかった。

彼に比べて、熊谷航技中尉の異動はスムーズだった。十二月初めに明野から福生に帰還して、戦闘隊に配属され、一式戦を手始めに各種戦闘機の操縦訓練を進めていく。

ロクイチ班が勤め場所

熊谷航技中尉が福生にもどったとき、同じ立場の島榮太郎航技中尉がすでに戦闘隊にいて、一式戦「隼」、二式戦「鍾馗《しょうき》」、三式戦「飛燕」、それにキ八四を飛ばしていた。

すでに述べたように、陸軍版エンジニア・パイロットの最初の一人である島航技中尉は、仙台第一中学校で熊谷航技中尉の三年後輩だった。つまり、軍歴と飛行歴は島航技中尉が早く、中学の学年と階級は熊谷航技中尉が上という間がら。この時点で、飛行実験部で同じ身の上が二人だけの彼らは、仲のいいコンビで空中勤務に従事した。

一式戦に続いて、三式戦、キ八四の未修飛行を熊谷航技中尉が終えるのに、二ヵ月ほどかかった。

彼の着任時、キ八四は試作一号機と三号機の二機しかなかった。キ八四の審査を岩橋少佐とともに担当する神保少佐が、諸元を教えて「これに乗ってみろ」と言う。

上昇反転、宙返りなどの特殊飛行のデータを示したうえで、ひととおりやって高度や速度、ブースト圧などを書き取ってくるよう少佐に命じられた。

「だいじょうぶだ。やってこい！」

実用機による戦技までを習う乙学課程を、明野飛校で終えたばかりの操縦者に、キ八四がこなせるかどうかを見るのが目的なのだ。

一週間がかりでさまざまなデータを取り、終わりに近づいたころ高度一万メートルへの上昇テストを実施した。酸素ビンの圧力調整が低すぎて流れなくなり、弁を開けようとして気を失ったが、高度六〇〇〇メートルで蘇生できた。

タフで歯に衣を着せない神保少佐が「キ八四の急降下は、目盛り（計器速度）で七五〇キロ／時までは絶対だいじょうぶ」と言うのを信用し、八〇〇〇メートルの高度で背面姿勢に入れて急降下を開始。プラス三五〇ミリの赤ブーストで速度計の針が七五〇キロ／時を指した（真速度だと八〇〇キロ／時ぐらい）が、少佐の保証どおり機体に異常は出なかった。

一式戦二型機上の熊谷彬航技中尉。審査部戦闘隊の操縦者にとって「隼」は、ゲタがわりの安易な飛行機と見なされていた。

同様の各種特殊飛行テストを、熊谷航技中尉は三式戦でも試させられた。早い話が〝テストパイロットになるための未修飛行〟のような経験期間だ。

三式戦の突っこみのよさは定評があった。彼が試したときも、キ八四なら加速してくると機首を上げようとするのに、三式戦はひたすらまっすぐに降下できるのだ。

その後、熊谷航技中尉が乗るのは三式戦一型と、エンジンを換装したキ六一－Ⅱおよび－Ⅱ改が主体を占めていく。岩橋、神保両少佐、田宮勝海准尉、舟橋四郎少尉らベテランが担当し、すみやかな部隊編成をめざすキ八四よりも、機体は合格しているがエンジンに難のある三式戦一型、試作一号機ができたばかりのキ六一－Ⅱの方へ、エンジニア・パイロットがまわるのはうなずける。

その熊谷航技中尉の搭乗機を、「勇ましい顔つきだが親しみやすい人だ」と思いつつ見送る十五歳の少年軍属がいた。三式戦の「ロクイチ」班の整備を手伝う山内三郎工員だ。

もともと飛行機が好きで、それもマニアの部類。昭和十八年の春に東京・神田の工業学校を卒業するにあたって、就職希望先を技研と書いて出したところ、彼を含む三名が航空審査部に決まった。

通勤初日、おおぜいの新入者に対する訓辞がろくに耳に入らない。上空から響く爆音に心を奪われていたからだ。このあと配属が決まり、飛行機にあまり関心のない同級生二人は飛行実験部だが、山内工員(三ヵ月間は見習い工員)は飛行機部。木造建物の中で坊主頭の工員たちが製図板にとりついているのを見て、工業学校の延長かと失望した。

飛行機にさわれる飛行実験部へ、なんとかして移りたい。学校に就職の説明に来た総務部の栗田准尉に頼みこみ、功を奏して転属に成功。だが、新しい勤務場所へ案内してくれる整備隊庶務係の大塚上等兵が、関西弁で語りかけた。

南アルプスを遠く望み初秋の甲府盆地を眼下にして、三式一型戦闘機乙が快調に飛ぶ。操縦は進級したての熊谷航技大尉。

「お前アホと違《ちゃ》うか。飛行場の作業は油まみれでしんどいで。飛行機部なら服も汚れへんし、女の子もよけいおったやろうに」

なんと言われようと、飛行機のそばにいられれば満足だ。戦闘隊の格納庫に入れられた一式戦の水平尾翼に触れたとき、彼の胸は高鳴った。

十八年四月ごろの戦闘隊の装備機材は、山内さんの記憶では一式戦五〜六機、二式戦二〜三機、三式戦六〜七機。キ八四はまだ入る前で、ほかに連絡用の九九式軍偵察機が一機あった。

この武装も無線機も取りはずした九九軍偵が、山内工員の担当機に決まった。といっても、先輩工員の手伝いだ。内務班ばりの制裁も経験し、軍属の世界が分かったころ、軍偵は偵察隊に引き取られ、三式戦の担当に変わった。

それはドイツ製ＭＧ151／20、すなわち二〇ミリ・マウザー砲を翼内装備した一型丙。その初号機で生産番号が三〇〇一なので、方向舵に「００１」と白で書いてあった。ほかの三式戦はジュラルミンのままなのに、この機だけ暗緑に黒い斑点のすご味のある迷彩がなされていた。

夏、川崎航空機の操縦士が乗る００１号機は着陸のさい、いきなり横風をあびて傾き、右翼が滑走路のコンクリートに当たった。翼が折れ、機体は回転して腹を見せたまま滑り続ける。プロペラが飛散し、風防はつぶれて、操縦士は頭部損傷による即死だった。

航空技術ひとすじに

整備庶務係の大塚上等兵が「服も汚れへんし、女の子もおる」とうらやましげに言った航空審査部飛行機部だが、技術部将校にとっては〝静かな戦場〟だった。

エンジニア・パイロットに選ばれた今村了、熊谷両航技中尉よりも一学年上で、大阪大学理学部を卒業して昭和十六年六月に技研の第二部（機体、プロペラの研究）に入った今村和男航技中尉は、十八年なかばに飛行機部へ転属。両部署を通じて、その技術的奮闘は困難の連続である。ざっと記してみよう。

技研で今村航技中尉が担当した大物は、防弾（耐弾）タンクと防弾鋼板。防弾タンクは海軍の航空廠／航空技術廠でも研究・開発を進めたが、もちろん陸軍との連係はなかった。

一二・七ミリ弾に耐えうる燃料タンクを作るのに、ずいぶん参考になったのは捕獲した米軍機のものだ。Ｂ－17Ｄのタンクは耐ガソリン製合成ゴムのネオプレンだが、日本では製造できず、したがって内袋《うちぶくろ》式を作れない。やむなく、ジュラルミンのタンクの外側に天然ゴムを張る外張り式を採用。これだと命中弾の出口が外へ開いてしまう。そこでゴムに加える硫黄の量を減らしたところ、ゴムは割けずにふくらんで、溶けて割け目をふさいだ。

このゴム被覆方式は、対一二・七ミリ弾なら一応持ちこたえる能力を発揮して、大陸の第一線部隊から感謝の電報が送られてきた。開発グループはさらに、百式司偵設計・生産の三菱重工業に続く、二番目の技術有功賞を陸軍大臣から授与されている。

のちにＢ－29の空襲が始まって、撃墜した機の燃料タンクを見た今村航技大尉は、工業力、製造力の差を痛感した。三層構造の内側から順にブナゴム、ネオプレン、皮革製覆《おお》いのいずれもが、日本では作り難いものだった。

タイヤのパンクにも悩まされた。これが原因で主脚を折る機が少なからずあった。主因は、着陸接地時の摩擦でタイヤと中のチューブがずれ、空気注入部のいわゆるムシが引っ張られて疲労。やがてムシの根元が破れてパンクするのだ。

ダンロップ製の小型機用タイヤは優秀で、パンク事故は滅多になかったが、他社製の大型機用タイヤには根本的な解決策を見出せなかった。

疲労試験は、大きな回転ドラムの上にタイヤを接触させて状態を調べる。古い装置なので、大型機の場合のシミュレーションができないのが難点だった。

しかし、もっと困ったのは、陸軍中将で飛行機好きの李王垠《りおうぎん》殿下（李氏朝鮮王族）がときどき技研にやってきて、興味深げにテスト中の装置の横に立つことだ。万一パンクしたら軽傷では済まないから、見守る今村航技中尉らはハラハラしどおしだったという。

技研第二部の昭和十七年から審査部飛行機部・部品班の昭和二十年早春まで、彼が主担当者を務めたのが引き込み脚用の雪橇《ゆきぞり》である。

主脚柱と尾輪柱にスキー板のような橇を付け、積雪の飛行場から発進、敵を奇襲するのが目的で、主に対ソ戦用に昭和十四年から研究が始められた。それ以前から実用段階にあった固定脚用とは違って、高速機の引き込み脚に付けるのは、形状と仕組みが格段に難しい。足かけ四年にわたる北海道、樺太《からふと》での雪橇試験で、今村航技中尉／技術少佐は、飛行実験部戦闘隊の主要操縦者たちと努力を続け、さまざまなエピソードを織りなしていく。

第三章 テスト：キ六一－Ⅱ、キ六一－Ⅱ改、キ九四－Ⅰ、キ一〇二乙、八一四〇、ぺ三二、引き込み式雪橇、メ一〇一、タ弾、ロ三弾

猶予《ゆうよ》は二週間

宮川利雄少尉は第八期甲種幹部候補生出身の予備役将校。福生にある立川航空整備学校で九期生の指導候補生（指導見習士官）を務めていて、任官し中隊付になったのが昭和十八年（一九四三年）の十二月だ。

新品少尉に必要な軍服や軍刀を九段《くだん》の偕行社《かいこうしゃ》で買って、旬日のうちに十九年の正月を迎える。新年早々、人事係の准尉から転属の辞令を知らされた。航空審査部で新鋭戦闘機キ八四のプロペラを扱う任務につくという。

制式機としてはキ八四／四式戦だけに用いられたぺ三二、つまりラチエの電気式ピッチ《ピッチ》変更制御方式の戦闘機用定速プロペラ。オリジナルはフランスでの設計である。羽根角の変更

範囲が広いうえに作動が速く、装置が小型・軽量なので、高速機キ八四に望ましいはずだったが、いまだ完全な状態とは言いがたかった。

その最たるものが、ピッチ変更用モーターのスイッチ制御機構が不安定なために生じる、ハンティング現象だった。急機動、急加速時にピッチとエンジン回転数が合致せず、数秒のあいだ過回転と過小回転をくり返し、機体が前後に振れてしまう。縦揺れや尾部の振れも加わって、射撃照準を不能にする、戦闘機にとって致命傷のトラブルである。

審査部の整備隊には、まだ独立した電気班はなかった。もちろん電気関係を扱う者はいたが、既存の配線ならこなせても、初めて見るペ三二の調速器《ガバナー》はお手上げだ。早い話がメーカーの日本国際航空工業頼《だの》みに近い状況だった。

キ八四のすみやかな実用化の一大障害を取り除くには、電気式のメカニズムに知識の深い人間が絶対に必要だ。そのうえエンジンの回転数と相関するのだから、エンジンの機構にも通じていなければならない。

そうした能力を持ち、かつ審査部へ転属可能な人間がいるかと探して、見つかった一人が宮川少尉だった。確かに彼は浜松高等工業学校の電気科を卒業し、第七航空教育隊で電気関係の、立川航空整備学校ではエンジン関係の、それぞれ訓練を受けている。

このキャリアが審査部の要望に合致した。「航空本部からも転属の要請が出されています」と准尉が言う。こうして宮川少尉は、同僚の勝又智博《ちはく》少尉と二人で航空審査部飛行実験部への転属が決まった。勝又少尉も台湾・台南高等工業の電気工学科卒業だ。

航空整備学校は審査部施設地区の北どなり。二〇分もあれば着任できてしまう。整備隊長の井上来三少佐に着任を申告ののち、本部建物の二階にある本部長室で、第四飛行団長から転任したばかりの三代目の審査部本部長、中西良介少将の前に立った。井上少佐のほかに、キ八四審査主任・岩橋譲三少佐の姿もあった。

「猶予は二週間だ。この間に必要のものは何なりと最優先で与える。キ八四のペラについてすべてを修得し、第三週から飛行実験にあたれ」。中西本部長の言葉に、皆いっせいに「はい！」と答えたという。ただし、この本部長室でのやりとりは宮川さんの回想によるものだ。勝又さんはこれを記憶しておらず、岩橋少佐に会ったのももっとあとだった、と語っている。

航空整備学校で九七重爆の二型も扱い、ラ式定速プロペラを研修していた勝又少尉は、ペ三二の機構を滞《とどこお》りなく理解し、問題点を把握できた。キ八四のプロペラと調速器を取りはずして調べれば、原因を見つけるのに時間はかからない、と判断した。

一方、いきなり根本に切りこむべきと考えた宮川少尉が、日本国際航空工業へ出向く旨を申告すると、ドイツからＢｆ109Ｅといっしょに輸入された連絡機、フィーゼラーＦｉ156Ｃ（あるいは類似の国産の三式指揮連絡機か）が用意された。

平塚の飛行場に降りて、会社さしまわしの車で到着。工場内では電気カンナでブレードが整形され、ハブに組みつけたプロペラのバランス検査は静止状態でだけ計られていた。

現場の技師二名を相手に話を進め、三日間で仕組みと構造、問題点を頭に入れる。続いて中島飛行機の太田製作所で機体、荻窪製作所でエンジンとの関係事項を理解した。患部はやはり電装品にあり、と推定した宮川少尉らは、ガバナーを生産する富士電機の豊田工場（東京府下）へ出向いて懇談し、疑問点をベンチテストで試して把握に努めた。

努力の結果

ここで猶予期間の二週間が終了。次は飛行実験だ。

地上のキ八四の機首上面に腹ばいになり、プロペラを回させて、猛烈な風圧を浴びつつ、回転面とカウリング前縁との隙間から調速器《ガバナー》の動きを見つめる。また、胴体内に板を敷いて同乗し、身をもってプロペラ・ハンティングを味わってもみた。

結局、勝又少尉、宮川少尉が割り出した原因は、ピッチ変更を伝える電気接点の接触圧力不足、電気接点への潤滑油の付着、ガバナー内部機構の潤滑不良など。いずれもガバナー内部のトラブルだった。

彼らはメーカーの富士電機に改修の指示を始める。最初の改修に「イ」、二つめに「ロ」と記号を付けていき、七番目の「ト」で問題点がほぼ出なくなって本格生産を開始。さらに駄目押しの「チ」まで要改修項目があったという。

宮川、勝又両少尉の奮闘によって、ペ三二問題の対策が結実しつつあった昭和十九年二月、下士官の電気エキスパートが審査部飛行実験部に着任した。少年飛行兵の六期生出身、大陸の直協部隊で実地作業の腕をみがいたのち、立川航空整備学校で甲種学生（その職域の知識を深め技倆を高める）を終えてきた太田豊作曹長だ。

太田曹長が審査部に来たとき、ガバナーに関わる欠陥は、おおむね解決の目途がついていたようだ。「もう大きなトラブルはないが、不具合な面は残っていて、充分に安定した状態とは言えなかった」と進藤さん（戦後に太田姓から改姓）は回想する。

電気接点の間隙《かんげき》チェック、ピッチ変更の動力になる直流モーターのパワー変更実験などは、彼の着任後に実施された。

ペ三二は故障に悩まされはしたが、システムはむしろ簡明で、とくに難しい点はない。覚えてしまえば整備面では、アメリカのハミルトン社設計の油圧式可変ピッチよりも、ずっと楽なほどだった。進藤さんが「キ八四で実用性を証明しており、ラチエの採用は成功だったと思います」と述べるとおりの成果につながっていく。

キ八四増加試作機に付けられたペ三二4翅プロペラ。審査部整備隊の対策が功を奏してハンティング現象はおさまった。

実戦部隊における電気係の担当は、蓄電池、発電機、各種照明灯、主脚出入表示灯、射撃および爆撃装置の電気関係、そのほかの電気配線などだ。いずれも日華事変以前からの業務で、難易度はさまざまだが、昭和十八年までは新兵器担当の審査部ですら、格別に新しい装備品はなかった。これが飛行実験部整備隊にまとまった電気班が作られていなかった理由だろう。

キ八四のプロペラが、この状況に変化をもたらした。宮川少尉をトップ、太田曹長を次席に据え、専門知識のある真田伍長ほか兵数名の人員構成で電気班が作られるのは、昭和十九年の三月上旬から中旬にかけてだ。

当初は戦闘隊のほかに、爆撃隊、攻撃隊など各隊全部の電気関係を受け持ったが、多忙にすぎ、戦闘隊だけの電気班へと変わる。新型機、新兵器の取り扱いはもとより、実戦部隊への指導、メーカーとの交渉に、彼らの活動は続いていく。

戦隊を産む

いつのころからか「大東亜決戦機」とも呼ばれ出し、奪われる一方の制空権を取りもどす期待を担わされたキ八四。実戦投入が急がれて、初の実戦部隊・飛行第二十二戦隊の編成が三月一日付で始まった。その担当は航空審査部である。

「三月一日付」というのは帳簿上の日付で、戦隊編成の準備はすでに前年の秋から進められてきた。人員の状況をながめてみよう。

開戦直前の独立飛行第四十七中隊のときと同じく、審査部で編成する最新鋭機の部隊長には、該当機の審査主任をあてた。すなわち二十二戦隊長には岩橋少佐が予定され、そのとおりに決まった。

戦隊の地上勤務者の最先任たる整備隊長は、飛行実験部整備隊で戦闘機担当のトップと八四班の長を兼務し、実機完成以前からキ八四に携わってきた中村孝大尉。戦隊長とともに、新部隊のナンバー・ツーとして最適任者と言える。

中村大尉を補佐する整備隊幹部のうち、実力面で中核をなすのが二十三期少尉候補者出身の四名の少尉たちだ。既述のように少尉候補者からの将校は、兵〜下士官時代の長いキャリアをもっていて、生き字引的な存在だった。

その一人、齋藤成時《しげとき》少尉は昭和十年入営の航空兵で軍歴をスタートし、飛行第四戦隊、飛行第八大隊、七十七戦隊では中隊付整備班の電気係を務めた。齋藤曹長(七十七戦隊当時)の〝特技〟は、むしろ器材、部品の適宜のスムーズな調達にあって、部隊にとってのプラス度は本業よりも大きいほどだった。

昭和十七年七月、機関の乙種学生(一般的なエンジン整備技術を学ぶ)としてビルマから帰還し、立川航空整備学校へ通う。ところが、課程の途中で少尉候補者に選抜され航空士官学校に入校したため、整備の訓練は中途で止まってしまった。

卒業の十八年一月、齋藤見習士官は航空審査部付と立川整備学校伝習科の教官を兼職。ウエイトはもちろん前者が重い。三月に少尉に任官した。

半年の審査部付のあいだ中村大尉のもとで補佐を務め、「むかし取った杵柄」、機器材の調達で培《つちか》った交渉能力を発揮する。たとえば、岩橋少佐や中村大尉が望むとおりの改修を、中島、日本無線などの技師に速やかに実施してもらう。さきに記した宮川少尉たちの交渉とは別種のテクニックを要する、潤滑油的な役割なのだ。

齋藤少尉の交渉の特技は、二十二戦隊が大陸へ出動したのちに真に威力を示すが、それはまた別の話に分けられよう。

電気担当将校も必要だから、ラチエ・コンビの宮川少尉か勝又少尉のどちらかが転属せねばならない。井上少佐は二人を机の前に立たせ、逆さに立てた鉛筆を指で押さえた。

「お前たちが『よし』と言ったら指を離す。鉛筆の倒れたほうが二十二戦隊へ行くんだ」

鉛筆は、勝又少尉の側に倒れた。

操縦者については、中隊長三名を含めた大半が十八年から十九年初めにかけて、新設部隊要員の立場で審査部に転属してきた。部隊編成までの何ヵ月かのあいだに、キ八四の未修飛行（操縦訓練）をすますのが目的だった。

このとき将校操縦者のなかでいちばんの若手は、十八年十一月に明野飛行学校の乙種学生を修了した第五十六期航空士官候補生出身の、脇森隆一郎少尉、今泉英司少尉、古賀良平少尉の三名。作戦補充要員として明野に残留ののち、審査部付の辞令が出て、十九年一月に福生にやってきた。

着任時の脇森少尉らの飛行経験は九七式戦闘機が過半を占め、一式戦は二〇時間からせいぜい三〇時間。空戦訓練は九七戦でやっただけで、一式戦では編隊飛行止まりだった。

このため、審査部に来てから一～二日、未修飛行の続きのように一式戦に乗った。すると岩橋少佐が、やがて新編部隊の中堅幹部になるべき彼らを「八四《はちよん》はやさしい。舵が重いけど、すぐ乗れるよ」と励ました。

爆音の大きさと舵、すなわち操縦桿の重さにびっくりした脇森少尉だが、一式戦と比べて格段に優れた上昇力が気に入った。重いために、どちらかといえば生粋の戦闘機乗りには好まれにくいキ八四を、少尉は好きになった。力いっぱい引っ張れば、格闘戦用の旋回能力もかなりある。

テスト飛行と整備・点検。空地両勤務者のたえざる努力で難点が消え、キ八四は四式戦闘機として制式兵器に採用される。

いちおう固有機があって、彼のは無塗装の四三号機。福生で三ヵ月近く飛ばし、ほぼ手の内に入ったと感じるところまで漕ぎつけた。

二十二戦隊の編成完結は三月五日。これも一応の名目上の日付で、翌六日には第十二飛行団隷下《れいか》に入り、二十五日に神奈川県の相模（中津）飛行場へ移っていく。

相模からフィリピンへ向かうはずが、華中作戦への臨時転用が決まって、漢口に進出するのは八月下旬だ。二十二戦隊と審査部戦闘隊の縁はまだ切れず、本書にもやがて再登場する。

昭和十六年から十八年に入るころまでの、旧・

飛行実験部／航空審査部での岩橋少佐評は「腕はみごとだが頑固」「向こう意気が強い」といったあたりだ。ところが、脇森少尉も整備の齋藤少尉も「積極的で磊落《らいらく》なすばらしい人」と最高ランクに評価する。

性格は評者の見方でかなり異なるとはいえ、ここまでの差が生じたのは、キ八四の審査とともに少佐の精神面が練り上げられていったからでは、と思えてくる。

必中の天覧射撃

二十二戦隊が福生飛行場を離れてから半月後の昭和十九年四月十日の朝、航空審査部はただならぬ緊張に包まれていた。天皇行幸《ぎょうこう》の日なのだ。

前々日には衛門から本部建物にいたる道の清掃が始まり、格納庫やピストは言うに及ばず、整頓線（駐機場）のコンクリートも周辺の芝生も注意ぶかく掃除された。また、空襲や事故など万一の事態に備えて、玉座（天皇の席）の近くに土嚢《どのう》で囲んだ退避所をこしらえた。

新鋭機の飛行状況、新型火器による攻撃状況を見るのが、審査部行幸の目的だ。当日午前、審査部の兵と軍属は道の両側に整列して、お召し車を出迎えた。

総務課長からの指示を受けて、業務係の大手吉次大尉は所定の準備をすますと、警護の一員に加わって、玉座の北側にあるピストの周辺に位置した。日華事変を機関銃小隊長として戦い、航空技術研究所から審査部へと転任した、軍歴の長い大手大尉も、「もし、なにかあったら」と緊張の連続だった。

彼はつい二〇日前、半年間の特志将校学生を終えた航空士官学校の卒業式で、行幸を迎えている。だからといって、慣れるわけはない。天皇は福生で昼食をとったが、大手大尉らは任務終了まで食事をする余裕などありはしなかった。

4月10日、福生飛行場に行幸した昭和天皇（中央の台座上）。飛行演技中なので随伴の軍人たちが上空へ目を向けている。

戦闘隊では三式戦とキ八四（この月に四式戦闘機として制式化）を飛ばし、どちらも滞《とどこお》りなく天覧飛行を終えた。

ちょっと変わった立場にあったのはキ一〇二。五七ミリ機関砲ホ四〇一を機首に装備した乙型、すなわち襲撃機型だから攻撃隊の担当であるべきなのに、操縦席に入ったのは戦闘隊の島村三《み》芳《よし》少尉だった。

少年飛行兵四期生出身の島村少尉は、昭和十四年のノモンハン事件を飛行第一戦隊に所属して激烈に戦い（当時は伍長／軍曹）、ついで満州の八十五戦隊に勤務ののち、少尉候補者として入校のため内地に帰還。病気で一期あとの二十四期生（前期）を卒業した三月二十日、審査部に配属された。

審査部付操縦者の資格は飛行一〇〇〇時間以上で

キ一〇二の機首先端から57ミリ機関砲ホ四〇一の砲身がのぞく。初速が低くて命中精度は高くなかった。

実戦経験があること、と島村少尉（正確には五月の任官までは見習士官）は聞いていた。八十五戦隊のときの戦隊長が審査部部員の山本五郎中佐、隷属する第十三飛行団長が飛行実験部長の今川一策大佐であり、戦隊の競点射撃で優勝、飛行団の空中射撃競技会で二位をとって、山本戦隊長と今川飛行団長から賞状、賞品をもらった。

これらの事がらから、島村少尉の審査部行きは当然の結果だったと考えられる。

だが、りっぱなキャリアを有する彼が「名パイロットぞろいにびっくりし、大変な引け目を感じた」と回想する。島村さんの奥ゆかしさを含んだ言葉だろうが、戦闘隊の将校、准士官操縦者の集団には「錚々《そうそう》たる」という形容が少しも大げさではなかった。

一式戦に少々乗って肩ならしをすませた島村少尉は、三月に完成したばかりのキ一〇二乙の試作一号機に搭乗し、性能テストにとりかかる。この機が戦闘隊の保有だったのは、前作キ九六の延長として扱われたからだろう。

「上昇力に乏しく、速度も飛行特性も芳しくない」が、彼のキ一〇二の性能判定だ。確かに戦闘機に使うには難しい機材に違いない。

　ホ四〇一の射撃テストも実施した。撃てば反動でリベットがゆるむとまでいわれた五七ミリ弾は、初速が小さいため、飛んでいく弾体が見える感じ。発射の反動が機速にブレーキをかけるのか、速度計の針だけが小きざみに震えるのを認めた。

　天覧飛行に話をもどす。

　キ一〇二の五七ミリ機関砲の破壊力を示すため、見物席からはるかに離れた東側の松林の地域に、標的になる廃棄処分の飛行機が置いてあった。島村少尉はこれをねらって、胴体下の二〇ミリ機関砲とともにホ四〇一を撃ち放つ。

　カタログデータでも毎分八〇発、実際はもっと発射速度が小さい五七ミリ弾は、一回の突進で二発が限度。降下姿勢の対地射撃なので、無修正で撃てる。みごとに命中して標的の機体が大破した。随行の東條英機大将はとても喜んで、あとでサイドカーを出させて現場を見にいったという。

たとえ不敬罪でも

　この日、審査部の幹部たちの胆を冷やしたハプニングが生じた。関わったのは戦闘隊ではなく、片倉恕《はかる》少佐が長を務める偵察隊のキ七六、三式指揮連絡機。

　操縦にあたった鈴木金三郎准尉は五十九期操縦学生の出身で、すでに八年近い飛行歴のべ

Fi156に似ている「和製シュトルヒ」の三式指揮連絡機。短距離離着陸が売り物ゆえ高揚力装置は必須で、前縁固定スラットとファウラーフラップのガイドレールが独特な機構である。

テランだった。独立飛行第八十三中隊（初代）に所属して大陸を九九式軍偵察機で飛びめぐり、敵地上部隊に燃料タンクの集合コックを撃ち抜かれたが、彼の機だけに特設された直結式非常タンクに切り替えて、きわどく切り抜けたときもあった。

偵察隊の主力機材は、いうまでもなく百式司令部偵察機。ほかに、外形と性能がドイツのFi156「シュトルヒ」に似ているので、「和製シュトルヒ」と呼ばれた三式指揮連絡機を、連絡用をかねて三〜四機持っていた。

六〇メートルあまりの滑走で離着陸でき、大面積のフラップを全開すれば六〇キロ／時の超低速でも飛べる。この特異な飛行性能を天皇に見てもらおうというわけだ。

鈴木准尉の連絡機は、北へ向けて軽々と離陸。飛行機を見なれた者ほど驚かされる、滑走の異常な短さだ。

規定どおりの場周旋回をすませて、降着の準備に念のため吹き流しを見た准尉は驚いた。さっきまで滑走路に沿った北風だったのに、突然一五メートル／秒を超える東風に変わっている。

　福生飛行場に吹く風は、たまに向きが急変する。ふだんなら進入経路を違《たが》えればすむのだが、今回はそうはいかない。左手方向、滑走路の手前に天皇の席があった。

　予定どおりゆっくり左旋回して滑走路の南端から着陸にかかれば、軽い連絡機は風にあおられてひっくり返ってしまう。といって、早めに天皇の席の手前で旋回・降下したなら、二階建ての本部建物とその先のピストにぶつかるだろう。

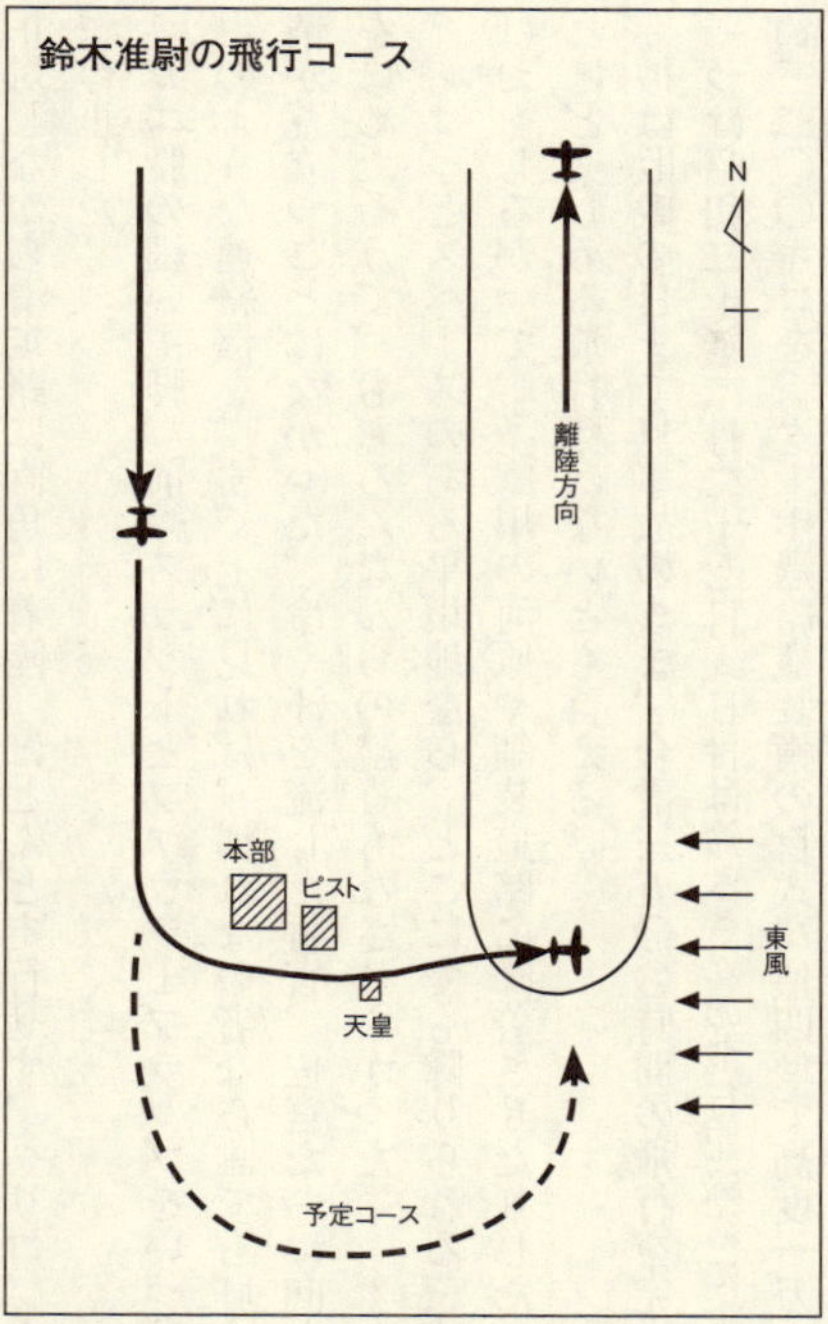

　天皇の兵器たる飛行機を、ぶざまな着陸で壊してはならない。たとえ不敬の罪にあたろうとも、ちゃんと降りるのが自分の任務だ——一〇〇メートルを切りかける高度で瞬時に決断した鈴木准尉は、低速でもよく効く舵をたくみに使い、天皇の頭上、わずかに斜めのコースを降下して、東風に

正対しながら滑走路に直角に着陸。ほとんど走行せず、ヘリコプターが降りるようなかたちで停止した。

ガニ股の細い主脚、前縁スラットとファウラーフラップをいっぱいに広げた、飛翔する昆虫のような連絡機を、すぐ上に見れば、慣れない者なら誰でも肝をつぶす。だが、天皇の感情が荒立つことはなかった。冷や汗を流した将官、佐官たちに向かって、准尉の着陸の技倆をほめたそうで、もちろんなんらの譴責《けんせき》もなされなかった。

ちょっとスペースのある平坦地なら、どこにでも降りられる三式指揮連絡機を、鈴木准尉はおもしろがって、多摩川の河原や舗装道路に降着させたりした。使いようによっては、これほど楽しめる飛行機はないとも言える。

彼は敗戦の日まで無事故のまま、合計三五〇〇時間の飛行を完遂する。そのハイライトの一つは昭和二十年二月二十七日（日付は鈴木さんの飛行記録簿による）、北京から福生までの約三二〇〇キロを、ターボ過給機装備の百式司偵四型で高度一万メートルを追い風で飛び、平均七〇〇キロ／時の速度記録を達成したときだろう。

審査ストップ

試作機から計画機までを含む全陸軍機のうちで、同一のキ番号なのに、まったく形状が異なる二種の機体があるのがキ九四だ。立川飛行機が設計した高高度戦闘機だが、キ九四－Iが双細胴《ブーム》、操縦席の前後にエンジンを付けた変則の双発単座機なのに対し、キ九四－IIのほ

立川工場で完成したキ九四－Ｉの実大模型。双ブーム、推進式の異様な形はともかく、脱出操縦者を切り裂く後方のプロペラが試作着手をはばんだ。

うは通常型式の単発単座機だった。早い話がキ九四－ⅠとⅡは別機である。なぜこんな結果が生じたのか。

キ九四－Ⅰの実大模型《モックアップ》は昭和十八年十二月、東京都下の立川工場ででき上がった。福生飛行場との距離は五キロほど。航空審査部飛行実験部の戦闘隊から、隊長の石川正少佐と荒蒔義次少佐が操縦者側を代表して出向いた。

　工場内に置かれた実大模型は全幅一五メートル、全長一三メートルと、九九双軽ほどもあった。だが、皆の目を引いたのは図体の大きさよりも、異様ともいえる形状だ。中央胴体の前と後ろの両方に四翅プロペラが付いている。軽い逆ガル状の主翼、Ｐ－38と同様に双ブームの後端に垂直尾翼が付き、それを水平尾翼がつなぐ。

　概して、性能のいい飛行機は形もいい。この点、キ九四－Ⅰは落第だ、と荒蒔少佐は思った。斬新というより未完成で、素人《しろうと》の設計のように格好が悪い。

もう一つ、少佐がカチンときたのは、この機が操縦者の生命を考えていない点だった。操縦席のすぐ後方でプロペラが回っているから、機外脱出のさい必ず切り刻まれてしまう。射出座席でも付いていれば話は違うが、無論そんなものを装備する予定も計画もない。

荒蒔少佐の腕前のほどは、これまでしばしば述べてきた。このモックアップ審査と前後して、彼は岐阜・各務原飛行場へ出張し、東大航空機研究所が設計、川崎航空機が製造の速度研究機・研三（キ七八）に搭乗する。

ダイムラー・ベンツＤＢ601Ａａの出力を一五五〇馬力まで高め、最大速度が七〇〇キロ／時に迫る研三の、接地速度は一式戦の四割増しの一六〇〜一七〇キロ／時。一一平方メートルの申しわけ程度の主翼では飛行特性が良好なはずはなく、川崎の名テストパイロットの片岡載三郎飛行士も、初飛行時には脳裏に殉職がチラついたという。

危険性が高い研三に、荒蒔少佐は「俺も乗せろ」と進んで試乗を買って出た。その天性の操縦感覚と技術解析力が、搭乗可能と判断したからだ。そしてみごとに乗りこなし、結果的に陸軍側で彼だけが研三の操縦を経験した。

だが、キ九四－Ⅰには納得しなかった。性能が安定せず、エンストはもちろんのこと、どんなアクシデントに見舞われるか分からないテスト飛行なのに、操縦者が機外脱出もできない機材では審査を進めうるはずがない。

石川少佐と荒蒔少佐のほか、モックアップ審査に立ち合った審査部の木村昇航技少佐、技術院研究課長の安藤成雄航技中佐らに、立川飛行機の主要技術者が加わって、審査後の昼食をとったときだ。

「俺はこれをやらないよ。誰かほかの人に頼んだらいいだろう」

冷静だがきっぱりした、荒蒔少佐の声がひびいた。

審査部戦闘隊の次席操縦者の言葉には、充分な重みがあった。石川少佐も無論、異議を唱えない。審査はここで打ち切られた。

設計サイドがメカニズムや性能を追求するあまり、搭乗する者の存在を忘れがちになるケースは少なくない。キ九四－Iの中止には、エンジンおよびターボ過給機の位置に無理があった機構面も理由として上げられているが、実質的には機外脱出不能の一点につきる。

このあと主任設計者の長谷川龍雄技師以下は、まったく構想を練りなおしたキ九四－IIに着手する。こんどは実用性の高い優秀な機体にまとめられ、敗戦直前に完成。やがて、この物語の末尾で触れてみたい。

思わぬ叱責

キ六一－Iは三式戦闘機一型として制式兵器に決まった昭和十八年六月の時点で、一連のテストは終えていた。残る審査は雪橇《ゆきぞり》試験だけ。雪上における離着陸と飛行時における各種データを取るのが目的だ。

前回、すなわち十七年末から十八年の春には北海道の帯広飛行場で実施され、一式戦、二式戦のほかに、双発の九七重爆、九九双軽、百式司偵のテストも実施した。大きな雪橇を付ければ当然ながら、双発機の主脚は引き込められず、飛行速度がはなはだしく低下。飛行安定性も、事前の風洞テストを下まわる結果を招いたため、双発機への雪橇装着はこの一回で中止された。

昭和十八年度（十八年四月～十九年三月）の雪橇試験は十二月十日ごろから始まった。札幌市郊外・北方にある丘珠《おかだま》飛行場と、市内北東部（北十八条）の大日本航空飛行場の両方を使用する。

機材は一式戦、二式戦、三式戦、それに新鋭キ八四が二機ずつの合計八機。三式戦は坂井菴少佐（荒蒔少佐は一週間後に追及）、キ八四は神保進少佐と、それぞれ各審査担当者が加わったが、戦闘隊の操縦者なら誰でも、こなせるだけの技倆をもっていた。

福生から八機がまとまって発進した。その先頭を、後席に航空審査部飛行機部で雪橇担当の今村和男航技大尉を乗せた、百式司偵が飛ぶ。空襲が始まる半年前のこの時期に、内地の空を飛んでもなんら支障は生じないはずだった。

札幌をめざして北上し、苫小牧《とまこまい》西方の沿岸部上空にさしかかったとき、十数機の一式戦が上昇、接近してきた。北千島で越冬する本隊から離れ、苫小牧で訓練中の飛行第五十四戦隊残置隊の装備機だ。不審機編隊の接近を見て、邀撃《ようげき》態勢をとったのである。

こうした誤認に備える事前の通知が必要ならば、審査部の担当部署がすませているはず、と今村航技大尉が思うのは当然だ。しかし、それがなされていなかった。さいわい五十四戦隊機は日の丸と外形を確認して、誤射にいたらず引き揚げていった。

札幌に着陸後、苫小牧飛行場から「すぐ来い」と呼び出しの電話がかかった。五十四戦隊残置隊長は竹田勇大尉、苫小牧の第十飛行場中隊長は永瀬長吉大尉なので、佐官の指揮官はいなかった。

航空士官学校五十二期生出身の竹田大尉が、特志将校出身だがはるか先任の坂井少佐や陸士四十八期の神保少佐が加わっているグループに、出頭命令など出せるはずはない。五十四戦隊主力が展開する幌筵島《ぱらむしるとう》の柏原（北ノ台）飛行場から、戦隊長・島田安也中佐が所用で残置隊を訪れていたようだ。

審査部雪橇試験班を代表して、苫小牧へ出掛けたのは今村航技大尉。雪橇の担当主任だったからだろう。今村さんは苫小牧で会った人物を五十四戦隊長と記憶している。

航技大尉は島田中佐から厳しい叱責を受けた。万一敵機だった場合を考えて、飛行場の高射機関砲も臨戦態勢に移行した、との説明だ。なんと言われようとも、この件で彼にいささかも落ち度はないのだが。

雪上のエピソード

海軍も雪上飛行実験と称して昭和十年末から、北海道、樺太の積雪の基地を使って雪橇の研究を始めた。押し固めた雪上での離着陸を原則としたため、鉄製の巨大な皿に翼をはずした旧式機を固着し、走りまわって雪をつぶし滑走地帯を作る、圧雪機なる珍兵器も作られた。

これに対して陸軍は、降り積もったままのいわゆる生雪《なまゆき》の上での出動、帰還が前提だった。フレキシブルな運用を考えれば、このほうが理に適《かな》っているのは言うまでもない。

雪橇はジュラルミン製で、飛行機と同じく内部に骨組みがあるセミモノコック構造。第一航空技術研究所と審査部飛行機部で研究し設計したものを、オレオ部分は脚柱製作が得意の岡本工業、橇は自転車メーカーの宮田製作所が製作を請けおい、前者では久松実技師と太田正矩技師、後者では並河栄之助技師が担当を務めた。

雪橇装着の難点ですぐに思いつくのは、主車輪よりも図体が大きく、かつ脚収納時に胴体下面から張り出して、少なからぬ空力的抵抗を生じる、空力的マイナスだ。小柄な単発戦闘機の場合、最大速度が八～一〇パーセント減少した。

最も危険なのが、曇天だからと安心しているところへ、急に雲が割《さ》けて二～三分のあいだ陽光が射す天候の急変である。陽射しで雪の表面が溶け、そこに橇が接触すると雪がとり付き、滑走中にどんどん増えて、ついには飛行機がつんのめって転倒してしまう。

優秀な操縦技倆の神保少佐が一度、この不運に出くわした。日射後の雪上に降りた一式戦の橇が雪にまとわりつかれて前方へひっくり返り、少佐は救援が来るまで二〇分ほど逆立ち状態で操縦席に入っていた。

「だいじょうぶですか⁉」と問いかける今村航技大尉らに、「なんだ、こんなものを作りやがって」。怒っているのではなく、彼一流の毒舌の冗句なのだ。

雪橇試験は途中で、福生から飛行機を追加空輸して続けられた。

荒蒔少佐は、昭和十九年二月一日付で編成に着手された飛行第十七戦隊の戦隊長に任じられ、各務原飛行場へ転出していった。十七戦隊の装備機は、彼が手塩にかけて育てた三式戦一型だ。苦闘のフィリピン戦をへて、ふたたび審査部に帰るまでに一年がすぎていく。

主車輪と尾輪の代わりに雪橇を付けた戦闘隊の一式戦二型が、札幌上空を飛行する。主脚の折りたたみが容易でなかった。

荒蒔少佐と入れ違いのかたちで、ビルマのミンガラドンから一月に転属してきたのが、航士五十期出身の黒江保彦大尉。昭和十六年の秋に独立飛行第四十七中隊要員として、旧・飛行実験部に着任し、開戦直前にサイゴンへ向けて出発してから、二年以上が経過していた。

黒江大尉の名声は、独飛四十七から転じた飛行第六十四戦隊で中隊長、ついで飛行隊長を務めて大いに高まった。鈍速、弱武装の一式戦二型で、P-38、「モスキート」、P-51Aを撃墜し、B-24を協同で仕留める殊勲をたてて、戦隊の闘志と戦果獲得の中心的存在であり続けた。

彼への辞令は「陸軍航空審査部部員ニ補ス」。「審査部部員」とは、砕いていえば審査部の幹部のことで、職域にもよるが、おおむね大尉以上がこれに該当する。

開戦直前の黒江保彦大尉(左)と神保進大尉。性格は似て非なるものだが、優れた技倆に違いはなかった。

中尉以下の将校、准尉、下士官の職名は「審査部付」だが、本書では両者をとくに区別しない。

あとひと月あまりで少佐へ進級する黒江大尉にとって、飛行実験部の戦闘隊は少なからぬ知己がいる組織だった。航空審査部本部長・中西良介少将は六十四戦隊の上部組織のトップである第四飛行師団長、飛行実験部長・今川一策少将はノモンハン戦に参加したときの五十九戦隊長だ。神保少佐、光本悦治准尉とは独飛四十七で、林武臣准尉とも五十九戦隊二中隊で、いっしょに戦っていた。

なかでもマレー、ビルマで撃墜を競った神保少佐とは、互いに毒舌をふるいあう遠慮のない仲。二人が話すのを、漫才のようだと形容する者もいた。性格は評者によってだいぶ異なるが、黒江大尉のほうがやや繊細で、よりテストパイロット向きだったように思われる。

黒江大尉も二月から雪橇試験に加わった。着陸復行、タッチ・アンド・ゴーのテストで、大尉が操縦する冷えきった三式戦一型丙が降下中に、〝論敵〟神保少佐のときと同じく、ごく短時間の日射しを雪が浴び、滑走にかかった橇にボコボコくっついた。

速度はとたんに落ち、再離陸はまず無理な状況だ。ところが大尉は、なんとしても上がろうとフルスロットルにレバーを押しつける。

機首下面の排出口から熱い蒸気と化した冷却水が噴き出した。さしもの雪塊も八四〇の離昇出力と彼の一念に負けたのか、ずるずると滑走を続け、路端近くでついに浮き上がってしまった。その蒸気機関車のような離陸を、今村航技大尉も、測定班や整備兵たちも、感に堪えない表情で見送った。

陽光が現われなくても、雪上に置いたままだと橇のまわりが完全に固まってしまい、スロットル全開状態でも動かなくなる。橇の下にゴム板を敷いて固着防止に努めたが、ちゃんとした解決策を得るには昭和十九年の師走を待たねばならなかった。

十九年早春までの雪橇試験を通じ、最もよく搭乗し的確にテスト飛行を実施して、飛行機部担当者たちに感謝の念を抱かせたのは、少飛一期出身の田宮勝海准尉だった。飛行機部側の希望するとおりにやってみせ、飛行中ひどい乱流を生じる危険な雪橇の主脚折りたたみも巧みにこなす敏腕と、こだわらない性格が高く評価された。

難物《なんぶつ》、液冷エンジン

前章に登場の新美市郎中尉と同期の陸士五十三期出身で、やはり地上兵科から航空に転じ、整備将校の道へ進んだのが名取智男《なとりとしお》中尉。第七期乙種学生、略称七乙《ななおつ》の新美中尉よりも一期早い、いわゆる六乙《ろくおつ》として、昭和十七年三月に立川航空技術学校に入校した。

他の兵科から転科した同期生だけ三〇名近くが集《つど》っての、一〇ヵ月の普通科課程のあいだに、エンジン、機体はもとより、プロペラから計器類にいたるまで飛行機のメカニズム全般を取り扱う。

それまでの二年間に技校（少尉当時）と実戦部隊で覚え鍛えた技倆をベースに、知識と実技のレベルを高めていく。より有効に整備兵の指揮をとれるよう、自身でも実作業の熟練者をめざすのだ。

四〜五名が組んでのオーバーホール、つまり工廠整備の段階までこなせる実力がついて、十七年の末に卒業。ところが部隊勤務には復帰せず、名取中尉は高等科学生を命じられて、同期四名とともにエンジンを専攻する（ほかに機体専攻が五名）。

かんたんに言えば乙学高等科は、設計にまで立ち入って見られる能力を養うのがねらいだ。本来なら大学の航空学科の聴講生になるところを、東大および航研教授の富塚清博士ら一流のメンバーを立川に招いて講義を受けた。また各航空関係メーカーをまわって、タイヤや塗装にいたるまで知識を拡大。理論的な設計作業の訓練も身につけ、名取中尉は高等科の卒業論文に二六〇〇馬力空冷エンジンの設計を提出した。

高等科にちょうど一年間学んで昭和十八年十二月下旬、大尉進級と同時に審査部部員の辞令が出た。七乙の、普通科を出て赴任した新美中尉よりも七ヵ月遅れの福生行きだ。このときすでに新美中尉／大尉はキ八四を相手に実績を積んでいた。

乙種学生になるまで飛行第七戦隊で重爆を扱っていた名取大尉だが、飛行実験部の整備隊では戦闘班に加わった。すなわち戦闘隊整備班長である。しかも、高等科で空冷エンジン専門にやってきたのに、彼に与えられた任務はキ六一－Ⅱの整備審査だった。

三式戦が制式機に決まる以前から、ハ四〇エンジンの出力を二〇パーセントほど高めた、高性能型のキ六一－Ⅱの試作作業が進んでいた。

実現の成否の鍵をにぎるのは、無論エンジン。川崎航空機ではハ四〇のサイズを変えないで、過給機翼車の直径と回転数を増しブースト圧を高めて、シャフトの回転を増大させ、出力を上げる。高オクタン燃料は希少で使えないから、水・メタノール噴射を用いて、高ブースト圧時の異常爆発《デトネーション》を防止する算段だ。

エンジンの基本的構造をいじらず、同一の気筒容積で出力を上げるには無理があった。加えてニッケル使用禁止に代表される材質の低下、細部の設計上の不具合など、危険要素がいくつも潜んでいた。

キ六一－Ⅰと－Ⅱは遠目にはよく似て見えるが、正確にはスピナーから機首部、風防、垂直安定板、それに主翼にいたるまで形状が異なり、同一部分を探すのが困難なほどだ。陸軍版の「紫電」と「紫電改」とすら表現しうるのではないか。

キ六一－Ⅱは昭和十八年八月～十九年一月に合計八機が作られた。その何機かは定かでないが、川崎側で試飛行を終えたのちに航空審査部に運びこまれた。

ハ四〇にしても、三式戦の装備部隊ではあれこれ手こずった。ましてハ一四〇においてをや。エンジンのなんたるかを熟知した名取大尉が、キ六一－Ⅱの審査を受け持たされたのには、それだけの理由があったのだ。

「審査部の三式戦一型はよく動いていた」と名取さんは着任時をふり返る。川崎側としても良好な機を福生向けに選んだだろうし、なによりもハ四〇の審査に加わった坂井雅夫准尉が目を光らせていたのだから、むしろ高可動率状態は当然と言えよう。

ハ四〇をつぶさに調べ勉強して、自分で液冷エンジンの〝未修訓練〟をすませた。構造に違いはあっても原理は空冷と同じだから、名取大尉が会得に難渋する造りやメカニズムはなかった。

キ六一は是か非か

名取大尉が着任するまでのキ六一《ロクイチ》整備陣は、坂井准尉をトップに、歴戦の豊田守夫曹長と斉藤文夫曹長が幹部で、将校はいなかった。そこへ昭和十九年二月に着任して、階級の間隙を埋めたのが疋田《ひきた》嘉生《よしお》見習士官だ。

十七年十月に入営。初年兵教育を七ヵ月受けたのち、第九期甲種幹部候補生に選ばれて審査部のとなりの立川航空整備学校へ。

キ六一専攻に決まり、機体は全般をざっと習っただけで、あとはハ四〇の習得に邁進。二台あったハ四〇に取り組んで、五人のチームで完全分解・再組み立て可能なレベルにまで達

札幌で雪橇のテストに用いられた三式戦一型丙。このような異種類の飛行でもトラブルが出ないほど、審査部の装備機材は可動状態が良好だった。

した。高専で学んだ化学とは異なる分野だが、ここまでやればハ四〇のメカニズムは完全把握とみなしていい。審査部に着任後五ヵ月で、見習士官から少尉に進級する。ハ四〇にいくらか粗製化の傾向はあるけれども、ちゃんと整備すればよく動き、実戦部隊での不評は整備力の低さが原因と判断した。疋田少尉が坂井少佐の操縦する九九軍偵で川崎の岐阜工場へ行き、完成機を抜き打ちで選んでテストしても、はっきりした不具合は見られなかった。

疋田見習士官の一ヵ月後にロクイチ班配属を命じられた小島修一伍長は、十六年四月の入営。砲兵から転科して十八年四月、岐阜航空整備学校の設立と同時に入校し、ハ四〇の整備をほぼ一年間習った。十九年五月に進級した小島軍曹は、最多忙時には六機、二〇名ほどの機付兵をたばねる現場のスペシャリストだ。軍属の工員だった山内三郎さんが「知識が深く、静かだがユーモアがあって、兄貴みたいに慕いました」と述べる、優れた資質を発揮した。

川崎・明石工場の隣接飛行場で、キ六一－Ⅱが川崎側のチェックを受ける。試験飛行を担当する操縦者は腕ききの竹澤俊郎准尉。昭和18年8月に写す。

胴体砲の弾倉を抜いた穴に上半身を入れ、スパナにもう一丁スパナを引っかけてナットを締めたり、見えない部分を手鏡を使って点検するなど、エンジン整備に曲芸的な作業を要し、夜間に排気炎を見て不調部分を調べたりの苦労はあった。しかし「ハ四〇そのものは悪くはなかった」と小島さんは回想する。

ハ四〇に関して、疋田少尉も小島軍曹も同様の感想を抱いた。そしてキ六一－Ⅱのハ一四〇についても、「とくにひどくはない。油もれなど熟練工不足の弊害は出たが、ちゃんと動きました」（疋田さん）、「とりたてて整備しにくいことはありません。大体は動かしていた」（小島さん）と異口同音に思い出す。

キ六一－Ⅱの審査は、名取大尉が着任した昭和十八年末のころに、川崎・明石工場で始まった。複数機が福生飛行場へ持ちこまれたのは、十九年の早春のようだ。キ六一－Ⅱに続いて、二二平方メートルの主翼をキ六一－Ｉ／三式戦一型と同じ二〇平方メートルにもどしたキ六一－Ⅱ改（のちの三式戦二型）が逐次もたらされ、やがて－Ⅱと－Ⅱ改を合わせて一〇機あまりが福生にならぶ。

審査部が扱ったキ六一－Ⅱ／－Ⅱ改に積まれたハ一四〇が、川崎側で選んだ良品だったのはまず間違いないだろう。これにロクイチ班の秀でた整備が施されて、高可動率が保たれたものと考えられる。

操縦者にとってのキ六一－Ⅱ／－Ⅱ改は、どんな手応えだったのか。

審査主任の坂井菴氏は弟分のキ一〇〇ほどには感銘を受けなかったゆえか、回想記や談話にキ六一－Ｉとの差異をほとんど述べていない。

キ六一－Ｉの育ての親の荒蒔さんも、ニューギニアから帰還後に手がけた、水上機を含む海軍機の試乗、雪橇試験、キ八四やＦｗ190のテスト飛行は記憶が鮮明なのに、キ六一－Ⅱに関しては上昇力の向上ぐらいの印象しかない。もっとも彼の場合、実機が福生に来たときには十七戦隊長として転出し、フィリピンからもどってまもなくキ二〇〇（ロケット邀撃機「秋水」）を担当したため、乗る機会がごく少なかったはずだ。

そこでここでは、戦闘隊に三名いたエンジニア・パイロットの一人、熊谷彬航技中尉の状況を記述する。彼はキ八四までの未修を終えたのち、坂井少佐の補佐のかたちで、キ六一－Ⅱ／－Ⅱ改にひんぱんに搭乗した。

その最初が昭和十九年五月の明石工場での飛行だ。キ六一－Ⅱ改が完成した翌月で、俗に

「明石飛行場」と呼ばれた工場付属飛行場の格納庫前に、無塗装の－Ⅱが二機（通算第七、第八号機）と－Ⅱ改（同第九号機）が一機置いてあった。

熊谷航技中尉の当時の操縦技倆は、審査部戦闘隊のベテランたちには当然およばないけれども、川崎の技師たちが使う専門用語や数式はすべて分かる。彼らと坂井少佐のあいだに入り、相互の意志を正確に伝える〝通訳〟をこなせるのだ。

坂井少佐とともに一機ずつ試していく。好調だから、と言われてまず乗った－Ⅱ改で上昇中、高度二五〇〇メートルあたりで油圧計の針が振れ出したため、左旋回で水平飛行にもどした。もう油圧はゼロ。初めての新型機で、初めての飛行場（それも運動場なみに狭い）に、初めて滑空で降りねばならない。

激しい緊張に耐えながら、夢中で着陸の操作を進める。自分流に接地位置、距離と高度の見当をつけ、脚を出す。フラップが開いてすぐに接地。滑走を終えたところでエンジンが焼き付き、プロペラがぴたりと止まった。

高高度性能と横の運動性の向上をねらって、キ六一－Ⅱの主翼は増積されたのだが、さしたる効果が見られず、－Ⅱ改では－Ⅰと同じ主翼にもどされた。別の日、熊谷航技中尉が－Ⅱ改、川崎側の操縦士が－Ⅱに乗って、高度二〇〇〇メートルで水平全速を競ったところ、翼が大きくて遅いはずの－Ⅱが－Ⅱ改を抜き去る意外な結果が出た。

キ六一－Ⅱも－Ⅱ改も、－Ⅰとは段違いの高性能、と航技中尉は実感した。しかし時がたつにつれ、坂井少佐と名取大尉の審査は否定の方向へ傾いていく。その要因はやはりハ一四〇にあった。

ふたたびのタ弾テスト

飛行機を筆頭に、各種装備品から燃料や衣服にいたるまで、陸軍航空のあらゆる使用機器材、物品をテストするのが、航空審査部の任務だ。もちろん爆弾もこのなかに含まれ、飛行実験部が実用審査を担当する。

爆弾の多くは爆撃隊、攻撃隊の受け持ちだが、戦闘隊が扱うものもいくつかあった。その代表格がタ弾である。

よく知られているようにタ弾は、弾体の中に多数の小型弾を詰めた親子式爆弾だ。爆発力を前方に集中させるドイツの成型炸薬理論を導入して作られた。〇・七キロの小型弾を、三〇発詰めた三〇キロと、七六発詰めた六〇キロ（便宜上五〇キロと呼んだ）の二種がある。いちおう陸海軍共通兵器に数えられるけれども、二式六番二一号爆弾二型と呼ぶ海軍のものとは、小爆弾の大きさや弾体収容筒すなわちコンテナの形状が異なる。

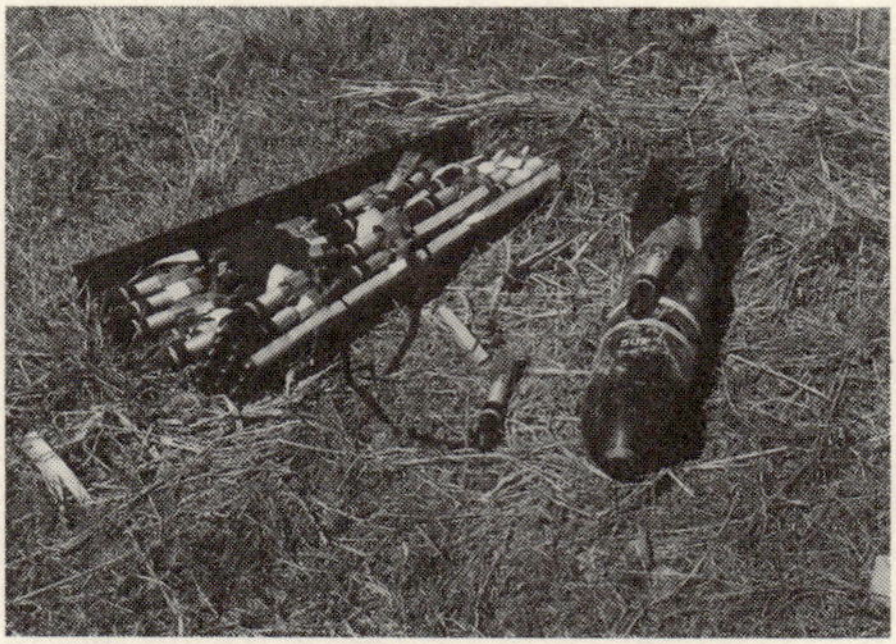

米軍に捕獲され、収容筒（コンテナ）を開けた50キロ（実重量60キロ）タ弾。小型弾のタ一〇二が本当のタ弾で全長25センチ、700グラム。右は50キロ普通弾。

そもそも対地攻撃用として、昭和十七年のうちに量産が始まったタ弾を、空対空兵器に使おうと考えたのは、ラバウルに進出した一式戦が弱武装ゆえにB－17を撃墜できなかったのが原因だった。直径四センチ、長さ二五センチほどの小爆弾は、当たりどころによっては、一発で四発重爆を仕留めうる破壊力があった。

昭和十八年一月にタ弾のラバウル送付が決まり、審査部は明野飛行学校の協力で、大型機編隊に対するタ弾の投下方法を研究した。しかし、自然落下なので落ちる速度が遅く、また当たって起爆する瞬発信管だから、よほどタイミングよく投下しないと効果を得られない。結局このときは「効果を得がたい」の判定で、空対空の実戦使用はいったん沙汰やみに至った。

南太平洋方面の陸軍航空の戦場がニューギニアに固定された昭和十八年後半、現地部隊によるタ弾の飛行場攻撃（駐機中の敵機群が主目標）が実行されたのち、年末には対重爆の空対空攻撃も試され始めていた。

特効薬的な重爆対策を用意できないところから、参謀本部、航空本部はタ弾の有効性の向上をはかるため、十九年に入ってふたたび審査部に投下条件のデータ収集と用法確立を要求してきた。

審査部内で主担当になったのは当然、飛行実験部の戦闘隊。空中で弾体をなす外殻が割れ、小型弾が飛び散るタ弾のテストは、地上への危険が多くて内地では大規模にやりにくい。そこで満目百里、見わたすかぎり広野の満州・白城子で実施する案が採用された。

ほかに参加するのは、対重爆防空戦闘の研究が任務の明野飛行学校分校（水戸所在）と、射撃・爆撃兵装を研究する第三航空技術研究所（三研と略す）。

昭和十九年三月早々に、合わせて一〇機の一式戦二型が、航法学校で名高い白城子へ向かった。指揮をとるのは進級後まもない戦闘隊長の石川正中佐。これに黒江保彦少佐、田宮勝海准尉をはじめ歴戦の操縦者たちと、エンジニア・パイロットの島榮太郎航技中尉および熊谷航技中尉らが加わった。また明野分校からは、ビルマで「ハリケーン」の撃墜経験をもつ高杉景自《けいじ》大尉が参加していた。

昭和19年3月の演習のおり、白城子軍人会館の前で、左から黒江少佐、偏光ガラスメガネの石川正少佐、桐生航技大尉。

整備班、測定班、武装班の下士官と兵は、整備の鈴木少尉の引率により汽車と船を乗りついで満州へ。一式戦の整備責任者・佐浦祐吉中尉は、目標機にも使われる九九双軽に乗って一式戦に同行した。福生～福岡県雁ノ巣～朝鮮・平壌～白城子の飛行コースだ。

なんということもない航程のはずだったが、まず平壌でひと騒動があった。

ここで一泊するため、飛行機をそのまま野外係留しておいたら、夜中に雨が降り、厳しい寒気で氷結してしまったのだ。カバーをかければ防げたアクシデントだが、こんな事態など想像できず、持ってきていなかった。

整備兵が同行していないから、操縦者たちが棒や竹箒《ほうき》状の道具で、てんでに叩いて氷を払い落とそうとする。機体が傷つくのを恐れた佐浦中尉が「時間がたてば陽光で溶けますから」と石川少佐に言ったが、のんびり待ってはいられないとの返事で、結局は叩き落として出発した。

編隊を組んで白城子へ向かう途中、こんどは雪雲が増えてきて、雲に出たり入ったりするうちに空中衝突しかねない様相を呈した。なにも目標地物がない荒野の上を、南満州鉄道の線路だけを頼りに飛んでいたが、雪で視界がきかず危険性が高まったため、石川少佐らは不時着陸にかかる。

そこらじゅうが飛行場とみなしうる地勢とはいえ、なにもないから高度の目測をつけがたい。陸軍操縦者の平均技倆をかなり超える坂野金一曹長が「前の機について夢中で降りた」くらいだから、楽な降着ではなかったはずだ。近くにあった水路《クリーク》にははまらず、全機が無事に降りられた。

満州で、北千島で

タ弾の攻撃角度を研究し、命中率と撒布範囲を調べるのが、この白城子演習の主目的だ。

一式戦が目標に向けてタ弾を投下、炸裂させるわけだが、優秀なラジコン標的機などはない時代だ。もちろん実機を的に使えはしない。

これには石川少佐の名案が用意された。九九双軽が、朝日映画社のカメラマンを乗せて飛ぶ。地上に映るその影を標的に、五〇キロタ弾を投下する。双軽機上のカメラマンは自機の影に映写カメラを向け、飛び散った小爆弾が当たるかどうかを高速度撮影で記録すればいい。

タ弾などの有効使用法を探った白城子演習後の3月25日の帰途、平壌上空を南下する一式戦二型の編隊。高杉大尉機(左)と佐々木軍曹機を島航技中尉が操縦席から写す。

さいわい、満州の土は双軽の影をくっきり浮き上がらせてくれた。

まず実物の双軽を目安に接敵する。機影の方へ目を移して三〇度ほどの降下にかかり、投弾。単機のほかに、編隊での投下も実施した。ちぎれ雲の影も地上に映ってまぎらわしく、やりにくい場合もあったという。

札幌での雪橇テストも経験して操縦の腕を上げた島航技中尉は、投下したタ弾の弾着を確認。いったん演習空域から遠ざかって機首を返したら、白城子飛行場がどこだか分からなくなってしまった。地点標定の手がかりが、まったくない。やがて弾薬の集積所を見つけ、そばに降りて方角を聞き、帰り着くことができた。

白城子演習は三週間にわたって続けられ、参加人員と機材は三月二十五～二十六日に福生に帰還した。タ弾テストのデータは現在残っておらず、空対空に使用時の評価は定かではない。

審査部戦闘隊と夕弾の縁はここで切れはせず、かたちを変えてさらに継続される。その一つが、実戦部隊への伝習教育だ。

福生に帰ってまもない四月初め、熊谷航技中尉は「お前、行ってこい」と、北千島派遣を命じられた。行き先は本土最北端の占守島《しむしゅとう》に連なる幌筵島《ぱらむしるとう》の飛行第五十四戦隊。

前年の夏から秋にかけて、西部アリューシャンを基地にする米陸軍・第11航空軍のコンソリデイテッドＢ-24、ノースアメリカンＢ-25による空襲があって、北千島では早くも本土防空戦が始まっていた。冬のあいだは米海軍のロッキードＰＶ-1哨戒爆撃機が散発的に来襲する程度だったのが、二月下旬からふたたびＢ-24重爆編隊が姿を現わした。審査部飛行実験部の夕弾伝習教育は、これに対抗するための準備だ。

北海道帯広まで一式戦二型で飛んだ熊谷航技中尉は、乗機を第一飛行師団司令部の飛行班にわたし、同飛行班の九七重爆で中千島の松輪島を経由して、五十四戦隊がいる幌筵島北ノ台飛行場（正確には柏原飛行場）に着いた。爆弾と懸吊架などは、三研の協力で一式双発高等練習機に積んで帯広まで運んでもらい、同じ九七重爆に積みかえた。

伝習教育に五十四戦隊の一式戦二型を使うのはいいとしても、熊谷航技中尉がたまげたのは積雪状態だ。北ノ台飛行場は山陰《やまかげ》にあるため、とりわけ雪が積もりやすい。見たところ七～八メートルにも達していて、電柱の先が一メートルほど出ているだけ。

幅三〇メートル、長さ一〇〇〇メートルの北ノ台の滑走路は、雪どけ時のぬかるみ対策とセメント節約を兼ねて、角材を敷きつめた板敷き式。飛行場大隊員はもとより、五十四戦隊員まで総出の雪かきと除雪車駆動によって、滑走路の両側は一〇メートルにもおよぶ高い雪の壁ができていた。

この谷底状の滑走路から、タ弾を翼下に付けた一式戦で熊谷航技中尉が離陸。隊員たちが見上げるなか、浅く降下しつつ落とすと、二秒後に弾体が割れて小爆弾が散り、みごとに成功した。

しかし、このあとが問題だった。両側が雪壁なので、上空からは細長い溝のように見える滑走路に、うまく一式戦を降ろさねばならない。それも一〇メートル／秒以上の横風を受けながらだ。降着時に機が流されれば、雪壁に主翼をぶつけて墜落してしまう。そのうえ滑走路の手前は崖だから、下降気流を浴びても大破に直結する。

横風に機を対応させつつアプローチにかかったが、一回目はうまくいかず復行。強い緊張感に耐えて今度は成功し、着陸後に彼の手足が激しく震え出した。いわゆる武者震《ぶる》いである。投下後の弾道や撒布範囲の計算もできるエンジニア・パイロットにとって、タ弾投下テストはうってつけの任務とも言えよう。

島航技中尉も四月十日の福生行幸のさい、飛行場のかなたで〝天覧投下〟の役を務めたほか、実戦部隊の中隊長に対する福生での伝習教育や、浜名湖での投下テストも担当している。タ弾の構造の性格上、「炸裂高度などはあまり正確なデータを出せなかったように思います」と島さんは話す。

大陸のような広大な無人地域（しかも可燃物なし）がない内地での爆弾テストには、大きな湖沼を使うしかない。五月一日の浜名湖での実験時には島航技中尉のほかに、攻撃隊から隊長の竹下福寿少佐が九九双軽を駆って参加した。

目標点を示す旗を湖中に立て、その近辺に小爆弾が落ちるよう投下する。タ弾の弾体には浮かぶ仕掛けが施され、小舟で回収できた。湖岸に張られた控え所《ピスト》用のテントのまわりには、付近の住民がおもしろがって集まってきた。

浜名湖のほかに、黒江少佐が霞ヶ浦、熊谷航技中尉が琵琶湖で爆弾投下テストに携わったが、水面では満州の土ほどには目標機の影がくっきり映らず、白城子方式の映画撮影は無理だったという。

実らぬロケット弾

白城子ではタ弾のほかに、ふつうの爆弾を空対空用にした曳火爆弾、小型爆弾を長いピアノ線で曳航し敵機に引っかけるト三弾、落下傘を付けた小型爆弾が浮遊し敵機に当たると破裂するト二弾、小型噴進式のロ三弾がテストされた。また浜名湖では、水面をスキップさせて敵艦の舷側にぶつける跳飛爆弾の投下が、九九双軽で試されている。

これら特殊爆弾のうち、あまり知られていないのがロ三弾だろう。一発八キロの軽量なロケット弾だが、炸裂力は九九式八センチ高射砲弾、つまり八八ミリ弾と同等だから、当たれば大型機もイチコロだ。

空対空ロケット弾のロ三弾を一式戦二型の翼下に付けて、関東平野の上空をテスト飛行中の島榮太郎航技中尉。審査部の飛行機を示す部隊マークはなく、たいていは垂直尾翼に2桁の数字(機体番号の後半)だけが書かれた。

ロ三弾を一式戦二型に装着するための機体改修作業は、昭和十八年十一月～十九年三月に立川の航空工廠が請けおって作業し、四月にかけて審査部戦闘隊がテストした。

その期間が短かったためだろう、ロ三弾についての記憶は戦闘隊の操縦者、地上勤務者ともに明確ではない。

「水戸の射爆場の上空で翼下に付けたのを撃って、大体うまくいった。一回、絶縁不良からショートして地上で爆発したことがありました」

武装班の幹部で当時准尉の三枝辰雄さんは回想する。ロ三弾装備の一式戦二型を操縦した島さんも、水戸上空から関東平野を飛んだ記憶が残っている。

テストの結果については、熊谷さんが「映画にも撮って、弾道特性はまずまずだった。重爆の密集編隊への特殊攻撃の一つなのですが、むしろ地上攻撃用に合っていたと思う」と述べるように、用兵側がとびつくほどの成績は出なかった。

初速は二〇〇メートル／秒、すなわち七二〇キロ／時で、この種の兵器としては鈍速の部類だが、急機動をとらない重爆編隊が相手なら、使えないほどではない。しかし弾道特性を含む諸性能に不満足だったのか、航空本部は採用を見送り、審査もこの四月に打ち切られた。

海軍も有力な空対空ロケット弾を持てなかったけれども、三式一番二八号爆弾と大型の十八試六番二七号爆弾の二種のロケット弾を実戦で試用。前者の対水上目標タイプは相当数を作って、数個部隊に配備し実用している。

これに対してロ三弾は、審査終了以後ふたたび陽の目を見なかったらしく、生産および実戦投入の記録がない。たとえ性能的に不満足だろうと、のちの本土防空戦でB－29に向けて用いれば、なにがしかの効果は得られたのではないか。なによりも、体当たり攻撃よりは上策だったと断言してはばからない。

父親は大将

審査部で勤務し、直接あるいは間接に戦闘隊と関わった人々のうちで、陸軍大将の子息が二名いる。一人は第八方面軍司令官・今村均大将の長男で、飛行機部で雪橇の開発を担当した今村和男航技大尉／技術少佐だ。

もう一人が、支那派遣軍総司令官、ついで第二総軍総司令官に任じられた元帥・畑俊六大将の長男、畑俊八航技中尉／技術大尉。

第二章に記したように畑航技中尉は、航技将校で操縦者という陸軍エンジニア・パイロット定期養成の皮切りの一人だ。横浜高工にできたばかりの航空科を卒業して昭和十六年に入営。すぐに現役の技術部見習士官に応募して選ばれ、航技少尉に任官して、八月から航空技術学校で四ヵ月間の訓練を受けた。

卒業後、航空工廠でキ五一（九九式襲撃機／軍偵察機）の製造に関与していた十六年十月なかば、航技将校の操縦者募集があり、まっ先に手を上げた。

畑大将には子息が三人あったが、次男と三男は慶応大学へ進んだ。「将官の息子のうち、一人ぐらいは軍人として死ななければ」と考えていた航技少尉にとって、操縦者ははるかに危険度が高い〝望むべき〟職域だったのだ。

熊谷飛行学校で中間および高等練習機の基本操縦課程を終えたとき、単機で飛べる偵察機を志望。昭和十七年十月から下志津飛行学校の九七式司令部偵察機に乗って操縦技倆を高め、卒業して十八年五月から航空工廠に帰ってきた。

こんどはキ五一の完成機の試験飛行が任務だ。できたての量産機でも一機ごとに微妙に癖があるのがおもしろく、なかにはリベット打ちの当て板を機内に置き忘れて、急機動時にガラガラ鳴る危険機もあった。

五〇機ほどテストした昭和十九年一月、かつて畑大将の部下だった廠長・橋本秀信中将から「航技将校の操縦者の力量を生かせる、審査部へ行け」と言われ、福生への転属が決まった。

着任の申告をした畑航技中尉は、希望する隊を問われ、これまで携わってきた分科の延長として「偵察隊へ行きたいと思います」と述べた。当然の返答である。ところが、飛行実験部次席操縦者で戦闘機乗りの高橋武中佐が「馬鹿野郎！」と一喝した。

「技術部将校がなんのために操縦を行なうのか、考えてみろ」

審査部偵察隊の主力は、さしたる機動を要しない司偵だ。そんな機種よりも、舵面などのわずかな改修が性能向上に直結する、戦闘機に乗るべきだ、という趣旨だった。確かにこれは正論で、畑航技中尉もすみやかに納得した。

戦闘隊で彼を待っていた、なつかしい顔が二つあった。ともにエンジニア・パイロットへの道を歩み、戦闘分科へ進んで半年早く着任した島航技中尉と、高工時代に親しく付き合った来栖良《くるすりよう》航技中尉だ。

野村吉三郎駐米大使とともに、最後の日米交渉を担った来栖三郎特命全権大使を父に持つ、来栖航技中尉は、ある意味では審査部きっての異色の人物と呼んでいい。母親のアリスさんがアメリカ人で、日米両方の血が流れていたからだ。

ただし異色なのは、混血で顔だちが白人系の点だけだ。親友・畑さんに「すばらしい人物」と言わせる、日本人より日本人らしい快男子。傑物の黒江少佐や豪放きわまる神保少佐が、ともに感心するほどの人間性をそなえていた。

来栖航技中尉についてはのちに詳しく記述するとして、彼もまたエンジニア・パイロットの立場で畑航技中尉よりもひと足早く審査部に転属してきていた。操縦を学んだのは一年ほど遅かったが、出身が戦闘分科なのかは判然としない。

さて、畑航技中尉が戦闘隊で命じられる勤務は、皆がゲタがわりに使う一式戦の未修飛行から始まった。諸元を神保少佐から聞いて発進し、偵察機とは比較にならない戦闘機の運動性、上昇力に驚嘆する。

畑俊八航技中尉(左)は爆弾やロケット弾の弾道を撮影する九九軍偵の操縦も務めた。後方席の16ミリ・カメラをはさんだ朝日映画社・吉岡、上岡両技師と。

ねらえば当たる照準器

時期はやや前後するが、福生での操縦者生活にも慣れた畑航技中尉は、興味ぶかいテストを手がける。

陸軍戦闘機が付ける光像式照準具(照準器)はドイツ製品の模倣で百式と三式の二種。どちらも機動中の敵機をねらうときは、射弾到達時の未来位置を予測した見越し偏向射撃が不可欠だ。照準環の中央に敵を入れて撃っても、弾丸はそれてしまう。

この欠点をなくしたのが旋回角測定機構を組みこんだタイプで、まず英空軍がジャイロ照準器ⅡD型の名で一九四三年(昭和十八年)から本格的使用を開始。一九四四～四五年には米空軍(K－14)と海軍(18型)も実戦に用いる。ドイツもEZ42を作ったが試用にとどまった。

　自機と敵機の旋回時の角速度を算出し、データに合わせて照準環の位置がずれてくれれば、目標を環内に納めるだけで命中する。職人芸的な見越し射撃が不要になるわけだ。

　日本でもこれが試作され（昭和十九年秋ともいう）、審査部で一式戦に装備してのテストにこぎつけた。テスト担当の希望を問う黒江少佐に、畑航技中尉が挙手する。

「自分は射撃が下手であります。まったく恥ずかしいことですが、下手な自分が試して効果ありとすれば、この器具の真実性が認められます」

　まさしく理に適《かな》った論旨だ。苦笑いする黒江少佐の許可を得て、来栖航技中尉と水戸射撃場へ出かけた。

　新型照準具は旧来のものと大きさは変わらず、同じような照準環と十文字が樹脂ガラスに投影された、と畑さんは覚えている。曳航の吹き流しを二機の一式戦で各方向から射撃して、入り弾《だま》丸（命中弾）を調べると、ふつうなら大半がはずれるのに六〇パーセントも当たっており、射撃の得意な来栖航技中尉のほうは八〇〜九〇パーセントの高い命中率だった。

　はっきり効果が表われて、福生にもどった畑航技中尉は「命中弾を容易に得られ、きわめて有効」な旨を上申した。だが、その後の反応はなく、初心者テストパイロットの申告は軽視されたのか、と彼を失望させた。

　戦闘機ではほかに、ベテランの島村三芳少尉がこの照準具にかかわり、「自動照準眼鏡メ一〇一」の名があったのを正確に記憶する。

海軍でも横河電機が試作した同種の射撃照準器をテスト。戦局の悪化から、データ採取を進めつつ改良をかさねるだけの余裕を得られず、途中で放棄されてしまった。航空本部から昭和十九年末の基本審査完了を期待された陸軍メ一〇一の場合も、同じ状況だったのではないだろうか。

第四章　テスト：キ四三-Ⅲ、キ一〇二甲、四式戦丁型、四式戦複座型、ハ一一五、アルコール燃料、ホ二〇四上向き砲、タキ二号

B-29、九州に初来襲

本土防空の主担当者は陸軍であり、首都圏も、横須賀軍港およびその周辺など海軍施設がある一部地域のほかは、陸軍の守備範囲だった。首都圏を含む東部軍管区の防空をつかさどる戦闘機戦力は第十七飛行団だ。

昭和十九年（一九四四年）一〜二月に米機動部隊がマーシャル、トラック、マリアナ各諸島を叩いてまわり、内地への来攻も懸念された。そこで首都圏防空兵力の向上がはかられて、三月八日付で十七飛団司令部を廃止し、一段上の第十飛行師団司令部を新編。指揮系統のグレードアップにより、隷下・指揮下に入る戦闘機部隊数の増加を可能にした。

四月の時点で十飛師司令部の隷下部隊（固有戦力）は、戦闘機が四個飛行戦隊と司偵が一

個独立飛行中隊で、合計一〇〇機あまりを装備。暫定戦力とみなす指揮下部隊が二個戦隊六〇機で、ほかに臨戦態勢に移行したときだけ指揮下に入る東二号部隊があった。東二号とは敵機来襲時の作戦名である。

東二号部隊は戦力不足を補う助っ人的な小規模隊の集まりで、主力は明野飛行学校分校や下志津飛行学校など実施学校の装備機だが、このなかに審査部戦闘隊も含まれ、十飛師司令部からは福生飛行隊と呼ばれた。

各実施学校では教官、助教が操縦する、やや旧式の第一線機を東二号戦力にあてるのにくらべ、審査部戦闘隊はキャリア抜群のテストパイロットが最新鋭機を駆る。山椒と同じで、規模は小粒でもピリリと辛い。

この昭和十九年の前半、十飛師が想定していた来襲機は重爆ではなく、空母からの艦上機群だった。米軍の占領地から東京までを行動半径に入れられる重爆は存在しなかったからだ。

ところが六月十五日、二つの大きな異変が生じた。

まず同日の未明、米軍がサイパン島に上陸を開始した。余剰兵力ゼロの日本軍にとって、敵の大部隊を押しもどすのは不可能で、サイパンはもとより、マリアナ諸島全体が遠からず奪取されるだろうと予測できた。

マリアナの陥落は超重爆ボーイングB－29の基地化を意味する。それが東京をはじめ大都市への空襲につながるのは、大本営にも分かっていた。

いま一つは翌十六日にかけて、四川省成都を発したB－29による北九州への初空襲である。

これも予期した事態ではあったが、内地への本格空襲の始まりは日本にとって脅威だった。邀撃《ようげき》した第十九飛行団および西部軍は敵機がB－29とは断定できず、墜落機をチェックするため航空本部や各技研、そして審査部から関係者が現地調査に向かった。

審査部飛行実験部から十七日に空路おもむいたのは、整備隊長・井上来三少佐とキ八四整備班トップの新美市郎大尉。残骸の中から見つかったマニュアルと、機内装備品のステンシルから、B－29と確定できた。

福岡県芦屋飛行場に集められた主要部品と、同県の直方《のうがた》に落ちたままの残骸を調べた新美大尉は、新式の装備品、高度な部品加工技術に感嘆した。この巨大な爆撃機による東京初空襲の予感が、彼の脳裏にしこり始めていた。

成都からの内地初空襲の翌6月17日、芦屋飛行場に運ばれた主脚部の残骸をキ八四整備班指揮の新美市郎大尉が見入る。

双発高高度戦闘機

昭和十九年三月上旬から下旬にいたる、満州・白城子での特殊爆弾演習を終えてまもなく、一式戦二型に乗った黒江保彦少佐は、ロケット爆弾のロ三弾四発を翼下に吊るしたまま、スマトラ島パレンバンへ向かった。

同じ石油の宝庫、ボルネオ島バリクパパンを海軍航空隊が守備するのに対し、パレンバンの油田と精油施設の防空担当は陸軍だ。B－24クラスの来襲に備えて、第三航空軍・第九飛行師団の戦闘機部隊に、ロ三弾と夕弾の伝習教育をほどこすのが黒江少佐の任務だった。

台湾からマニラへ。さらにシンガポールを経由してパレンバンをめざす途中、少佐はリンガ泊地に集う連合艦隊の巨艦群を眼下に見た。「頼もしい帝国海軍よ」と彼の胸を高鳴らせた大艦隊だったが、二ヵ月あまりのちのマリアナ沖海戦で、再起不能の惨敗を喫するのだ。

ひと月近くにわたる伝習教育を終えた黒江少佐が、福生飛行場に帰ってきたのは、天長節（天皇誕生日）の空中分列式参加であわただしい四月二十九日。

飛行第二十二戦隊長に任じられて転出した岩橋譲三少佐のあとを受けて、神保進少佐がキ八四／四式戦の審査主任を務めていた。それを手伝ううちに夏を迎え、やがて新機材キ一〇二甲の審査が黒江少佐の担当に決まった。

すでに福生に持ちこまれ、まず戦闘隊で岩倉具邦少佐が、ついで攻撃隊で並木好文少佐が、それぞれ審査主任を務めた襲撃機型のキ一〇二乙とは違って、六月に試作一号機ができたキ一〇二甲は本格的な高高度戦闘機だった。

乙との差異の第一は、ターボ過給機（排気タービン過給機）付きエンジン・ハ一一二ル。このおかげで、他機なら稀薄な酸素がもたらす出力低下によって、ただ浮いているのが精いっぱいの高度一万メートルの成層圏でも、ひととおりの機動が可能だった。

もう一つの特徴は武装だ。胴体下部の二〇ミリ・ホ五機関砲二門と後席の一二・七ミリ・ホ一〇三旋回機関砲は同一だが、機首装備砲が段違いである。キ一〇二乙の五七ミリ・ホ四〇一が一秒間に一発しか撃てず、満載でも一六発を携行するだけの地上砲改造火器なのにくらべ、キ一〇二甲は六～七倍の発射速度を有する純粋な航空機関砲三七ミリ・ホ二〇四を積んでいた。

福生飛行場で審査中のキ一〇二甲。機首先端からホ二〇四37ミリ機関砲の砲身が突出する陸軍最強の双発戦と言えるだろう。

初速七一〇メートル／秒の三七ミリ弾は、当たれば五〇〇メートル／秒の五七ミリ弾に遜色のない威力がある。弾道特性が良好で命中率はずっと高く、携行弾数も二倍以上の三五発だ。

航空審査部飛行実験部に、いつキ一〇二甲がもたらされたかは判然としない。試作機の完成時期から、昭和十九年の八月前後と思われる。

先にキ一〇二乙に搭乗し、速度と上昇力の鈍さを感じていたベテラン島村三芳少尉は、新着の甲を操縦。排気タービンを駆動させると上昇力の向上が確実に感じられたが、半面で故障が多く、タービンの回転が止まってしまうケースが何度もあった。もちろん、タービンが止まっても、エンジンは回転し続けた。

戦闘機に使うなら乙よりも甲、と判断した島村少尉だが、甲での実戦は経験しなかった。これでB‐29を迎え撃つのは黒江少佐の方で、昭和二十年二月にターボ過給機の威力を実証する。

複戦に新型が

航技将校から操縦者の道へ進んだ、いわゆるエンジニア・パイロットの一人、今村了航技中尉は、審査部付の辞令を得たものの、ハルビンの満州支部を任地に命じられたのは第二章で述べた。

前述の白城子特殊爆弾演習のおりは、一式戦に乗って投弾テストを手伝った。それから四ヵ月たった十九年七月、航技大尉に進級していた彼は福生への帰還命令を受け取る。

分科は襲撃機だったが、配属は戦闘隊。同じ東北大出身で同期生の熊谷彬航技大尉が初めから戦闘隊にいて、三式戦、四式戦を乗りこなしていた。いまから僚友のあとを追って未修飛行にかかる気にはならない今村航技大尉は、「それならいっそ」と不人気の二式複戦「屠龍」を選び、担当メンバーに加えてくれるよう岩倉少佐に頼みにいった。二式複戦にしろキ一〇二乙にしろ、戦闘機乗りに嫌われる鈍重な双発機だ。そこに現われた希望者を岩倉少佐が袖にするはずはない。

ハルビンでMC‐20（百式輸送機）を何回か操縦していたから、双発機は経験ずみだ。二

〜三日飛んだところで、少佐は今村航技大尉に「すぐ夜間飛行をやろう」と言う。ふつうの部隊では水準以上の慣熟度に達しないと、夜間飛行などやらせない。福生の操縦者はたいていがベテランなので、誰もがそんな配慮など忘れてしまうのだ。

まだ計器類の配置すらうろ覚えの今村航技大尉は「さすがに審査部というところは違うもんだな」と感じ入った。そして、これまた驚くべきことに、彼は実際に夜間の訓練に取りかかった。


制式採用から一年半もすぎ、機首機関砲の変更のほかはなんら改修部分のない二式複戦は、審査部では影が薄い。いくらか新味があったのは上向き砲の装備ぐらいだ。

整備隊四五《ヨンゴー》班のトップは甲幹七期の和田大作中尉。その下に二期後輩の奥田嘉雄《よしお》少尉と、原田准尉、兵七〜八名がいた。

奥田少尉の経歴はきわめてユニークだ。理科系出身者が原則の幹候出身整備将校のなかで、彼はなんと早大専門部の文系を出た超変わり種。といっても望んでこうなったのではない。そもそも気象の教育を受けたのに、整備将校の不足から一人だけ福生の立川航空整備学校行きを指名され、卒業して審査部付を命じられた。

奥田見習士官（着任時）が四五班を指定されたとき、二式複戦は三機ばかりあって、上向き砲装備機は一機だけ。

こんな停滞状態の四五班に、今村航技大尉の着任と前後して、いささかの動きがもたらされた。レーダー装備機の登場である。

欧米に大幅に出遅れた日本軍の空対空電波兵器のうち、とくに劣ったのが機載用の邀撃《ようげき》レーダーだ。海軍のFD－2とともに、ようやく陸軍が手にしたタキ二号電波標定機の試作品完成は昭和十八年十月。立川の航空工廠で二式複戦甲型に取り付けてテストされた結果、実用不能の判定が出され、改良型の製造にかかった。

改良型タキ二号の有効探索距離は、対双発機の場合で二〇〇メートル〜三・二キロ。装置の重量が一三〇キロと重いため、既存の装備機関砲を全廃し、四〇ミリ噴進弾を発射する比較的軽量（四〇キロ）のホ三〇一を一門だけ積んだ、二式複戦戊《ぼ》型が計画された。

改造を請けおった航空工廠は、機首部を切断し透明プラスチック製コーンを付けて、そのなかにアンテナを設置。戊型の試作機と言えるこの応急改造機が昭和十九年八月までに一〇機作られ、うち一機が審査の目的で七〜八月に福生飛行場に持ちこまれた。

電波兵器はままならず

ハルビンから着任した七月に、タキ二号装備の二式複戦が福生にあった、と今村さんは記憶している。

夜間飛行の訓練を二〜三日やったあたりの八月なかば、岩倉少佐が「銚子へ行け」と命じた。

数日前の八月十日付で、航技と兵技の二種があった技術部将校が「技術」に単一化され、今村さんの階級呼称も航技大尉から技術大尉に変わっていた。

サイパン島は一ヵ月以上も前に陥落し、テニアン、グアム両島も奪われた。マリアナ諸島から、米軍がB－29を日本本土に向けて放つのは確実だ。こんどは大陸からの空襲とは異なって、東京をはじめ太平洋側の主要都市が標的になるから、被害は桁違いに大きいだろう。そんな予測はできても、強力な防空態勢など望めない。いくらかなりとも邀撃効果を高めるべく、銚子飛行場を基地に、電波兵器装備機の運用実験を実施する企画が立てられた。珍しく、海軍との合同テストである。

この時点での今村技術大尉の操縦技倆は、審査部戦闘隊の平均値に達していない。二式複戦での飛行時間もごくわずかなのに、〝代表出場〟を命じられて彼は驚いた。

陸軍側のトップは、複戦部隊の戦隊長経験者・牟田弘国少佐。六月二十日付で水戸の明野飛行学校分校を改編し、軍隊へと変わった常陸《ひたち》教導飛行師団において、夜戦研究の第二飛行隊長を務める。立場上、このテストを指揮する適任者だ。

技術サイドからは、電波兵器の開発を担当する多摩技術研究所の関係者が参加し、機器取り扱いとデータ採取を手がけた。また、審査部飛行実験部長の今川一策大佐も、立会人として姿を見せている。

海軍側からは、横須賀航空隊審査部および横空戦闘機隊（夜戦分隊）、航空技術廠の関係者などが加わったと思われる。

テーマは邀撃機誘導方式、すなわち現在のGCI、地上邀撃管制だ。三〜四月に試作品が完成し、六月に調布飛行場で基礎テストをすませた電波誘導装置（地上装置のタチ一三号と機上装置のタキ一五号からなる。誘導可能距離一五キロ）と、タキ二号機上レーダーを使う。

地上の司令所が地対空用の邀撃レーダー（電波標定機）で洋上飛行中の海軍陸上攻撃機をつかまえ、空中待機の夜間戦闘機を電波誘導装置を用いた指示（機上用進行方向計は未完成のため無線電話で通達）で会敵空域へ導く。夜戦は仮想敵の陸攻に一定距離まで近づいたのち、自前のレーダーでさらに接近し、目視範囲内に捕捉する算段だ。

ヨーロッパでは二年も前から英独両軍が、さかんに実戦に用いていた。日本軍にとっては目新しいこの邀撃法の、戦闘要領を作るのが目的だった。

塗装はふつうの斑点迷彩、後方席にレーダー関係の技術中尉を乗せた今村技術大尉の二式複戦が、ごく狭い銚子飛行場へ向けて降下する。利根川の崖の上だから着陸するだけでも大変だ。なんどかイレギュラーな着陸経験がある技術大尉は、接地位置の行きすぎを防ぐため両エンジンのスイッチを切って、不なれな機できちんと場内に降着した。

会敵テストに飛んでみて判明したのは、地上の指示にそって飛んでも、目標機を視認できない事態だった。困っている牟田少佐を見かねた今村技術大尉は、いつ発進すれば出くわすか方向、速度を示した計算図表を作って、「これでやってみて下さい」と申し出た。

「お前、何なんだ?」。数字がびっしり並んだ計算盤に驚く少佐に「航技将校です」と答える。エンジニア・パイロットの面目をほどこした一シーンだ。

しかし、いかに正確な図表を作っても、肝心のレーダーがお粗末では話にならない。実用に供しがたいと評された海軍のFD－2よりも、さらに不出来なタキ二号を頼っては、会敵はまず不可能と言っていい。

操縦席に付いたスコープにギザギザの反射波が映る。波が目標機は左方向と表示しても、実際には右側を飛んでいる、といった具合で、到底ものの役には立たなかった。

今村技術大尉は夜間に七～八回テストに上がって、ついに一度も視認距離まで近づけなかった。彼のあとを敏腕の林武臣准尉が引き継いだが、やはり好結果は出ていない。

このテストには参加しなかった岩倉少佐も、タキ二号装備機の後ろにキ四三《ヨンサン》班・一式戦整備担当の佐浦祐吉中尉を乗せ、実用性を調べるため博多まで飛んだ。

具体的にどんなチェックをしたのか定かでない。だが、少佐が「さっぱりだめだよ。なにも映らない」とサジを投げ、「あとは技研（電波兵器担当の多摩研）で、どうやって使えるようにするんでしょうか」と佐浦中尉が問いかけたことから、万事休したのは明白だろう。

「隼」のホットな季節

古い制式機の改造は二式複戦だけではない。エンジンを水・メタノール噴射式のハ一一五－IIに換装し、推力式単排気管を用いた一式戦「隼」が、福生飛行場に到着したのは昭和十九年の半ばをすぎたころだった。

この年の二月にビルマのヘホ飛行場で転属命令を受けた飛行第五十戦隊の佐々木勇軍曹。少飛六期の同期生・穴吹智《さとる》軍曹とともに撃墜戦果を増やし、「ハリケーン」を主体に小型二

○機、双発および四発約一〇機に達した、陸軍トップエースの一人だ。かつての五十戦隊長で、審査部戦闘隊長の石川正少佐が、その腕を見こんで譲り受けたのだろう。
着任してすぐ、三月の白城子での特殊爆弾演習に加わった佐々木軍曹が、ついで手がけたのがキ四三-Ⅲ（のちの一式三型戦闘機）の性能テストである。

五十戦隊でさまざまな激戦を戦い抜き、一式戦二型の性能、特性を知悉《ちしつ》する軍曹こそ、この役目の適任者だ。

高オクタン燃料使用に準じた効果を発揮する水・メタノール噴射、エンジン出力にプラスアルファをもたらす推力式単排気管により、「速度は文句なしに向上した」と平山さん（戦後に佐々木姓から改姓）は述べる。二型の最大速度五一五キロ／時と三型の五六〇キロ／時をくらべても、これは歴然とするが、単なるカタログ値よりもずっと重要なのが「飛行機自体が軽く感じられた」印象だ。

彼はさらに「上昇性能の向上のほか、機動特性として、旋回の持続性に強い粘りをともなったように思う」と回想する。いずれも出力増大が生んだ利点だろう。

三本桁構造ゆえに主翼内に機関砲を付けがたく、最後まで中口径の銃砲が胴体に二門だけだった短所（マイナス点は大だが）を除けば、キ四三-Ⅲは一〇〇〇馬力級戦闘機の一典型をきわめた出来とも言えよう。テストで佐々木軍曹が抱いた感想はその後、量産機の配備を受けた各部隊で実証されていく。

このころ、キ四三-Ⅲの単排気管がからんだ、一つのトラブル・エピソードがあった。

戦闘隊格納庫に付随の現場事務室にいた一式戦整備トップの佐浦中尉を、女子軍属が呼びにきた。本部建物の会議室に出向くと、審査部発動機部（あるいはエンジン担当の第二航空技術研究所の所員を兼務か）の梶原少佐がおり、やがて審査部本部長・中西良介中将までが現われた。

一式戦二型のハ一一五の最大回転数を毎分一〇〇回転増にすべし、との審査部の通達を受けた現地部隊から、エンジン故障や破損の報告が複数入ってきていた。「ガス目盛りはどうなんだ？」というのが梶原少佐の質問だ。

19年11月下旬の札幌飛行場で、ビルマで活動した佐々木勇軍曹（偏光グラス着用）と整備のベテラン・斉藤文夫曹長が積雪に座る。後方は雪橇付きの一式戦三型。

中島製ハ一一五に付いた気化器はエンジン回転速度に応じ、針弁《はりべん》（フロート弁）が上下してフロート室への燃料流量を変える。針弁の上下動を計る目盛りを適当に変更したのではないか、そしてそれが故障の原因なのではないかと詰問してきた。

一〇〇回転増の通達は佐浦中尉も聞いていたが、地上のベンチテストだけで決定したらしいので、自分の管轄下ではやらせていなかった。納得できない言いがかりに「下士官に任せてあります。規定どおりやっているはずです」と答え、部下の中村軍曹を会議室に来させた。ちょうど週番下士官勤務だったため、背嚢《はいのう》、銃剣装備のいかめしい姿で来室した中村軍曹の返事は、「ちゃんと、これまでどおりにやっております」。これで確認がすんで、佐浦中尉は「一〇〇回転オーバーの実験はやらせておりませんし、ガス目盛りにも変更はありません」と、中西中将および梶原少佐に明言した。

二人の上官は責任追及のつもりで彼を呼びつけたのだが、まったく肩すかしを食わされてしまった。それどころか、そもそも回転数増加の通達もとは発動機部あたりだから、もし中尉が意を決して異常決定の出どころを探れば、少佐、ひいては中将に過失の責がおよぶ可能性すら生じるのだ。

事を荒だてても得るものはない。まるく納まるのを望む佐浦中尉は、申告を終えて退出する。気分を害した中西中将が小声で「馬鹿中尉!」と毒づくのを、背中で聞きながして。

会議室での一件は落着したけれども、いまなお陸軍主力機材である一式戦二型の、このトラブルを放置してはおけない。

キ四三-Ⅲの審査中なので発動機部の者が、各気筒の調子が排気炎でよく分かるよう、日暮れから試運転にかかっていた。暑い夜中に佐浦中尉が見ていると、気化器から気筒へつながる部分が不具合なためだろう、排気管によって炎の色にバラつきがある。一気筒につき一本の単排気管が、意外なかたちで役立ったわけだ。

地上テストでこの状態では、空戦時に一〇〇回転増にしたなら、速度向上を喜ぶひまもなくエンジンが焼き付いてしまう。佐浦中尉は整備隊四三班のトップとして、一式戦二型で独自のテストを決意した。

まず、エンジンを機体に付けた状態で、一〇〇回転増の夜間地上テストを実施。実戦時とは異なる、穏やかな運転操作だ。輝く排気炎の色が、そのぶんだけ薄いのを確認。

次に、各気筒全部に気筒温度計を付け、一〇〇回転増での全力上昇のテストをする。操縦は第六十七期操縦学生出身、すでに七年の飛行キャリアをもつ伊藤武夫中尉。

高い技倆に加えて、難事に腰を引かない勇敢な性格。三年前、陸軍から竹田宮、海軍から高松宮が臨席した陸海軍の戦闘機性能比較のおり、一式戦対零戦の格闘戦演習で、零戦には「誉の片翼機」で高名な樫村寛一上飛曹が搭乗した。日華事変中、空戦時に敵機とぶつかって、左翼端がちぎれた九六式艦上戦闘機で帰り着いた、逸話の持ち主だ。

このとき伊藤少尉（当時）は荒蒔義次大尉に「死ぬ覚悟でやりますから、私を出させてください」と申し出、辣腕《らつわん》の樫村兵曹を抑えこんで有利な戦いぶりを見せたという。

伊藤中尉がテスト飛行をすませて着陸した一式戦のエンジンは、焼き付き寸前だった。回転数増大により混合気が薄くなったためで、気筒温度計はいずれも異常高温を示していた。

傷《いた》んだハ一一五を中島の武蔵製作所で直し、過回転テストをやり直す。無事だったケースはついに一回もなく、伊藤中尉は「だめだなあ」と嘆息した。

修理しては飛ばすくり返しが半月以上も続いて、同じ結果だったのを佐浦中尉が発動機部の航技将校、技手や工員に示し、一〇〇回転増加は無理、通達は無効ということで、この事件は落着をみた。

特攻会議

陸軍特攻の直接の引き鉄《がね》は、昭和十九年五月二十七日、飛行第五戦隊長・高田勝重少佐が指揮する二式複戦編隊による、ビアク島所在の米艦船群への突入だと紹介される場合が多い。

その裏に隠れひそんだ高級指揮官や参謀の理不尽な考えには、ここでは言及せず、東京・市ヶ谷河田町における一夜の秘密会議を紹介したい。

サイパン島が陥落した昭和十九年七月七日の夕方、陸軍省西通用門からほど遠からぬ「航空寮」と称する民間の家屋に、大本営陸軍部、航空本部、各航空技術研究所、そして航空審査部の将官、佐官級が集まっていた。官庁の施設でなく民家を借用したのは、人目を避け機密の保持をはかるため。この秘匿《ひとく》集会を彼らは市ヶ谷会議と呼びあった。

大本営陸軍部、つまり参謀本部の浦《うら》茂中佐が「海軍航空の主力全滅（マリアナ沖海戦を意味する）のいま、陸軍航空が強大な敵海上兵力を撃滅するには、一機で一艦を撃沈する体当たり攻撃によるほかはないのであります」と口火を切った。

参謀職にとどまるかぎり、彼自身が特攻に加わる可能性がゼロなのは論じるまでもない。事実、航本部員、大本営参謀の地上スタッフ職にあり続け、階級のみ先行し、米軍の火網の中に突進しないまま彼の軍歴は終わる。

第一航空技術研究所（一研と略称）所員として同席した升本清氏は「まことに理路整然、ひと言の反撃余地もないように思われ、陸士同期生の成長した姿を改めて見なおした」と、戦後に回想を記しているところから、氏も同じ穴のムジナ的感覚を持っていたようにも受け取れる。

敢然と、特攻反対の側に立ったのは審査部爆撃隊長の酒本英夫少佐。「全速力で走る動目標に対空弾幕をくぐって迫り、しかも吃水線に体当たりするのはきわめて困難。練度の低い操縦者には急降下による上方からの激突も容易ではなく、いたずらな消耗につながる。従来の精密水平爆撃をとるのが有利と思う」旨の反論を展開した。

審査部攻撃隊長の竹下福寿《ふくじゅ》少佐も、軽爆および襲撃機の降下爆撃戦法を重視し、人間爆弾たる体当たり攻撃には反対の立場をとった。

一研側の意見として、升本少佐が特攻用爆装時の爆撃機の性能を陳述。三研からは、成型炸薬（タ弾の小型弾と同じ原理）を用いた巨大な桜弾《さくらだん》を、四式重爆「飛龍」に搭載した場合の威力を説明した。

一研からは、母機から切り離され無線操縦で敵艦にぶつかる、海軍の特攻機「桜花」の無人機版ロケット兵器、イ号無線誘導弾が提案された。この種の誘導爆弾が当時の日本の技術で充分に実用化できるはずはなく、理想論の産物にすぎない。

酒本少佐を筆頭に、審査部からの出席者たちは頑強に特攻否定の論陣を張り続けた。特攻推進論と否定論が四つに組んだ雰囲気を壊したのは、航空本部技術部長・駒村利三少将だっ

航空本部技術部長・駒村利三少将

飛行実験部爆撃隊長・酒本英夫少佐

た。彼は酒本少佐に対し「お前は世界の大勢を知らぬ田舎武士じゃ！」と決めつけた。

審査部飛行機部長だったかつての上司の一喝に、少佐の舌鋒は折れ、会議の流れは特攻推進へと変わった。各戦隊での特攻志願者の募集、審査部における特攻戦法の研究と特攻要員の訓練、技研における特攻用機器材の研究が、拙速的に決定された。

直接的戦闘から遠い立場の者、生命を失う恐れの少ない者ほど熱をこめ、真に戦う者や戦闘のなんたるかを知る者ほど反対した特攻作戦。その最初の波が審査部に打ち寄せたのが、この七夕の夜だった。

階級では駒村航本技術部長よりも後任ながら、陸士が一期早く、実力、精神力ともに一枚も二枚も上の審査部実験部長・今川一策大佐がこの場にいたなら、かならず特攻推進論に痛打を浴びせていただろうに。

陸軍でも海軍でも特別攻撃隊は、実戦部隊あるいはその隊員の側の意志によって突然に実現したのではない。軍の上層部であらかじめ準備がなされ、実行に向けてレールが敷かれたのだ。

空対空や空対艦の自発的体当たりを列記し、こうした実例が特攻攻撃の採用に向かう呼び水になった、と書くのが旧軍出身の戦史研究家の常套《じょうとう》手段だ。だが、それはさまざまの陰湿な理由にもとづく、お決まりの方程式的パターンにすぎない。自発的体当たりと、特攻戦法の採用／実施指令とは、まったく次元の異なる行為である。

特攻への流れ

昭和十九年に入ってまもなく、作戦の不振から、参謀本部で体当たり攻撃を戦法として採用する意見が表面化。二月から三月にかけて特攻隊編成の方向が定まり、三月二十八日付で航空本部長（航空総監を兼務）に後宮《うしろく》淳大将が、同次長に菅原道大《みちおお》中将が補任された時点で、特攻「制度化」が確定したとする説がある。

菅原中将は年末に第六航空軍司令官に転じ、沖縄航空作戦の指揮をとった。本来ならば六航軍司令部の参謀たちとともに、特攻実施の最高責任者として裁きの場に立つべき人物だ。「航空寮」での秘密会議から四日後の七月十一日付で、三研の所長・正木博少将から「棄身《すてみ》戦法に依《よ》る艦船攻撃の考察」と題した小論文が、参謀本部、航空本部へ提出された。読みづらい文章だが、その一部は次のとおり。

19年5月の浜名湖上で跳飛爆弾の投下テストを指揮する竹下福寿少佐(左から2人目)。特攻には反対の立場をつらぬいた。

「しかれども、これ（注・棄身戦法を示す）を現実的にキ四八なる既成飛行機を用い、早急に実施する見地よりすれば、一トン爆弾を胴体下に吊るし（原注：機体の改造を要す）実施する付表五（注・上甲板か舷側に突入、あるいは機首爆装による水中爆発）の方法以外になしと思惟《しい》す。この場合、上記諸理由により水中に没入爆発を欲するも、操縦上不可能ならば致し方なきにより、ところ構わず撃突せしむ。

しかるとき、空母が海軍の一情報のごとく薄弱なる場合はこれを大破炎上せしめ得べく、いわんや軽巡以下は充分撃沈可能なりと認む。

戦闘艦および大空母に対しては上記のごとく効力充分ならざるも、ある程度の損害は与え得べし。急速に有り合わせのものをもって攻撃せんとせば、この程度以上の名案なし」（一部漢字を平がなに変え、句点を加えた）

早い話が、一トン爆弾を付けた九九双軽で体当たりすれば、軽巡洋艦以下の艦艇なら撃沈可能、戦艦や大型空母でも相応のダメージを与えうるだろう、という内容だ。

三研は武器、弾薬の研究を担当する。爆装特攻機の有効性を問われたことへの回答だが、この文章からも分かるように、決して勇ましい調子で書かれてはいない。冒頭にも「戦法、操縦上これら攻撃法の可能性につきては、別に深甚の考慮をなすを要す」とある。

正木少将は前年末の時点で、体当たり攻撃推奨論者の一人だったともいわれる。それならばこの論文は、自分が特攻推進に加担したと思われないよう、わざと調子を変えて書いたのだろうか。

いずれにせよ、この論文どおり、九九双軽の改修が七月下旬に航空本部長名で決裁され、特攻用機に仕立てる作業が始まった。同時に、このころ制式採用される四式重爆撃機の特攻機化も実施される。

審査部飛行実験部の攻撃隊長・竹下少佐、爆撃隊長・酒本少佐はともに特攻戦法に反対した。とりわけ竹下少佐は、米軍が採用した跳飛爆撃を研究、解析し、陸軍の爆撃法の柱に据《す》えようと努力していたから、特攻に傾斜する航空本部への憤《いきどお》りは強かったに違いない。

福生に来た学鷲

海軍は昭和九年から、航空／飛行科予備学生の名で、大学・高専出身の予備役（正確には予備員と呼称）の士官搭乗員を定期的かつ漸増的に採用してきた。これに比べて陸軍は、甲種幹部候補生（派生の特別志願将校、操縦候補生を含む）のごく一部に適宜、操縦教育を受けさせる程度でお茶をにごしていた。

太平洋戦争が中盤戦にさしかかるころ、航空優勢の重要性が歴然とし、それとともに空中勤務者の損耗を補充しがたくなった。とりわけ、小隊長、編隊長を務める下級将校の不足が著しいため、海軍にならって昭和十八年七月に、大学・高専卒業および卒業予定者を予備役の将校操縦者に仕立てる、特別操縦見習士官制度を定めた。略して特操と呼ばれる。

当初一二〇〇名を予定した特操一期生は、二倍以上の二七〇〇名近くが合格し、昭和十八年十月初めに入隊。基本操縦学校→教育飛行隊→錬成飛行隊の教程を一四ヵ月（うち地上準備教育二ヵ月）で終了するのが基本パターンだが、錬成飛行隊のかわりに教導飛行師団へ行ったり、教育飛行隊からいきなり実戦部隊や実務組織に配属される場合もあった。

ひと足さきに募集を始めた海軍の第十三期飛行専修予備学生に人材を取られないよう、陸軍はそれ以上の待遇を考えたそうだ。だが階級面では、入隊がほぼ同時なのに少尉任官（二四〇〇名）は四ヵ月遅く、予学十三期が昭和二十年六月までに中尉に進級するのに、特操一期は敗戦時に少尉のままだった。

ただし、英海軍流教育が災して、自分たちだけが海軍を背負う真のオフィサーと過度に思いこみ、なにかにつけて予備士官を見下す兵学校出身者が少なからずいた点からすれば、その傾向が弱い陸軍において、特操出身将校の立場はマシな面もあったかとも思える。

航空審査部では各種の新兵器のテストを主任務とするところから、操縦者については格段に高技倆のベテランか、技術と飛行の両方をこなせる技術将校に限られていた。昭和十九年の夏から晩秋にかけて操縦訓練を終えた特操出身者たちには、まず用のない組織のはずだ。

しかし事実は違った。戦闘隊をはじめ、爆撃、攻撃、偵察、特殊の各隊へ数名ずつ、合わせて三〇名近い特操一期の〝学鷲〟が赴任する。彼らのなにが必要とされたのか。

新しい試作兵器が福生でテストされて、提示にいたる評価の基盤は当然ながら、熟達した操縦者たちの判断である。その場合、もし実戦部隊の平均的な操縦者（昭和十九年八～九月の時点で飛行五〇〇～六〇〇時間ぐらい）が扱ったなら操作が困難な機器材でも、飛行一〇〇〇時間を軽く超え、実戦経験も豊富な者にとっては造作なくこなせてしまうケースが生じかねない。

そこで特操出身者を乗せてみて、彼らの技倆レベルで出る問題点をチェックし、改修すれば、誰にでも使える兵器ができるだろう。彼らは高等教育を受けた学鷲だから、新機器材に対する理解力、不具合を報告し説明する能力を身につけているはず——というのが、納得しやすい模範的解答だ。無論、この説明のようなねらいは含まれていたと思われる。

けれどもそれにしては、特操一期の十九年夏～秋の時点での飛行経験は一〇〇～一五〇時間（機種により異なる）であり、逆に低すぎる。さほど多人数は要しないのだから、航空士官学校出身の乙種学生修了者や、少年飛行兵出身の古参伍長クラスをあてたほうが、より実際的かつ効果的だろう。

そしてもう一つは、実は高い操縦能力を有する者こそ些細《ささい》な不具合に気づき、若年操縦者にはこなしがたいか否かを的確に判定できるのだ。飛行実験部長の今川大佐を筆頭に、操縦ができる審査部幹部なら、これは常識の実状である。

学鷲操縦者たちが審査部付になった主因は、いまとなっては正確に知る手立てがないが、彼らの福生での行動とその後の足どりを追えば、なにかが分かるかもしれない。

未修飛行

大刀洗《たちあらい》飛行学校本校で九五練による基本操縦教育を終え、華北・太原《たいげん》の第十八教育飛行隊で九九高練と九七戦の訓練を受けた仙波保見習士官は、十九年七月末に教程を終え、同期生全員で内地に帰ってきた。

そのほとんどが明野教導飛行師団行きの辞令を受けたが、仙波見士ら二名は航空本部へ出向いて申告し、さらに仙波見士だけが審査部付を命じられて、八月初めに福生に着任した。

九七戦をやってきたのだから当然、配属は戦闘隊で、すでに先着の同期生がいた。上官から「そろうまで待ってろ」と指示され、一〇日近く待つあいだに審査部内のようすを見てまわった。

野上康光見士、堀口繁男見士、市原宏圀《ひろくに》見士らが加わって、五～六名がそろったところで飛行訓練を始める。まず九五練に一～二回乗って感覚ブランクを埋め、九七戦複座版の二式高等練習機から九七戦へ進む。ここまでは経験ずみだ。

九七戦までの訓練は来栖良技術中尉（既述のように八月十日付で航技将校から技術将校に改称）が主に担当したようだ。「手を取るように教えてくれました」と仙波さんは回想する。

開戦記念の大詔奉戴日の朝、福生飛行場で詔書が奉読される。それよりも、三式戦と四式戦がならべ置かれたようすを知れる情景が貴重と言えよう。

次は初めて乗る一式戦「隼」二型。神保進少佐の指示でその教官役を務めたのが島村三芳少尉だ。キ一〇二甲などの審査飛行を午前中に実施し、午後から特操の見習士官たちに黒板で一式戦の要領を教える。空域を決めて、一人ずつ訓練飛行に上げ、地上から操縦ぶりをチェックして、着陸後に講評を伝える。

「特操は八名だったように覚えています。審査部が教育委託を請けおったのではないでしょうか。一式戦の未修飛行ということでアクロバットもひととおり操縦できるよう、空戦訓練に入る手前まで教えました」と島村さん。これは仙波さんの「特殊飛行を連続でできるところまでやった」記憶と一致する。

話を、この物語の進行時点よりも先へ進めよう。一式戦の未修は二ヵ月ほどで終わり、B‐29偵察機型のF‐13Aが関東上空に現われ出した十一月、すでに少尉に任官していた学鷲たちは、二式戦「鍾馗」、三式戦「飛燕」の地上走行を訓練した。空襲警報がかかると、彼らがこれらの機に搭乗し掩体へ持っていく役目をもらう。整備兵は機材を動かせないからだ。

台湾で九九高練と九七戦の教程を終えた黒川澄男少尉、青木星光少尉ら四名ほどが審査部戦闘隊に着任した。黒川少尉は甲幹九期の地上兵科から、「航空がいい」と特操へ志願し直したため、少尉任官が三ヵ月遅れてしまった。

彼らも、来栖技術中尉と島村少尉に操縦の手ほどきを受けた。機材は一式戦二型と三型が主体だったという。

いくら素質が優れていても、最低限の飛行時間を稼がなくては、飛行機は手の内に入らない。福生に来たときの彼ら学鷲の平均技倆が低かったのは当然だ。

当初の操縦教育を二式高練で受け持った来栖技術中尉の力量は、島村少尉を含む戦闘隊の辣腕たちには、かなりの水をあけられる。同時期の一般戦闘機操縦者の平均より、やや上のランクと著者は推定するが、エンジニア・パイロットという二足の草鞋《わらじ》をこなすのだから、実質的な総合評価はもっと高い。

学鷲たちの同乗訓練を進めているとき、来栖技術中尉は親しい畑俊八技術中尉に「えらいことだよ、畑」と感想をもらした。「下を見ていないんだ」。二式高練の操縦に手いっぱいで、地上のようすをまったく見ていない、という意味だ。

逆に、一〇〇時間そこそこのキャリアでは周囲に気を配る余裕がないのは仕方がないとも言え、一式戦に移行後は着実に腕を上げていく。

畑技術中尉は直接には訓練指導に携わらず、彼らの使う一式戦三機の、エンジンの調子を見る試験飛行を命じられた。

一機目と二機目は順調に終了し、三機目の離陸にかかる。上昇中、三〇メートルばかり高度をとったあたりでいきなりエンジンが止まった。離陸後まもないエンストの不時着は、失速／墜落を防ぐため直進するのが原則だが、南に向けての発進なので前下方に燃料庫が立ちはだかる。

やむなく緩く左へ旋回しつつ、フラップと脚をポンプを突いて出し、飛行場の南東角へ。接地と同時に、主脚がねじ折れて衝撃をやわらげる。砂ぼこりをわき立てて胴体着陸のかたちで滑りこみ、一式戦は壊れたが、とっさの処置が功を奏して畑技術中尉は事なきを得、建物などにも被害はなかった。

離陸後すぐのエンジン停止は、操縦者の即死につながりがちだ。一命をひろった彼は気化器の針弁異常と推定したが、結局「エンジン関係に異常なし。操縦者が間違えてエンジンスイッチを切ったのではは」との診断。「誰が離陸後にスイッチなど切る

特操1期出身の学鷲・青木星光少尉が捕獲P－40Eの主翼付け根上でポーズをとる。特攻には出ず、審査部に残留できた。

か」と技術中尉をくさらせた。

振武隊へ向けて

昭和十九年の大晦日《おおみそか》も近いころ、仙波少尉と市原少尉はいっぷう変わった四式戦「疾風《はやて》」に乗った。操縦席の後ろにもう一つ座席を設けた複座型で、航空審査部に隣接の立川教導航空整備師団（立川航空整備学校を六月に改編）が操縦訓練用に応急改造した機だ。

後方席に神保少佐か黒江保彦少佐が座り、前席の学鷲が地上走行で出発線まで持っていき、また駐機場に帰ってくる。その間に、左右のブレーキの効きや振動などを体感し、操縦桿やスロットルレバー、踏み棒《フットバー》の扱いに少しでも慣れるのだ。

一週間〜一〇日後に単座の四式戦へ。離着陸から始め、未修が進むと岩倉具邦少佐が単機戦闘訓練をリードした。仙波少尉が高高度飛行訓練のおり、高度七〇〇〇メートルでひどい滑油もれを生じ、七五〇〇メートルで上昇をやめて無事に帰還したこともあった。やがて、中古機だが自分用の四式戦をわたされ、上官の指示の範囲で任意飛行の許可をもらう。

四式戦の八四班に入ったのは彼ら二人だけ。島村さんは三式戦も教えたことを覚えており、一式戦の未修後に三式戦と四式戦（二式戦もか？）のコースに分かれたようだ。事実、佐藤勝也少尉は昭和二十年六月二十二日、福生上空で三式戦（五式戦ともいわれる）の特殊飛行訓練中に逆落としに墜落。飛行場の南に隣接する畑に突入し殉職する。

黒川少尉の場合は内容が異なる。一式戦のアクロバットまでで終わらず、戦技訓練に移行し、かなり厳しい指導を受けたという。

その後さらに、後述するアルコール燃料テストを山下利男中尉に命じられて、速度測定を実施。また、ロケット邀撃機「秋水《しゅうすい》」に乗る前段階の訓練として、高度一四〇〇メートルで一式戦のエンジンを止めての滑空着陸を、黒川少尉はなんども試みた。これらは審査部の操縦者らしい任務と言える。

手前は左から舟橋四郎中尉、山下利男大尉、光本悦治准尉、後ろ中央が島村三芳中尉で、この4名は戦闘隊の熟練者だ。右はしに立つ特操1期の佐藤勝也少尉は20年6月22日に殉職する。左はしは整備中隊長の伊藤忠夫少佐。階級は撮影した6月当時のもの。

各自が審査部戦闘隊のなかで、まがりなりにも活動しつつあった昭和二十年一月末、明野教導飛行師団への転属命令が出た。残留は佐藤、青木、大島英雄少尉の三名だけだ。

このころ、特操出身の少尉が明野教飛師付を命じられるのは、特殊な例を除いて、まず特攻隊編成要員になるためと考えて間違いなかった。北伊勢分教所で細々と訓練したのち、野上少尉は第五十一振武隊員として五月十一日に知覧飛行場を出撃し、沖縄西方海面で突入戦死。体当たり攻撃を目前にして動じない仙波少尉は、第百九十六振武隊で特攻待機のまま敗戦を迎える。

珍しいのは黒川少尉の場合だ。特定の振武隊に入らない状態でいくつかの飛行場で勤務するうちに、明野教飛師の分教場の高松飛行場へ集合を命じられた。七月十五日、大勢集まった操縦将校に対する面接がどんどん進む。特攻隊員を区分しているのだが、面接担当者は審査部戦闘隊長の石川正中佐だった。明野教飛師において七月十日付で編成が下命された飛行第百十一戦隊の、戦隊長に任じられて審査部から転任したところだ。

この集合の目的の一つに、百十一戦隊で使いたい操縦者の選出があったようだ。黒川少尉の番になったとき、眠そうな顔の中佐は少尉の履歴表を見て「なに、審査部付⁉」と声を上げた。

ほかの将校たちには特攻要員として栈橋行きの命令が出たが、彼だけはそのまま残され、百十一戦隊への転属が決定。かつて審査部戦闘隊にいた事実が、生存につながる思いがけない役に立ったのである。

内容を意識的にかたよらせることなく、戦闘隊の特操出身者の状況を綴ってみた。彼らを審査部に来させた思惑のなかに、特攻隊幹部の育成があったように、どうしても感じられる。

昭和十九年の夏～秋に、戦闘隊よりも特攻作戦に近い位置にあったのが、冒頭で述べたように軽爆撃機だ。審査部では軽爆と襲撃機の両方が攻撃隊に含まれる。攻撃隊に着任した、特操一期出身の状況を見てみよう。

福生で攻撃隊に入り、九九軍偵と九九双軽を未修して突入訓練ののち、鉾田教導飛行師団が編成した第六十三振武隊に加わった高田明少尉と軍偵。

フィリピンの教育飛行隊で一式双発高練の訓練を終えた高田明少尉は、八月に審査部付になった。福生で最初に搭乗したのは九九襲、ついで九九双軽の未修教育を受けた。

少尉にとって、まわりは百戦錬磨のベテランたちや航技将校兼操縦者が集う異質の世界であり、自分がここになにをしにきたのか分からなかった。しかし、攻撃隊次席で人格者の並木好文少佐をはじめ、上官はみな親切で、なにくれとなく世話をやいてくれた。軽爆隊、襲撃隊の気質とも言えよう。

一連の操縦法をマスターしたあとは、福生周辺の空域で降下・突入の訓練に移った。以後ほかの機動はあまり教えられず、襲撃機と双軽による降下角三〇～三五度の突入の練習ばかり。

そのうちにフィリピンで九九双軽の万朶《ばんだ》隊が特攻攻撃を敢行したのを皮切りに、襲撃機、双軽の特攻があいついだため、「ここで技倆を向上させ、特攻隊の幹部にするのか」との思いが高田少尉の心中にわいた。かといって、とりたてて動揺はなく、ときにはキ一〇二乙の空輪に加わりながら、昭和二十年三月の鉾田教飛師への転出（特攻隊編成のため）まで訓練を続行する。

アルコールは使えるか

戦局の悪化につれて航空用ガソリンの搬入量、備蓄量は減少し、松の根を乾溜して作る松《しょう》根油《こんゆ》と、澱粉《でんぷん》または木質から製造するアルコール、つまり代用燃料の実用化が促進された。原料入手の難易や量の点からアルコールへの期待は大きく、陸軍燃料廠では昭和十九年から生産を始めた。ガソリンと混合して使う高純度の一号（無水）アルコール、ガソリンとの混用はできない低純度の二号（含水）アルコールの二種がある。

気化性に劣り始動が困難、アンチノック性が低い、混合気の空気・燃料比の幅が狭い、金属材料に対する腐食性と燃料消費量が大、気化器のノズル径の拡大が必要、といったマイナス点があり、練習機や連絡機の低馬力エンジンならなんとか使えても、戦闘機用には問題が多い。そこで審査部戦闘隊が、昭和十九年夏から二十年にかけて実用テストを担当した。キ番号順にテスト状況を見ていこう。

キ四三／一式戦を試したのは畑技術中尉。始動〜離陸・上昇まではガソリンを用い、高度を稼いだところでアルコールに切り替える。同時に、筒温計の温度がぐーっと上がるためスロットルレバーを引きもどした。

審査部にもたらされたキ六一－Ⅱ改の第2号機。－Ⅱが8機造られたから通算で10機目のハ一四〇装備機。戦闘隊にとって判然と有効な戦力だった。

彼が驚かされたのは、燃料の減りの早さだ。ふと気づくと、まだ充分なはずの容量が三分の一ほどに激減している。ガソリンならたっぷり三〇分は空戦訓練ができる量のアルコールを入れて、せいぜい一〇分もてば上等な燃費の悪さだった。「連絡機程度ならよかろうが、高出力エンジンには向かない」と技術中尉は判断した。

キ四五改／二式複戦は島村少尉が昭和十九年なかばに担当した。整備のベテラン原田准尉と組んでの一万メートル連続上昇テストに挑んで、みごとに成功。一式戦のときと同様に気筒温度が高まるため、だましだまし高度をとったが、アルコール燃料で一万メートルに達したのは二式複戦だけだったという。

昭和二十年の早春にもういちど二式複戦のアルコール試験が、敵襲を避けるため甲府の飛行場で実施された。整備隊からは奥田嘉雄少尉が兵を三人ほど連れていき、試運転から飛行まで面倒をみたけれども、エンジンの出力不足のため良好なデータを取れなかった。

最も優れた成績を示したのは三式戦だ。熊谷彬技術大尉は二型（キ六一－Ⅱ改三十四号機）を使って、まずガソリンと一号アルコール混合、次に一号アルコールだけ、最後は含水の二号アルコールだけを試した。どの場合も、生じたトラブルを整備メンバーが解決し、熊谷技術大尉は「完全に実用に適する」旨の報告書を提出。

ガソリン使用時よりもむしろ調子がよく、エンジンの与圧高度（全開高度）が三〇〇メートルほど高まり、最大速度も一五キロ／時増大したという。六一班トップの坂井菴少佐がこの三十四号機に試乗して、「昔なじみにキスしたみたいだ」と感想を述べ、航技大尉らを笑わせた。キ六一試作機の高性能が再現された、の意味で、おもしろい表現と言えよう。

二式複戦とともに、甲府でキ一〇二甲のテストも実施された。第六航空技術研究所（兵器材料、燃料、脂油の研究）の職員も加わり、操縦を今村了技術大尉が担当した。二号アルコール使用時に濃度に応じて川の水を混ぜるのを見て、理屈では分かっていてもガソリンのイメージが強いので、「気味が悪かった」のは無理もない。

アルコールで飛んだキ一〇二は振動が多く、作戦飛行には適さないと判定された。一号アルコールをガソリンに混ぜた場合、ガソリン分の飛行時間しかなく、混ぜるだけ損というデータも出た。アルコールは適切な混合比に幅がないため「気筒の上下位置で燃料濃度に差が出る〔空冷〕星型エンジンには不向き。倒立V型エンジンのキ六一向きだ」と今村さんは言う。

審査部戦闘隊の手をわずらわせたアルコール燃料は結局、戦闘機には試用止まりで、主に練習機に用いられた。国民の貴重な食料のサツマ芋を使ったが、生産施設がB－29に潰されるまでの、ささやかなピンチヒッターにすぎなかった。

二十二戦隊のその後

キ八四の審査主任・岩橋少佐をトップに、昭和十九年三月五日付で編成された初の四式戦部隊、飛行第二十二戦隊。同月下旬には福生飛行場から神奈川県相模《さがみ》飛行場（俗に中津飛行場と呼ばれた）に移動して本格的な錬成に入る。

実用化への大きなネック、ラチエの電気式ピッチ変更制御を用いたペ三二プロペラは、審査部から二十二戦隊整備隊の電機小隊長に任じられた勝又智博少尉の、悩みの種だった。

立川航空整備学校で九七重爆二型のラチエ・プロペラ（ラ式定回転。ほかにハミルトン油圧式も用いられた）を特修した勝又少尉にとって、ペ三二の機構は即座に理解できた。問題は、第三章で述べたように、新たに組みこまれた調速器《ガバナー》にあった。

一月下旬に二十二戦隊の編成要員に指名され、審査部飛行実験部の電気班に残った宮川利雄少尉とのコンビを解いて、電機小隊の下士官の教育、操縦者への講義を始めるかたわら、二月、三月、四月と調速器の不具合解消に取り組んだ。福生でも相模でも「訓練に使う可動機がそろうだろうか。不調機の原因が電気系統、とりわけプロペラ・ガバナーではないように」と念じる毎日だった。

審査部の手で福生から飛行第二十二戦隊へ四式戦闘機を空輸する。操縦者は舟橋少尉。戦地標識である胴体の白帯は審査部の所属機には入らない。

少尉の祈りにもかかわらず、調速器の不具合は少なからず生じた。すぐに取りはずして分解し、不良箇所をつきとめる。プロペラそのものを分解する場合もあった。事故機から抜いた調速器を整備器材に用い、部下の下士官と検討し修理法を模索する。

構造はもとより、材質もその特性も知悉《ちしつ》して、不完全な調速器を手なずけ、少しずつ実用度を高めていった勝又少尉が、大きな安堵を得たのは五月に入ってから。芝浦製作所が作った改良型の調速器が、ペ三二に装着されたのだ。

中を調べてみると、旧製品に比べて構造も部品(とくに接点まわり)もしっかりした出来で、確実に作動する。最大欠点の回転数のブレも鎮められてピタリと決まり、ハンティング現象は跡を絶った。二十二戦隊の電機小隊が航空審査部へ出した報告データと、審査部電気班の宮川少尉らの努力、そしてメーカーの対策が合わさった成果といえよう。

「新型調速器の性能を知ったとき、感無量だった」

との勝又さんの言葉から、彼らがこのトラブルにどれほど心を砕いたかを知れる。少尉と整備隊長・中村孝大尉は、盃を干して祝いあった。

航空審査部から審査完了の通知が出されたのは、まさにその五月である。

新型調速器がもたらされたころの五月十二日付の大本営命令で、二十二戦隊をふくむ第十二飛行団は第二飛行師団に編入され、捷《しょう》号作戦に備えるべくフィリピンへの進出が決まった。

ところが、すでに一部の地上勤務者をフィリピンへ送り出していた八月中旬、急に華中・漢口への進出が下命された。南方軍と陸路で結ぶ一号作戦、いわゆる大陸打通作戦を進める支那派遣軍に対し、米第14航空軍が頑強な抵抗を見せたため、最新鋭機を持つ二十二戦隊を一ヵ月程度の期限で臨時に使って制圧するのが、大本営の考えだった。

二十二戦隊は八月二十一日に相模飛行場を出発。漢口を根拠飛行場、南西へ一六〇キロの白螺磯《はくらき》を前進飛行場に用い、第五航空軍直轄の虎の子部隊として、二十五日ごろから作戦態勢に移行した。

四式戦空輸行

九月十六日ごろ、福生飛行場から四式戦三機と九七重爆一機が離陸した。四式戦の長機には、岩橋少佐から審査主任を引き継いだ神保進少佐が乗っている。一番機は畑俊八技術中尉、三番機が佐々木勇軍曹だ。重爆は光本悦治准尉が操縦する。

彼らの任務は二十二戦隊への補充機材の空輸。重爆には四式戦の整備審査をつかさどる新美市郎大尉が同乗し、スペアの部品などが積んであった。三名の操縦者はいずれ劣らぬ歴戦のベテランぞろい。畑技術中尉だけが異色だが、この程度の空輸をこなす腕は充分にあった。

目的地はもちろん漢口飛行場。漢口には五航軍司令部のほかに、大陸の陸軍戦力の元締めである支那派遣軍司令部が市内にあった。総司令官・畑俊六大将は、畑技術中尉の父親だ。

「自分を連れていったのは、うまくいけば父に会える機会があるかもしれない、と考えた神保少佐の厚意だったのでは」と畑さんは回想する。

眼下に盥《たらい》のような戦艦「大和」を見つつ呉上空を航過し、福岡・雁ノ巣飛行場に降りる。小休止のあいだに燃料補給。大陸での敵機の出現に備えて、機関砲は全弾装備とされた。

落下タンクも付けた重い四式戦で離陸にかかった畑技術中尉は、足もとに目をやってギクリとした。操縦席の床に滑油が流れている。飛行機を届けるのが今回の任務だから、無理は禁物と着陸した。

他機は行ってしまった。滑油もれはキャップの締め忘れという単純ミス。これから次の中継地の南京まで飛べば夕暮れになってしまうが、上海までならなんとかなりそうだ。できるだけ速やかに空輸すべき、と考えて、畑技術中尉は単機で初めての洋上飛行に挑んだ。

頼りは、雁ノ巣から線を一本記入した航空図と、羅針盤、それに黒江少佐から聞かされた「揚子江から流れ出る泥は、上海を中心点に海上に半円を作る」自然現象だ。

雁ノ巣〜南京間は直線距離で八五〇キロ。畑技術中尉にとって最も気がかりなのは、トラブルが生じて洋上不時着し、敵潜水艦にひろわれる事態だった。身元が割れ、「支那派遣軍総司令官の長男を捕らえた」とでも宣伝されたなら、すすぎがたい汚名を残してしまう。いざとなれば全速で海中に投入して果てよう。また、もし敵地に不時着したら、弾丸がそれないよう拳銃を口にくわえて引き鉄《がね》を引こう——頭のなかで反芻《はんすう》しつつ、羅針盤をにらんで飛ぶうちに、泥で濁った海面が見えてきた。

両翼の前縁を半円の外周に合わせて直進する。一時間近くのち、上海市街が視界に入ったときの嬉しさ。市内の竜華飛行場に降着し、航空審査部へ無線で現状報告を頼んでから、友人宅に泊めてもらった。

翌朝、南京へ。日本機の飛行を知らせる敵の狼煙《のろし》が山から山へと上がるのを見ながら、飛行場上空に到達し、「お前、上手になったじゃないか」と神保少佐がほめるほどの見事な着陸で、孤独な空路に終止符を打った。

この日の夜、技術中尉は漢口の畑大将の官舎で、三年半ぶりの父子水入らずの時をすごした。大将は神保少佐と新美大尉も呼ぶよう指示。翌日の夜には官舎に四人が集まって会食が催され、すき焼きに舌つづみを打った。

「俺は帰らん」

次の日(九月十九日か? 新美さんの記憶では二十日)、新美大尉は神保少佐とともに漢口の料理屋で岩橋少佐と会い、二十二戦隊の使用状況をたずねた。大尉の任務は、四式戦への付加部品の現地指導と、同機の現状調査にあったからだ。

二十二戦隊は手駒不足の五航軍の期待を担い、地上軍の上空掩護《えんご》、進攻・制空、そして漢口の防空にと、出動を続けていた。ただ、米第14航空軍の行動がゲリラ的なため、正面きっての空戦があまりなく、このころまでの合計で撃墜十数機に未帰還四〜五機と、得失ともに小さな数字だった。

出動回数は少なくはないが、「まだ酷使というほどではなかった」と整備隊長だった中村さんは証言する。これが「酷使」へ移行しかかるのは、満州・鞍山の昭和製鋼所が九月八日にB‐29に空襲されたあとだ。

漢口から北へ五二〇キロの新郷へ前進してのB‐29邀撃任務を、五航軍から付加された岩橋戦隊長の口から「よく使いやがるな」の言葉がもれた。

料理屋で神保少佐、新美大尉に対しても「地上の作戦参謀は航空をなにも知らない」「隊員たちは疲れきっている」と述べ、任務の多岐、飛行場移動の増加を批判した。

九月二十日の午前、五航軍のB‐29邀撃命令で岩橋少佐以下は新郷に進出したが、誤情報だったため、午後になって漢口に帰ってきた。二〜三時間後、同じ飛行場にある五航軍戦闘司令所に呼ばれた少佐に、新郷への再進出と、二十一日払暁の西安の敵戦闘機攻撃が下命された。

中村さんは「これこそが酷使」と明言する。五航軍に無断で新郷からもどったことも、影響していたようである。

翌二十一日未明に新郷を出撃した岩橋機と久家《くが》進准尉機は、明け方の西安飛行場に侵入して銃撃。離陸にかかる敵機に体当たりを敢行した戦隊長の最期を、不時着帰還した久家准尉が涙とともに語った。

同日、岩橋少佐の戦死とその状況を、神保少佐と新美大尉が知らされたのは、海南島・三亜経由でサイゴンへ向かうため、九七重爆で漢口を離れかけるときだ。四式戦の初代審査主任が戦死したのなら、後任戦隊長には二代目の審査主任が任じられて不思議はない。

場所は判然としないが、214頁の機とは菊水マークの形が異なる二十二戦隊機。導入の当初、四式戦は米軍戦闘機に対抗しうると評された。

「俺は二十二戦隊長になるんだから、ここに残る。帰らん」と主張する神保少佐を新美大尉がなだめて、なんとか重爆に搭乗させた。

彼らがサイゴンへ向かうのは、一式戦から四式戦への機種改変を始めた飛行第五十戦隊に対しても、付加部品の現地指導と現状調査を実行するためだ。

役目がすんだ畑技術中尉だけは、別動で帰途につく。彼の回想によれば、上海までは神保少佐らといっしょで、皆で対戦闘機の見張りをしたのを覚えている。上海からは、支那派遣軍の総参謀長・松井太久郎中将とともに、一式双練で立川へ向かい、天候不良に災いされて鹿児島県出水《いずみ》の海軍基地に降りるハプニングもあった。

神保少佐の予想に反して、岩橋少佐の後任をただちに命じられはしなかった。しかし五ヵ月後の昭和二十年二月十八日付で、結局は彼に二十二戦隊長のお鉢がまわってくるのだ。

武装司偵に上向き砲を

機体構造がヤワで急機動はできないが、高速と高空性能が買われた百式司偵三型を、対B-29用の高高度戦闘機に使うため、昭和十九年五月から航空工廠の担当で、機首に二〇ミリ機関砲ホ五の付加装備にかかった。百式司偵三型乙、いわゆる武装司偵である。

続いて六月、前方席と後方席のあいだに三七ミリ機関砲ホ二〇四を上向き砲として追加する改造が、同じく航空工廠で始まった。

二式複戦丙型の機首に付けた同じ口径のホ二〇三に比べて、全長二・五メートルと一メートルも長い長砲身のホ二〇四は、初速が二五パーセント増、弾丸重量二〇パーセント増、発射速度は三倍近い、格段の高威力大口径砲だ。これを三〇度程度のゆるい角度ではなく、ドイツ夜戦の傾斜装備機関砲《シユレーゲ・ムジーク》なみに、七〇度の大きな仰角で取り付ける。敵銃塔の死角である直下に近い位置から、撃ち上げるためだ。

狭い機首に二〇ミリ砲二門を詰めこむのと違って、重心への影響が少ない胴体中央部に一門だけ設置するのだから、家田文太郎航技中尉（主務）らの作業は順調にはかどった。

完成したのは九月。立川から福生に運ばれて、審査部戦闘隊と武装班がテストに携わった。

前方席と後方席のあいだからホ二〇四の砲身を長く突き出した百式三型司令部偵察機乙＋丙。部隊配備後この砲の実戦戦果はほぼ得られなかった。

双発機なので、二式複戦、キ一〇二の審査を受けもつ岩倉具邦少佐が、操縦特性と射撃特性をチェック。肝心のホ二〇四を、武装班の竹内鉦次准尉が取り扱った。

特大の上向き砲はともかくも、照準具（照準器）がなにも付いていない。「どうして、こんな中途半端なことをするのか」と訝《いぶか》りながら、竹内准尉は操縦席に座り、機関砲の仰角に合わせて照準位置を定め、風防の頂部に十文字の印を付けた。目安を作らなければ、射撃テストが意味をなさないからだ。

射撃にさいして気がかりなのは、百式司偵の機体強度。ただ速く飛ぶのを目的に作ってあるから、発射時の衝撃と、接敵・離脱機動に耐えうるかどうか保証はない。「機体が弱いが、いいだろうか」。水戸へ運んでテストをするとき、岩倉少佐の問いかけに「やってみなければ分かりませんよ」と答えるしかなかった。

吹き流しを目標に撃ったところ、うまく命中し、機体にも別状はなかった。「おい竹内、もうこれで大丈夫だ」と少佐は喜んだが、「ちゃんとした照準器が付かないかぎり成果は見こみがたい」が准尉の判断だった。

武装班の班長、鈴村富郎中尉もこの兵装に関係し、岩倉少佐の操縦時に同乗した。ただし鈴村さんの記憶では、テストは明野で実施され、昼間と夜間それぞれの場合の吹き流し射撃をテストしたという。夜間には照空灯との連携も試みたが、成果については判然としない。応急対策の照準方式には、まもなく光像式の三式照準具に小糸製作所が手を加えて、ホ二〇四上向き砲用に装備可能な反射式のものができ上がった。百式司偵三型乙への装着は、航空工廠で家田技術中尉が担当している。

審査部戦闘隊は操縦者が戦闘分科出身ばかり（偵察機出身の畑技術中尉や襲撃機出身の今村技術大尉は例外的な存在）なので、ひよわな武装司偵に積極的に乗ろうとする者はおらず、射撃テスト終了とともに、この機と戦闘隊との縁が切れた。

奇妙なハチヨン二種

百偵三型乙の背部にホ二〇四の付加改修が始まった翌七月、こんどは新鋭主力機・四式戦への上向き砲装備が、航空本部から航空工廠に命じられた。この変則武装を単発戦に付ける発想はむしろ必然で、海軍がひとあし早かったけれども、それが陸軍にヒントを与えたのではないだろう。

工廠では吉野航技／技術中尉を主務に、二〇ミリ機関砲ホ五を一門、操縦席の後方に取り付けた。全長一・四五メートルの砲はスペースの関係で、二式複戦や海軍機よりも大仰角の四五度で搭載。九〇センチの砲身の一部が後部風防内に突き出し、弾道をカバーするようにかぶさった金属筒（おそらく鋼製）が風防をつらぬく。上向き砲の下に置かれた弾倉には、二〇ミリ弾が三〇〇発入った。

改造されたのは二機で、一機目ができたのは九月だ。もう一機ははっきりしないが、同月〜十一月のあいだだろう。やぶにらみ機関砲の有効性を試すため、どちらか一機が福生の戦闘隊に持ちこまれた。担当はもちろん四式戦を扱う空地両勤務者だ。

新美市郎大尉がトップのキ八四整備班のうち、この十九年の秋で飛行実験部の勤務が二年半の軍属・田中和一《わいち》工員は、なみの整備兵よりも確実にいい腕をもっていた。担当する四式戦の乗り手は辣腕《らつわん》の審査部部員・黒江少佐であることが、田中工員の実力の証左とも言えるだろう。

敗戦の日まで四式戦の機付を務め続けた彼は、二種の変則型を視認し記憶している。その一つが上向き砲装備機だった。「操縦席の真後ろから、太い筒が出ていた。見たのは一機だけです」

この機の飛行テストと射撃テストを担当したのが、ベテランの舟橋四郎少尉。「良すぎるほどの視力があって、静かな性格の操縦者」が田中さんの舟橋少尉評で、おちついた人間性は試作機のデータを追うのに適任だった。

「これ（上向き砲）で後下方から重爆を撃ち上げるんだ」と少尉が話しかけた。

ホ五20ミリ機関砲を45度の仰角で後部風防から出したキ八四。単座の斜め銃機は海軍で実戦に使ったが、これは四式戦丁の名のみで終わっている。

「いいではないですか。感じも勇ましいです」。田中工員が答えると、「バカ言うな。耳がつぶれるぞ」。射撃音の大きさに閉口したらしく、少尉は上向き砲の付加に好感を抱いていないようだった。

四式戦丁型の呼称が付いた上向き砲装備機は、二機試作で終わって、部隊配備には至らなかった。いちばんの要因が、聴力に悪影響を及ぼすほどの、耳元の連続射撃音にあったのではないか。同様のスタイルで二〇ミリ斜め銃を付けた、海軍の零戦夜戦（零夜戦と略称）と「彗星」夜戦は、制式兵器として実施（実戦）部隊へもたらされ、そこそこの実績を上げるのだが。

続いて十二月、田中工員はもう一機の奇妙な四式戦に目をとめる。天蓋（可動風防）と後部風防を除去して、操縦席の後ろにもう一席を設けた応急の複座型で、二〇六ページで少々ふれた。

四式戦の慣熟訓練部隊である第一錬成飛行隊を視察した、皇族参謀（第一航空軍）の朝香《あさかの》宮孚彦王《みやたかひこおう》少佐が、事故頻発《ひんぱつ》の対策に「複座の四式戦を作っては？」と提案。それが実現して、立川にあった教導航空整備師団でこちらも二機が改造され、初めの一機のテストを審査部戦闘隊が受けもった。

大上段にかまえて部員が審査する機材とは、種類が異なる。そこで舟橋少尉が担当を命じられたのではないか。このときハチヨン班のおもだった人員はテストで福生を留守にしていて、田中工員が複座機の整備をリードする立場だった。

飛行テストには二名が乗って、特性を見る必要がある。舟橋少尉から「同乗するか？」と問われて、田中工員が同意を即答したのは、四式戦で空へ上がってみたかったからだ。整備班で「ハチヨンのダブル」と呼ばれた改造複座機の、本来の操縦席に乗せられて離陸を味わう。

同乗飛行そのものは初めてではないし、飛行のスピード感が好きだった。福生上空を大きく旋回して、北東へ向かう。「茨城に来た。俺の実家へ降下するぞ」。後方席から伝声管で語りかける少尉の声がよく聴こえて、この点についてはテストに合格だ。前もって知らせてあったらしく、家の前で両親らしい二人が手を振っていた。

改造複座機は量産されなかったが、四式戦を使う二個錬成飛行隊へ一機ずつわたされた。〝ないよりマシ〟な面もある、と評価されたのだろう。

奥多摩・鳩の巣渓谷の清流を背に、キ六一整備班の面々による楽しき昼食準備をパチリ。中央、サングラスをかけたのが引率する上官・小島修一軍曹だ。

ひとときの余暇

整備隊の兵の内務班に、保護兵と呼ばれる者を二〇名ほど集めた班が一つあった。保護を要する兵員、つまり入営後に病気やケガをして、いまは治ってはいるが注意が必要な者を集めた班である。

といっても、病気経験者というだけのことで、力仕事もこなせる兵もいる。整備の実務が重荷な者には、武装班や電気班との連絡に用い、無茶はさせない配慮をした。

保護兵の班長を務めるのが、キ六一《ロクイチ》整備班の幹部の一人、小島修一軍曹。したがって、保護兵たちも三式戦の整備に関わっていた。

マリアナ諸島が奪取され、北九州には大陸奥地からB－29が空襲をかけてくる厳しい戦局なので、兵たちは外出の機会が滅多に訪れない。けれども、責任をとれる班長の下士官が引率するのなら、出かけるのは困難ではなかった。

そこで小島軍曹は引率役となり、歩調を取りつつ営門を出ていく。福生の町の映画館前で集合時間を決めて、あとは自由行動だ。これで息抜きし喜んでもらい、また任務に励んでくれれば結構と、軍曹はちょくちょく引率を買って出た。

　奥多摩の渓流地域はピクニックやキャンプに絶好だ。引率外出のデラックス版を企画した小島軍曹は、整備から炊事へまわった同期生に米を都合してもらい、班員を連れて鳩の巣渓谷へ出かけ、川辺での飯盒炊爨《すいさん》と山歩きで一日をすごした。娯楽など皆無に近い内務班生活なので、皆おおいに楽しんだのは言うまでもない。

　許される範囲内で部下に英気を養わせるのは、リーダーの資質しだいだ。集団で出かけるピクニックの例は、民間人が多い医務科にはあるが、軍人ばかりの整備隊内務班においてはほとんど見られなかったはずだ。

　航空審査部は官衙《かんが》（役所）で、庶務科や飛行機部の各科には女子職員も少なからずいる。彼女らは昼休みにボール遊びなどのレクリエーションに興じた。医務科の前にはバレーのコートがあって、看護婦と軍医、衛生兵がボールを打ち合った。

　しかし、こうした朗《ほが》らかな光景は、昭和十九年の晩秋を境に審査部から姿を消し始め、臨戦態勢のムードにおおわれていく。

　たとえば医務科では、十一月二十四日のB－29による東京初空襲ののちまもなく、医務室の周辺に蛸壺《たこつぼ》を作り出した。空き時間にそれぞれが、スコップで直径一メートルほどの自分用の竪穴を掘るのだ。看護婦だった大木（旧姓・村野）八千代さんは「空襲に備えた作業でしたが、一度も使ったことはありません」と当時を思い出す。

第二部

テストと邀撃と

〔昭和十九年十一月〜二十年八月〕

第五章　テスト：キ八三、キ一〇〇、キ一〇八、四式重爆、キ一〇九、八一四〇、㋚装置、アルコール燃料、雪橇
交戦：三式戦二型、四式戦（対B－29）

F－13に出くわす

昭和十九年（一九四四年）十一月一日の昼すぎ、林武臣准尉が操縦する一式戦闘機は単機で上昇を続けていた。

この一式戦には、高空で酸素を気化器に加給してエンジン出力を保てるように、液体酸素を入れた丸い魔法ビンが胴体内に積んであった。開発担当の中島飛行機ではこの酸素加給システムを㋚（マルサ）装置と呼び、前年の夏に同社でテストを実施したが、その後は放置されたかたちだった。

一年以上たって、再び㋚装置のテスト飛行を審査部飛行実験部で始めたのは、高空性能が優秀なB－29への対策だったと考えられる。高高度でエンジンがアップアップのとき、座席

右下のレバーを引いて酸素過給を加えると、一万メートルまで一気に上がれる威力を、林准尉も体験した。

一式戦の高度はいま六〇〇〇メートル。これから駆け昇る、薄い巻雲がかかった上空を見ると、きれいに間隔を狭めた四筋の飛行機雲が流れている。

「みごとな四機編隊だな。どこの戦闘機だろうか」と思ったのは数秒間で、たちまち四発機一機と分かり、ほぼ同時にB－29と認知できた。サイパンからの来襲は必至とされていたからだ。

「空中の飛行機、みな浮け、みな浮け。B－29発見」

無線で在空機に呼びかける。「みな浮け」は「追撃せよ」の隠語だ。機位は国立《くにたち》あたりの上空。東へ向かう敵機を追いかける。

実戦キャリア充分の准尉だが、残念ながら弾丸を積んでいない。しかし㋚装置のおかげで高高度性能は並みの一式戦よりずっといい。高度九〇〇〇メートルで右横三〇〇～四〇〇メートルにF－13を見る位置についた。

敵は無塗装の銀ピカだ。速度など飛行状況、外形のデータを取るのはお手のもの。ひとおりチェックののち離脱し、福生飛行場に帰ってきた。

ピストで神保進少佐、坂井菴少佐に報告すると、「赤鬼に神州を穢《けが》されるはずがない。人騒がせを言うと憲兵隊に突き出すぞ」と神保少佐が笑いながら冗談まじりで窘《たしな》めた。温厚な林准尉もこれにはカチンときて「これからは報告しません」と答え、帰り支度にかかった。

林准尉が目撃したのは、サイパン島イスリイ飛行場から初めて関東上空に飛来した、米第20航空軍直属の第3写真偵察飛行隊が持つＦ－13Ａだ。Ｂ－29改造のこの偵察機は、秋晴れの首都圏を高度九八〇〇メートルから撮影し続けた。准尉の一式戦が離れたあと、もう一機の審査部所属機がＦ－13に接近した。

開戦後の関東の空に初めて侵入した第3写真偵察飛行隊のＦ－13Ａ。ニックネームは「東京ローズ」。快晴だったから11月1日に撮った写真は絶好の資料でありつづけた。

ピスト建物の一階で寝ころぶ今村了技術大尉に、双眼鏡をのぞいていた兵が「四発（機）が見えます」と知らせた。双眼鏡を借りて確かめる。銀色の四発機に間違いない。「みなに知らせろ！」と命じて駆け出した。

飛行服を着たままで縛帯も付けているから、あとは落下傘を装備するだけ。飛行場の準備線の手前の方に、しばしば搭乗する三式戦二型が置いてあった。操縦席にとびこみ、すぐエンジンを始動させて、機付兵が車輪止めを払うや発進する。

南の八王子方向へ向けて上昇するうちに、富士山方向から東京へ向かうＦ－13を見つけた。

いったん西進し、もどってきたのだろう。その高度は一万メートル。上昇力がいい三式戦二型で同じ高度に到達した今村技術大尉は、対進攻撃（互いに向き合う、海軍でいう反航戦）をかけるべく接敵する。

距離一五〇〇メートルで、軸線を合わせようと機を傾けたとき、三式戦は失速におちいった。高高度での急機動が飛行能力の喪失に直結することぐらい分かっているが、興奮してつい捻《ひね》ってしまったのだ。

あっと思うまにくるくると二〇〇〇メートルほども落下。機を立て直し、上空を航過していく敵機を見送るしかなかった。

帰還し、ピストで報告する。神保少佐、坂井少佐のほか、黒江保彦少佐もいたらしい。神保少佐か黒江少佐（前者の可能性が大）かが「海軍の『連山』を落とさないで、よかったじゃないか」と言い、敵機来襲を信じないようすだった。最新鋭の試作四発陸攻を知っているのは、さすがに審査部部員ではあったが。

初侵入のF－13に、攻撃可能なところまで近づいたのは林機と今村機だけだ。「敵機、勝浦（千葉県）から侵入」の東部軍情報を受けて、おっとり刀で出動した第十飛行師団の各飛行戦隊も、厚木基地の第三〇二海軍航空隊も、はるかかなたに敵影を望んだだけで空しく引き返した。

この日を境に、審査部戦闘隊は実戦行動を開始する。半年前から東二号部隊の一戦力に組みこまれ、邀撃《ようげき》時における十飛師の指揮下編入が決まっていたからだ。他部隊にはない新鋭機に、とびきりの腕前の操縦者が乗って挑む、特異な空戦が始まろうとしていた。

B－29編隊、東京へ

十一月上旬の偵察機型F－13Aによる数度の高高度侵入ののち、首都圏に初の本格空襲がかけられたのは十一月二十四日。

午前十一時に小笠原諸島（父島か母島と思われる）の陸軍対空監視哨が、北上するB－29の大編隊を視認して、東京・竹橋の東部軍司令部に打電したのが第一報だった。ついで五分ほどのち、太平洋上にちりばめられた海軍監視艇からの電報が、横浜の第二十二戦隊司令部に送られてきた。

発見位置と敵編隊の針路から、東京が目標と判断した防衛総司令部は、隷下の第十飛行師団司令部に邀撃態勢への移行を下命。飛行師団長による当直戦隊出動命令が十一時十分に出され、ややたって八丈島南端部にある陸軍の警戒レーダーが、敵の反射波を受信した。

この時点でB－29の先頭編隊の位置は、直線距離で東京から五〇〇〇キロあまり。高度一万メートルまでの上昇に四〇～五〇分かかるから、待機空域にいたるまでの余裕時間はわずかだ。十一時三十分、十飛師の全部隊は全力出動を始める。

空襲警報発令は正午だった。

敵が目標上空に到達するコースを、レーダーおよび目視情報で推測し、途上に各部隊を配

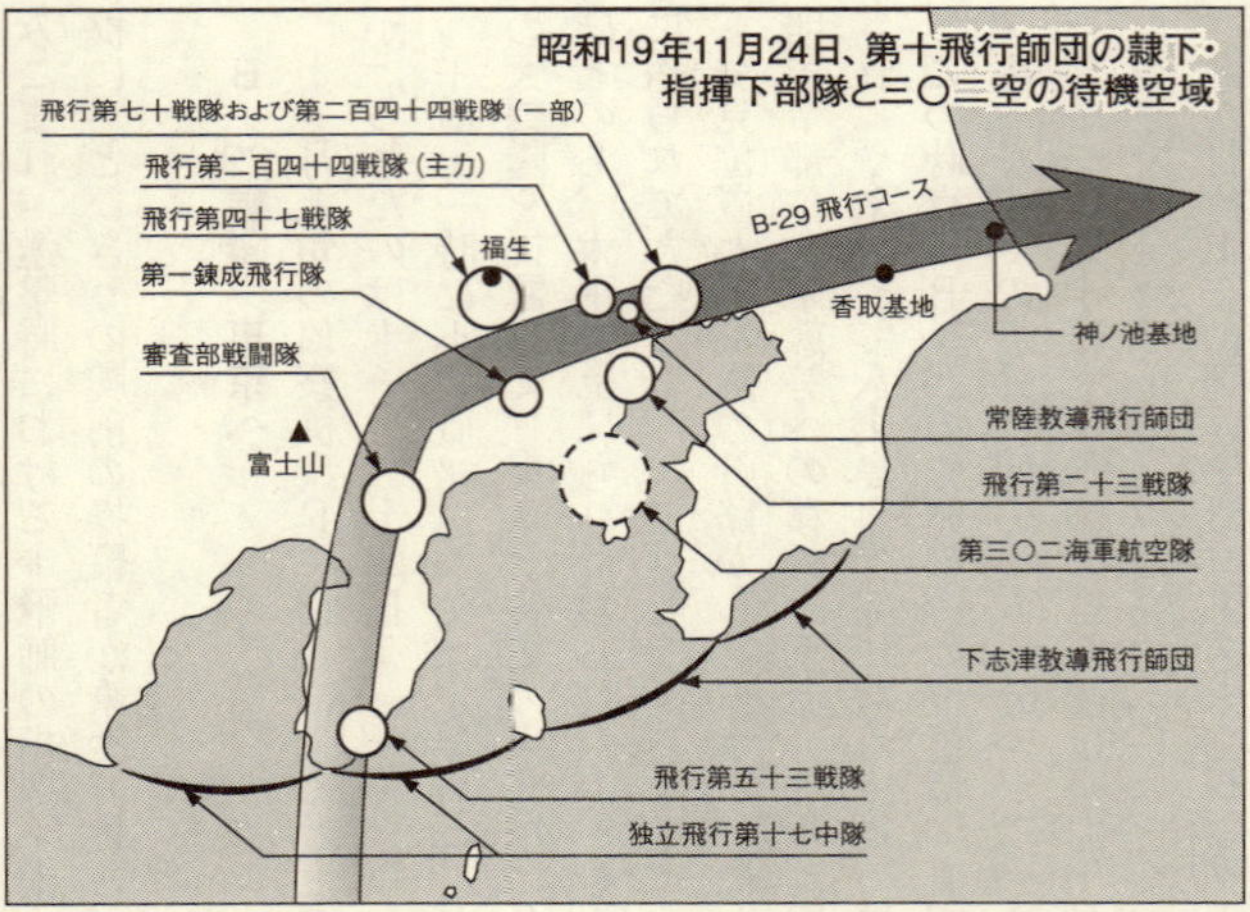

置して逐次攻撃を加えるのが十飛師の邀撃法だ。この日の待機空域は上図のとおりで、伊豆半島南端から東京上空までの四〇〇キロ強のコース上に九個部隊が展開し、ほかに一個隊が房総半島南岸から大島にかけての沿岸部を警戒。海軍の第三〇二航空隊も、横須賀軍港など重要施設が集まった三浦半島の上空を受けもった。

邀撃時に限って十飛師司令部の指揮下に入る東二号部隊のうち、同司令部で「福生《ふっさ》飛行隊」と呼ばれた、航空審査部・飛行実験部戦闘隊の待機空域は、富士山の東方、芦ノ湖の上空だった。もちろん、日本海まで見わたせるような高度九〇〇〇～一万メートルの高空で、芦ノ湖上空とか八王子上空と言っても大した意味はなく、あくまで目安的な地名だ。

当直戦隊に出動命令が下ったときには、航空審査部にもB－29来攻予想の情報が伝わっていた。

審査部戦闘隊には、ふつうの部隊のような画然とした隊内区分も、階級による編組《へんそ》（海軍でいう搭乗割）の序列もない。戦闘隊長・石川正少佐を筆頭に、先任の順序はちゃんと存在するが、紋切り型ではなく、組織の性質上それぞれが辣腕《らつわん》の一匹狼的立場なので、出動も「てんでに発進」という感じだった。

搭乗機は審査担当機材の場合が多い。神保少佐なら四式戦、坂井少佐だったら三式戦二型である。

十一月二十四日に出動した、とはっきり記憶しているのは二名だけ。どちらも生粋の戦闘機乗りではない。航技将校から操縦者への道に進んだ技術大尉の、熊谷彬さんと今村了さんだ。

二人の戦い

警戒警報から一五分後の全力出動命令を受けて、離陸した熊谷技術大尉の乗機はキ六一－Ⅱ改／三式戦二型。坂井少佐のもとで三式戦の性能テストを続けてきたから、戦闘隊の装備機のなかでは最もなじんだ機材だった。

全弾装備でも三式戦二型なら、高度七〇〇〇メートルまで一〇分以内で到達できる。これから初めての邀撃戦に向かうのだが、熊谷技術大尉の胸中は平常と変わらず落ち着いていた。七五〇〇メートルに達したときは東京の南西、川崎あたりの上空だ。

第73爆撃航空団・第497爆撃航空群のB－29からの一斉投弾。各機から227キロ汎用爆弾が十数発ずつ工場へ落ちていく。

さらに高度八〇〇〇メートルへ昇るべく、周囲を見張りながら大きく旋回。敵機はいまだ視野に入ってこない。

ふと首をひねったとき、技術大尉は後上方五〇〇メートルほどの距離に驚くべきものを見た。一個梯団《ていだん》、一二機のB－29が、堂々たる編隊を組んで飛んでいる。初陣の不なれな索敵のため、それまで視認できないでいたのだ。

驚きと、それを上まわる緊張が彼を襲った。初めて目《ま》のあたりにする敵影。頭上へのしかかるような白銀の巨鯨の編隊。だが、恐怖は感じなかった。

飛行方向は同じ。敵のほうが四〇〇メートルあまり高度が高い。フルスロットルでの上昇にかかったと同時に、手足にいきなり震えがきた。微妙な操作ができないほどの激しい武者震いだ。

幌筵島《ぱらむしるとう》・北ノ台飛行場の狭い除雪地帯に一式戦で着陸したとき。エンストのキ六一－Ⅱを川崎・明石工場の付属飛行場に降ろしたとき。そして今回が三度目の震えの経験だった。

震えが三式戦に波及したごとくに、エンジンの調子が落ちてきた。これまでの経験から、フルパワーは出せないとすぐ分かった。無理をすれば致命的故障につながりかねない。スロットルレバーをもどし、行き足が鈍った三式戦の頭上二〇〇〜三〇〇メートルを、B－29編隊が越えていく。

三式戦二型（キ六一－Ⅱ改）またはキ六一－Ⅱのかたわらに今村了、熊谷彬両技術大尉が立つ。空戦が本務ではないが、２人の技倆は実戦部隊でも使えるレベルだった。

三式戦が後下方の位置になったとき、B－29の銃塔がねらい撃ってきた。飛来する曳光弾を見た技術大尉は、震えが治まった手足で操縦して右へ旋回。弾流は左へそれ、被弾はなかった。

神経質なハ一四〇液冷エンジンの調子は、案の定しだいに悪化し、振動が出始めた。こんな状態には慣れているし、高度も充分にある。スロットルレバーをいっぱいまでもどし、最小出力状態になった乗機を福生飛行場へ近づけていった。

極度の緊張を緩《ゆる》める生理的手段が武者震い、と熊谷さんはのちになって理解する。

F－13初侵入の十一月一日の場合と同様に、今村技術大尉は今回も三式戦二型で離陸した。

彼の本来の審査担当はキ四五改／二式複戦だが、アルコール試験をはじめキ六一－Ⅱ／－Ⅱ改の飛行テストを手伝っていた。高高度邀撃用に、複戦よりも後者を選ぶのは当然だ。伊豆半島突端部に独立飛行第十七中隊の武装司偵、下田上空には飛行第五十三戦隊の二式複戦がいて、敵編隊を乱し手傷を負わせる算段なのだが、稀薄な空気と強烈な偏西風にはばまれて、成果をほとんど得られなかった。したがって、立川上空、高度九〇〇〇メートルに待ち受けた今村技術大尉が、前上方からの第一撃をB－29編隊にかけたとき、敵は無傷のまま。と言ってよかった。

四門の機関砲を斉射して、敵の側下方へ離脱した今村機は、そのまま高速気流に乗って東へ飛ぶ。投弾を終えて離脱する超重爆を、銚子で襲うためだ。

広大な太平洋を背にして、真正面に迫りくる敵編隊の曳光弾流に突っこんだ。操縦桿の発射ボタンに乗せた親指に力を入れかけたとき、機体に強い衝撃があった。直後、眼前が白一色に変わった。

「やられた！　痛くはないが、このままあの世行きか」

白い視野は死の世界へ入る瞬間の光景、と思った今村技術大尉は、身体がさかさまで回っている奇妙な感覚にもとらわれた。

実は、ラジエーターの正面から飛びこんだ敵弾のために蒸気が噴出し、操縦席の摂氏マイナス五〇度の低温に急に冷やされて、風防の内側を白く染めただけ。身体の感覚は、乗機が自転する錐《きり》もみ状態に入って降下しているため――と気づくのに時間はかからなかった。

視界はすぐに回復し、技術大尉は錐もみ脱出の舵を使って姿勢をもどす。冷却水は漏れきってしまい、プロペラ軸は焼き付いて止まっていた。

さいわい高度は非常に高い。洋上、高空からは地図のように見える鹿島灘へ機首を向け、偏西風に逆《さから》って西進、下降。鹿島港のすぐ南の神ノ池《こういけ》海軍基地を眼下に見たとき、高度三〇〇メートルを滑空していた。

神ノ池航空隊の零戦（一二日後に谷田部空へ移動）を含め、海軍の戦闘機が邀撃後に降りたらしく、飛行場に散在する。三式戦を滑走路に降ろして塞《ふさ》いでしまっては、陸軍の面目が立たない。

「よし、誘導路に降りよう」。即座に決意して機を持っていき、路面に主車輪からつける陸軍流の接線着陸に移った。この接地位置と機速が絶妙で、惰性で誘導路を走行した三式戦は、格納庫の二〇メートル手前、理想的な位置で停止。「神が乗り移ったように」と今村さんは形容する。

たくみな降着は海軍の搭乗員たちに賞賛され、審査部の食事にくらべて格段に立派なごちそうを出してもらった。陸軍の空中勤務者の食事内容は、原則的に将校も下士官も同じだが、海軍はイギリス流に画然と区別する決まりだったのだ。

超重爆と速度を競う

機関砲も防弾装備も取りはずした軽量化機による、空対空特攻隊まで使って、十飛師があげた合計戦果は撃墜五機と撃破八機。このうち審査部戦闘隊の報じた数は判然としない。

初空襲のB－29群には反復攻撃を加えて大量撃墜し、敵の戦意をくじく十飛師の方針は、画餅《がべい》に帰した。実際の米第20航空軍の損害は喪失二機、被弾一一機と、さらに低かった。

本格的な高高度戦闘機もなく、確固たる対策を立てられないなかで、師団長・吉田喜八郎少将はみずから実用に踏み切った軽量化特攻機を、各戦隊四機から八機へと倍増した。もちろん、臨時戦力の審査部には空対空特攻の命令は出されなかった。

二度目の東京昼間爆撃は十二月三日。午後二時半に相模湾上空からの侵入が始まったこの空襲への邀撃を、はっきり回想できる審査部戦闘隊の生存空中勤務者は、熊谷さんだけのようだ。

九十九里浜沖四〇キロ、高度九〇〇〇メートル。熊谷技術大尉は三式戦二型の風防ごしに、中島飛行機・武蔵製作所を爆撃し終えたB－29が、洋上へ離脱してくるのを認めた。先頭に一機、一〇〇〇メートルほど離れて三機、さらに後方に一機の五機グループだ。

攻撃のための機動に移る前に、彼の〝職業意識〟が頭をもたげた。ゆるく大きく旋回して機首を東に向け、先頭のB－29の側方にならんだ。敵弾を浴びないよう、一〇〇〇メートルの間隔をおく。三式戦二型とB－29の速度比較を試みるつもりだ。

スロットルを開いて最高速まで持っていった。敵は爆弾倉がカラで身軽だし、ターボ過給を効かしているから、図体のわりに速く、かんたんには追い抜けない。ジリ、ジリという感

12月3日の午後3時すぎ、編隊から遅れた単機のB－29を380メートル離れて追尾する日本戦闘機。この距離では敵の尾部銃の射弾を受けかねない。

じで三式戦がB－29の前に出た。高高度での速度差は一〇キロ／時ぐらい、と技術大尉は判定した。

次は攻撃だ。最後尾の敵機とは二〇〇〇メートルほどの距離があるから、向き合って対進攻撃をかけられる。熊谷機が右旋回を終え、銚子方向に機首を向けたとき、最後尾機の射弾が主翼下面の中央部に当たった。

角度が浅いため、外板にめりこまず跳弾をなして、ラジエーターの左部分に突入。滑油冷却器と水冷却器の両方をつらぬいた。操縦席の床に流れ出た水はたちまち氷塊に変わり、十一月二十四日の今村機の場合と同じく、風防内側が瞬時に白く曇って視界を奪われた。

滑油と冷却液が抜けてプロペラが止まるまでに、余力で突進して二〇ミリと一二・七ミリの一連射を加えて降下する。あとは滑空だ。二七〇キロ／時の機速を速度計が示すが、偏西風が

第497爆撃航空群のB－29が洋上へ出る前に、茨城県板橋村付近に撃墜された。焼けのこった巨大な垂直尾翼を調査中。

逆風になって西進が容易ではない。

四〇〇〇メートルまで高度が下がると、偏西風の影響がなくなり、沿岸へ順調に接近する。千葉県北東部の八日市場飛行場と、その北西にある香取海軍基地のどちらに降りるかを考え、狭い草地の八日市場をやめて香取基地へ。

高度四〇〇〇メートルから場周旋回にかかる。滑走路に着陸し、誘導路に入れたところで機が停止した。

地上に降り立った熊谷技術大尉は、機首下面の冷却水排出口から出た水（水冷却器の破壊で移送に不具合を生じてあふれた）が凍って急角度でツララ状を成しているのに目を見張り、主翼の下面中央部に命中弾の凹みが二つあるのを見つけた。ここで跳ねてラジエーターに当たったのだ。

彼と今村技術大尉の不時着要因は、ほぼ同一だ。腹の下に突き出たラジエーターは、正面から敵弾が来る対爆撃機戦における三式戦の、意外なウィークポイントと言うべきか。

指揮所（陸軍のピストに類似）で不時着を報告し、福生への連絡を頼んでからまた飛行場に出てみると、香取基地の隊員にとっては珍しいが、熊谷技術大尉には見なれた四式戦が、煙を引いて降りてきた。わずかに火まで混じっている被弾機なのに、あざやかに着陸する。

操縦席から出てきたのは、なんと同じ審査部戦闘隊の田宮勝海准尉。「こんなところで」と二人は〝奇遇〟に驚きあった。

熊谷氏に「神様のように操縦がうまい」と回想させる田宮准尉は、この日の邀撃戦で単機で二機を落としていた。被弾はその証《あか》しなのだ。だが、功を誇らない准尉は、技術大尉に戦果を得々と述べたりはしなかった。

三週間あまりのちに、飛行実験部長・瀬戸克己大佐によって読まれる弔辞のなかに書かれているのだから、完全な公認撃墜である。

このとき田宮准尉不時着の報は審査部に届いたが、先に頼んだ熊谷技術大尉については伝わっていなかった。九九式軍偵で田宮准尉を迎えにきた操縦者が「熊谷さん、生きていたんですか！」とびっくりし、福生に帰っても皆がまじまじと見つめた。未帰還で連絡がないため、戦死とみなされていたからだ。

性能限界の空で

熊谷、今村両技術大尉はこのころ、水準を超える技倆に達していたが、もともとは航技将校であり、生粋の戦闘機操縦者とは基盤が異なる。

戦闘隊の操縦者の主体をなすベテランたちは、高高度邀撃をどう戦ったのか。その一例を竹澤俊郎少尉（十二月に特別進級）の戦闘法に見てみよう。

竹澤少尉は三式戦審査担当の一人なので、当然二型を主用した。機材ごとに癖があるから乗機はおおむね固有機で、いい飛行機だったという。

上昇力を稼ぐため、落下タンクを付けずに発進。出力全開で高度一万メートルに達するのにおおよそ三〇分かかり、戦闘を含めて四〇～五〇分の在空が可能だ。高度を取りつつ富士山上空へ飛び、ここで第一撃をかける。

来襲するB－29を遠方から見ると、こちらが高位なのだが、正面から接敵し射距離に入るころには、敵の方が高位を占めてしまっている。間合を詰めるあいだに、直線飛行のはずの三式戦が少しずつ降下するからだ。亜成層圏の薄い空気のせいである。

同高度の対進攻撃のはずが、前下方攻撃で挑まざるを得ない。防御火網の中に突入し、斉射をかけて離脱する。このとき、プロペラ・トルクの反作用により反応が早い左方向へ離脱するのだが、山形《やまなり》の航跡を描くため、前上方攻撃に比べて敵にねらわれている時間が長く、強い精神的苦痛をともなった。

第二撃は東京上空。高度一万メートルだと旋回も容易ではなく、翼を傾けただけでも一〇〇メートルは下がる。一八〇度旋回を三度に分けて操舵するほどの慎重さが必要だった。

このあと第三撃をやるなら鹿島灘上空が限界空域だ。しかし戦闘にかまけて、はるか遠方へ流される恐れがあるので、これはやめて富士山上空へもどるようにしていた。いかに竹澤少尉が腕達者でも、実用上昇限度に近い空域では乗機が意のままにならない。

被弾か故障なのか、B−29の梯団から1機が後落した。このあと高度がしだいに下がって、追いすがる日本戦闘機に捕捉、攻撃されるのは明白だ。

B−29の乗員が高高度飛行に耐えられるのは、与圧気密室のおかげだ。乗員室を与圧しているエンジンを痛めつければ、高高度飛行を維持できなくなり、下降するから、攻撃を加えやすい。

与圧用エンジン破壊案は坂井少佐が出したようだ。試行のすえ、北九州での捕獲マニュアルを調べ、与圧もとの動力は右翼内側エンジン、と分かったという。

これは五〇パーセントの正解で、両翼の内側エンジンのターボ過給機が作る加圧空気の一部を用いて、与圧が施される。高度三万フィート（九一四〇メートル）なら八〇〇〇フィート（二四四〇メートル）、四万フィート（一万二〇〇〇メートル）なら一万二〇〇〇フィート（三六六〇メートル）の状態に保たれるから、高度一万メートルで侵入してくるB−29の乗員にとっては、二八〇〇メートルあたりを飛んでいる感じだ。酸素マスクはまず必要ない。

一見、名案に思える坂井少佐のアイデアは、結局は実行されなかった。火ぶすまをくぐって命がけの攻撃をかけるさいに、第二撃以降を加える他機のために内側エンジンをねらう（高度を下げさせる）方法など、いちいち考えていられないからだ。

「まず自分が落とさねば、の気持ちで立ち向かう。狙うのはコクピット。射弾が流れて、右翼右側エンジンに当たったことはあるだろうが、与圧力を封じた確証はありません」と竹澤さんは率直に語る。

来襲のつど上がったB－29邀撃戦で、彼は単独撃墜を報告したことはない。煙を吐かせると、追いかけずに次の敵をめざす戦法をとっていた。

冬のあいだは電熱服を着用した。航空被服の研究は第七航空技術研究所（七研と略称）の担当で、その実用審査も審査部飛行実験部の役目なのだ。

電熱服の原理は電気毛布と同じだが、中の抵抗線の品質が現在のものよりずっと劣り、折損などによる異常発熱が少なくなかった。竹澤少尉も煙と異臭でこれに気づき、急いで降下、帰還したが、腹部に火傷《やけど》を負ったことがあった。

義兄弟の准尉たち

竹澤少尉と操縦学生で同期（五十八期）、技倆も同様に優れていたのが光本悦治准尉だ。緒福生で編成された試作キ四四の実用実験部隊、独立飛行第四十七中隊の一員に選ばれ、緒戦時にマレー、ビルマを転戦。昭和十七年二月下旬、ラングーン上空でのP－40との空戦で足と背中を負傷したが、短期間の入院で復帰し、中隊の内地帰還まで戦い続けた。十一月から翌十八年五月までの明野飛行学校付を終え、ふたたび福生に呼ばれて審査部での勤務を始めた。

以後二年三ヵ月を戦闘隊ですごす光本准尉への評価は、すこぶる高い。「大人《たいじん》の風格」「落ち着いていて穏やか」という上下、同僚からの人物評は、田宮准尉とあい通じる感がある。敏腕、性格のほか、身長（一七八センチと一七二センチ）、年齢（三ヵ月違い）も似かよった光本、田宮両准尉は、さらに夫人が姉妹という義兄弟だった。

昭和十八年に服飾の専門学校を繰り上げ卒業した加島清子さんは、姉で田宮夫人の貞子さんと立川の田宮家で暮らしていた。当然、竹澤准尉や梅川亮三郎中尉ら戦闘隊の操縦者が訪れる。光本准尉もそのなかの一人だった。

清子さんは審査部の飛行機部プロペラ課に勤務できた。田宮夫人の実妹だから身元は確実だが、このとき保証人になってくれたのが光本准尉である。

腕に覚えの製図作業に従事する清子さんに、義兄の田宮准尉が「いい人だから」と光本准尉を結婚相手に勧めた。光本准尉が見初《みそ》め、田宮准尉に伝えたからで、貞子さんもこの話に賛成だった。実家では「二人も〔危険な〕戦闘機乗りの嫁になるとは」と躊躇《ちゅうちょ》の気配もあったが、光本家が堅実で、なにより准尉の人物が立派なため、支障なく話が進んだ。

「主人と義兄《あに》は、おたがいに敬意を抱いているように思えました」と清子さんは話す。その二人が、昭和十八年の秋ごろか田宮家の座敷で、一度だけ真剣に討論したことがあった。

問題は装備する銃砲についてだ。機関砲は、重いけれど大口径のものと、中口径で軽いものと、どちらがベターなのか。清子さんの記憶では光本准尉が前者、田宮准尉が後者を推していたようで、おそらく二〇ミリ少数装備と一二・七ミリ多数装備の長所を主張し合ったのだろう。光本准尉は「上空から降下したらスピードが出るから」と、一撃離脱を力説したらしい。彼のキ四四での実戦体験と、田宮准尉の九五戦による日華事変の空戦が、論陣のバックボーンを形成していたのだろうか。

秀でた操縦技倆と頭脳の持ち主同士が、それぞれの信じる戦闘法を述べ合えば、結論はまず出ない。言葉に熱がこもり、ついにはどちらも黙ってしまった。

食事の支度で座敷に出入りしていた清子さんは、討論がひどくならなければいいけれど、と案じた。けれども準備が整って四人がそろったときには、姉妹を心配させないよう両准尉は笑顔を見せ、楽しげな雰囲気にもどしていた。

光本・加島両家の結婚式は昭和十九年十月に挙げられた。関東の空にF－13が姿を現わす直前である。熱海への旅行を終えた清子さんにとって、これからの楽しみの一つが田宮家との家族同士の行き来だった。

審査部の斡旋《あっせん》で、光本夫妻は飛行場の近くに家を借りた。希望どおり、光本家と田宮家は足しげく通い合い、充実した時間を共有した。だが、それは長く続かず、二ヵ月たらずで大きな異変が生じる。

「秋水」班予定メンバー

防空戦闘に関する教育と研究を目的に設置された、水戸の明野飛行学校分校は、昭和十九年六月に常陸《ひたち》教導飛行師団と改編・改称され独立。戦況の逼迫《ひっぱく》にともない、師団内で特攻隊を編成したほか、審査部飛行実験部戦闘隊と同様に東二号部隊に組みこまれ、教官・助教たちが常陸飛行隊の名で邀撃に加わる措置がとられた。

明野分校／常陸教飛師で夜戦研究班の幹部だった有滝孝之助大尉は、五十三期士官候補生の出身。九七戦装備の独立飛行第八十四中隊付として広東およびハノイで一年半ほど勤務ののち、開戦直前に明野飛行学校へ転出し、ついで水戸の分校に移った。

同様に明野飛校から改編・改称された明野教導飛行師団と、分校すなわち常陸教飛師は、機器材の実用実験が主任務の一つだから、審査部で性能テストを終えた新兵器がまわってくる。有滝中尉／大尉も一式戦、二式戦、二式複戦、三式戦に搭乗し、上向き砲や新しい計測器類のテストを実施した。

夜戦の研究を請けおっている以上、主な乗機が二式複戦になるのは仕方がない。単発戦に比べ図体が大きく、機動も緩慢で、彼にとって「見るのもいや」な複戦と、ようやく別れられる日がやってきた。十九年十一月二十五日付の、審査部への転属である。

有滝大尉とともに常陸教飛師から転出したのは、林安仁《やすひと》中尉、篠原修三中尉、坂本力郎少尉、岩沢三郎曹長、栗原正軍曹の五名。彼らは十二月上旬に福生飛行場にやってきた。有滝大尉に審査部部員、林中尉らに審査部付の発令がなされた時点で、すでに担当機材が決まっていた。

それはロケット邀撃機「秋水」。七月にドイツから潜水艦でもたらされたメッサーシュミットMe163B「コメート」の技術資料をベースに、ただちに国産化が決定、陸海軍と三菱重工の協同製作が始まった。陸軍略号キ二〇〇、海軍記号J8Mを与えられた、陸海軍共用兵器だった。

参謀本部、軍令部の両首脳陣は、この小さな無尾翼機に過度の期待をかけていた。既存の新鋭戦闘機でも三〇〜四〇分かかる高度一万メートルへ、たった三分半で到達できる、驚異的なMe163の上昇力にすがり、B-29撃滅を夢見たのだ。操縦者の育成、機体とエンジンの生産、燃料の確保など、山積する難問を正視しようとせずに。

「秋水」は行動空域が限定された局地戦闘機の一種だが、扱うのは飛行実験部戦闘隊ではなく、十月中旬に新たに設けられた特兵部の役目だ。発動機部長・絵野沢精一少将がトップを兼務する特兵部は、ほかにロケット誘導弾イ号一型(四式重爆に積む一型甲が三菱製、九九双軽に積む一型乙が川崎製)、ジェット戦闘機キ二〇一(「火龍」。メッサーシュミットMe262がベース)の審査、原子爆弾用のウラン鉱石の調査などを担当する、いわば審査部の〝一発大逆転兵器〟担当部門である。「特兵」とは特殊兵器の略語のようだ。

戦闘機とは異なる組織に属していても、また動力や用法が異質だろうと、「秋水」が戦闘機である以上、その審査と担当者たちの行動を記述しておかねばならない。

「秋水班」を構成すべく着任した有滝大尉らだったが、もちろん実機はできておらず、訓練用のグライダーもない。そこで大尉は、連れてきた航士出の中尉、少尉たちに単機戦闘を教えるかたわら、坂井少佐のロクイチ班に臨時に加わって、キ六一-Ⅱ改で飛び始めた。

アルコール燃料を入れた三式戦二型に乗って、茨城県の百里原《ひゃくりがはら》海軍航空隊へ連絡に出向いた。その帰途、エンジン故障のため霞ヶ浦北部の松林に不時着。頭部に軽傷を負っただけで、百里空で手当てを受けて一泊し、翌日に海軍の艦爆か艦攻かで福生へ送ってもらった。

このときの海軍の食事の豪華さが有滝大尉を驚かせた。火のついたアイスクリーム（ブランデーが燃える。現在も食べさせる店がある）まで出たというから、百里空司令部が特別にはからったに違いない。

歩兵の指揮官から整備中隊長に

有滝大尉たちが着任したころ、審査部の整備の命令系統に変化が起きつつあった。井上来三少佐／中佐がトップの整備隊は、戦闘、偵察、爆撃、攻撃、特殊の各隊を担当する整備班に分かれ、整備作業の指示は、各隊の隊長あるいは該当機の審査主任から班長に出されていた。

テストの機器材が少ないときは、この方式でかまわないが、数と種類が増えてくれば、整備隊長と各班長とのあいだにワンクッション欲しくなる。以前に木佐木大尉が務めた中隊長職は便宜上の呼称で、ちゃんとした職制に則《のっと》ったものではなかった。

昭和十九年の十二月に入って整備隊の命令系統が整う原因になったのが、一日付で発令された伊藤忠夫少佐の審査部転属である。

陸士五十一期出身の伊藤少佐は歩兵からの転科だ。中尉だった昭和十五年八月、山東省鉅《きょ》野《や》県の部落城壁をめぐる八路軍との戦闘で、左大腿骨に敵弾を受け、以後一年三ヵ月のあいだ病院を転々とした。このあと伊豆の療養所に五ヵ月。砕けた骨は固まって整形もすみ、外傷も癒《い》えたが、駆け足はできない身体になっていた。走れなくては、歩兵の指揮官は務まらない。

子供のころから飛行機が好きだった。航空の地上勤務なら、と希望して容れられ転科。初めの四ヵ月は所沢航空整備学校の教育隊付として、少年飛行兵（技術生徒）に地上戦闘法を教えるかたわら、機体、エンジンの伝習教育のさいには受講に加わって、内容を覚えてしまった。

十八年三月末、第八期乙種学生として立川航空技術学校へ。八乙《はちおつ》の主体は五十四期出身者なので、伊藤大尉は学生長に指名され、理数系の学科から航空力学、航空工学、エンジン、電気、材料学などを年末まで学ぶ。

続いて立川航空整備学校で実機を相手に三ヵ月、構造の勉強だ。同じ「立川」の地名を冠した学校でも、こちらの所在地は福生で、審査部の敷地に隣接することはすでに何度か述べてきた。キ四九／百式重爆とハ一〇九エンジンを対象機材に選んで構造と整備対策を把握しながら、整備隊の指揮官としての運用法を身に付けるのが目的だ。

八乙の卒業は十九年三月。航空総監賞を受け、恩賜の銀時計を手にした伊藤大尉は、高等科学生を命じられ、機体専攻に決まった。数学のレベルはひときわ高度で、ドイツ語を理解できなければ講義をこなせない。乙学高等科の水準がいかに高いかは、第三章に記したとおりだ。

「歩兵にはもどれないから背水の陣。勉強をするのが任務だと考えましたが、新しいことを習うのは楽しかった」と伊藤さんは思い出す。

六乙から高等科へ進んだ名取智男中尉が、二六〇〇馬力の空冷エンジンの設計を卒業論文にしたように、伊藤大尉／少佐（八月に進級）は重戦の設計図を引いた。

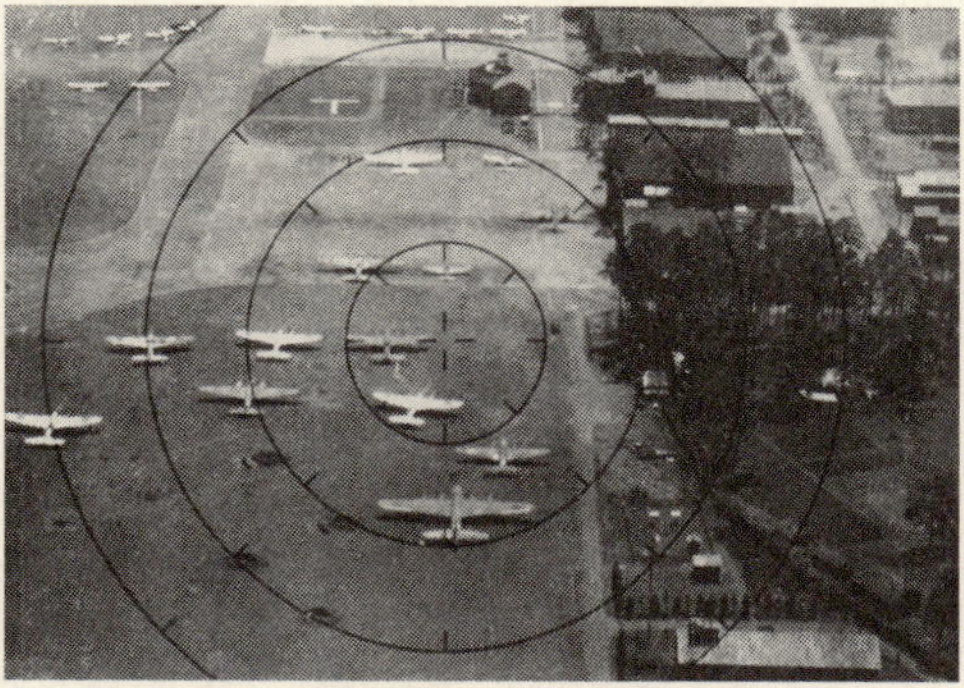

福生飛行場を上空から撮影した。遠方は戦闘機の準備線で、手前に四式重、百重、九七重、それにB－17E(右下)の多発機が駐機する。右の建物は上から戦闘隊格納庫、本部(左はピスト)、偵察隊格納庫、爆撃隊格納庫。

航空技術学校は十月十日付で廃止される。それから五〇日ほどのち航空審査部付の辞令をもらい（まもなく審査部部員に変更）、福生に来て井上中佐に着任を申告。豪放な中佐は彼に第一中隊長を命じ、「戦闘機関係をまとめて面倒をみてくれ」と言う。機種に好き嫌いはないから問題なく決まり、そのほかの機種の各整備班は第二中隊長の中富《なかとみ》幹夫大尉の下に置かれた。

これで整備隊長—中隊長—整備班長—整備将校という、ちゃんとした命令系統ができ、敗戦まで継続される。

伊藤少佐は戦闘隊の整備がスムーズにはかど

るよう、運用面の向上に努力し、個々の機材については直接の担当者に任せた。そのせいか「中隊長は飛行機をあまり知らない」との風評が流れたらしいが、実際の知識はずいぶん深かったのだ。

整備第二中隊長と爆撃隊

戦闘隊以外、すなわち爆撃隊（重爆）、攻撃隊（軽爆、襲撃機）、偵察隊（偵察機、連絡機）、特殊隊（輸送機、練習機、グライダーなど）の四個隊の整備を統轄する、整備第二中隊長を務めた航士五十三期出身の中富大尉。

一中隊長が戦闘隊だけなのに、二中隊長が四個隊を請けおうのはアンバランスに思える。けれども戦闘機が最重点機種に選ばれた昭和十八年の夏以降、戦闘機対その他の全機種の試作の割合は、むしろ前者のほうが多いまでに偏重が進んでいたのだ。その主因は述べるまでもなく、航空戦の劣勢にあった。

第六期乙種学生、略して六乙《ろくおつ》の高等科（機体）を十八年十二月に終え、翌十九年早々に審査部勤務を始めたとき、中富大尉は井上整備隊長から中隊長に任命された。六乙へ進む前は重爆部隊の飛行第五十八戦隊付だったため、審査部爆撃隊の整備班長をも命じられ、実質的にはこちらが本職と言えた。

「整備兵（軍属を除く）は各隊合計で六五〇名ほどいたと覚えています。私が兼務した『中隊長』は職制上、正式なものだったかどうかは分からないが、全整備兵の食事や衣料関係を

優秀機の呼び声が高かったキ六七は四式重爆撃機として制式採用され、特攻機をふくむ派生型、長距離型も各種が作られた。敗戦後、福生周辺に残された四式重の前に立つのは進駐した米兵。特徴の一つ、右カウリング内の強制冷却ファンが明瞭だ。機首の向こうに破損したキ一一五が見える。

取りまとめ、全員整列時の号令をかけたりしました」

一年近くのち、伊藤少佐の転入により、中隊長は二名に増えたわけである。

爆撃隊整備班長としての中富大尉が、技術面の審査を担当したのはキ六七／四式重爆のシリーズだった。本書の主目的は戦闘隊の記録にあるが、中富さんの回想を借りて、爆撃隊の内側をかいま見てみよう。

キ六七は日本製重爆としてはよくできた機で、審査上、操舵面でも機構面でも難点があまり出なかった。審査主任の爆撃隊長・酒本英夫少佐もゴキゲンで、大塚龍明大尉を補佐にして性能チェックを進め、中富大尉は飛行試験の合間をみて部隊に配るための取り扱い説明書を執筆した。

設計・製造元の三菱から来た説明書は、技術関係者専用の無味乾燥的な代物だ。分かりにくい部分は技師や技手《ぎて》に説明させ、実戦部隊の整備兵たちが読んで理解しやすいように具体的に書きつづった。

戦闘隊でさかんに測定されたアルコール燃料試験も実施。九七重爆、百式重爆「呑龍《どんりゅう》」、四式重爆「飛龍」の三種が用いられ、九七重では墜落事故が発生した。重爆の場合、戦闘機とは異なってアルコール一〇〇パーセントでは無理だが、五〇パーセント混入なら実用に耐えうる結果が出た。

三種の重爆がアルコール燃料で一時間ずつ飛んだあとで、中富大尉は燃料担当者（航空燃料関係は第六航空技術研究所の受けもち）に「芋はどのくらい要るのか」とたずねた。「使った分を作るのに三～四反（約三〇～四〇アール）の芋が必要です」の答えを聞いて、「この戦争は難しいぞ」と痛感した。敵に大打撃を与える前に、国民の胃袋がカラになってしまうに違いない。

雷撃装備を施した四式重のテストは、昭和十九年四月から追浜《おっぱま》基地の横須賀航空隊で進められ、「三〇〇ノット（五五六キロ／時）出るんだな」と海軍搭乗員を感心させた。正操縦者席には主に大塚大尉が座り、中富大尉は機首の中から、めだつよう緑に着色された雷跡を追う。

だが、機速が五〇〇キロ／時を超えると、九一式航空魚雷が海面で跳ねたり、反対に深く潜りこんだりで、不首尾が続いた。そこで、魚雷を一度五〇分下向きに装着し投下したところ、七月の投下テストで好結果を得、四式重の雷装法が決定した。

空中大砲キ一〇九

キ六七の派生型、八八式七センチ（実口径七・五センチ）野戦高射砲を機首に取り付けたキ一〇九は、「特殊防空戦闘機」の名前どおり、いくらか戦闘隊と関係がある。B－29の防御火網の圏外から高初速の高射砲弾を放って、一撃のもとに撃墜するアイディアは酒本少佐が出した。昭和十八年十一月のことで、半年後に四式重改造の試作一号機が完成。八月三十日の初飛行ののち、水戸飛行場へ運ばれ射撃テストに入った。

キ一〇九試作機の操縦回数は酒本少佐が最多で、二～三名の准尉がときおり交代した。少佐の想定した射距離は一五〇〇～二〇〇〇メートル。初速七二〇メートル／秒の射弾の修正量を検出のため、浜名湖で目標機を飛ばして、ガンカメラ式に一六ミリのムービーを撮った。第一部第三章で述べた、満州でのタ弾投下テストと同じ要領だ。

「問題は照準。ついに最後までうまくいかなかった」と酒本氏は戦後に述懐している。しかし、目標が地上に置かれた物体だと、射弾の優れた直進性ゆえに、照準器でねらったままの無修正で命中する。

「おい中富、今日は日の丸に当たったぞ」と少佐が喜んだこともあった。地上の目標機に対し、主翼の日の丸に的をしぼった結果だった。

昭和二十年二月には試作二号機に、ル三排気タービン過給機を装着した。いかにも手作り的な改修だったが、メーカーの日立の技術者が懸命に取り組んで充分な駆動状態を保った。

キ六七の機首を変えて75ミリ高射砲を積んだのが特殊防空戦闘機のキ一〇九。酒本英夫少佐、黒江保彦少佐の名人芸なら、命中弾を得られたのだが。

四式重に比べて軽量で、燃料の減りも少なくてすむキ一〇九の上昇限度は、ターボ過給によって高まり、中富大尉の数多い同乗飛行のうちで最高の一万三〇〇〇メートルを記録した。

高高度での弾丸《たま》ごめ役を彼が務めたときには、酸素が薄くて力が入らず、七五ミリ弾がなかなか持ち上がらなかったという。

酒本氏の記憶では、キ一〇九がB−29邀撃に上がったのは三回。

一回目は彼の操縦で福生上空、高度一万メートルに待機し、三〇〜四〇機のB−29集団を捕捉した。一〇〇〇メートル下方の五機編隊を目標に定めて緩降下で接敵、同高度まで下がったとき後方から射撃を始めた。高射信管は時計式と瞬発式の併用だから、一五〇〇メートル飛んで爆発する。初弾は後方へはずれ、続けて一〇発ほど放ったが有効弾を得られなかった。

B−29のほうが優速なので、追撃しても引き離されてしまう。そこで次の出動では大塚大尉が前方から攻撃をかけた。だが効果はなく、逆に左翼に被弾して帰還。三回目は靄《もや》で視界不良のなか、酒本少佐が一撃を加えたけれども成果は不明に終わった。

二〇機作られた生産型は防空戦闘に加わっていないようで、B－29に立ち向かったキ一〇九は審査部の試作機だけと思われる。自機より高空性能のいい相手を襲うのがそもそも無理な話で、「あまり効果がなかった。もう少し性能があれば」という酒本氏の回想が結論と言えよう。

前述の対地射撃テストでの好成績と、敗戦一ヵ月前に戦闘隊の黒江保彦少佐が海上の船に四発全弾を当てたことを考えれば、襲撃機に用いるのが得策と思える。しかしそれも、航空優勢を保ち、制空権を確立できた上での話なのは言うまでもない。

重傷で落下傘降下

「敵大型機二機、北進中」

小笠原諸島・聟島《むこじま》の対空監視哨からの報告が、東京・竹橋の東部軍司令部にもたらされたのは、昭和十九年十二月十三日の午前十時二十分。二時間あまりのちには八丈島の対空警戒レーダー・電波警戒機乙に感応したため、午後零時四十分以降、第十飛行師団の各部隊は出動を開始する。

邀撃時には十飛師の指揮下に入る審査部戦闘隊も、一機また一機と福生飛行場から離陸を始めた。たいていは三式戦二型（試作キ六一−Ⅱも）か四式戦だ。テストの必要がないかぎり、速度と機動力の劣る双発戦には誰も乗りたがらない。キ四五改、キ九六、キ一〇二など双発戦を担当する岩倉具邦少佐も林准尉も、もちろん単発機で上がろうとした。しかし、あいにく彼らがすぐ搭乗しうるのは一式戦が一機だけ。操縦容易な一式戦を好む岩倉少佐がこれに乗りこんでしまったため、林准尉は仕方なく、試運転中の三式戦二型に目を向けた。

少飛の先輩、三式戦整備のエキスパートである坂井雅夫少尉の返事は「ちょっと悪いようだが、だいじょうぶだろう」。

地上の試運転はオーケーでも、空中でトラブルを生じるケースは少なくない。ハ一四〇はとりわけその可能性が高い傾向を、坂井少尉はもとより、林准尉もよく知っていた。無論なにも起こらないかも知れない。戦意旺盛な准尉はこちらに賭けて、三式戦にとび乗るとすぐに滑走に移る。

運の針はマイナスへ振れた。高度が三〇〇〇メートルに達した多摩川上空で、過給機が焼き付いてしまった。ハ一四〇の典型的な故障の一つである。プロペラがいきなり止まり、林准尉がスイッチを切ろうとしたとき、機首部から火を噴いた。

すぐに落下傘降下を決意。失速しないように機首を下げ、風防を開けて右側へ出た。ところが、落下傘バッグが風防に引っかかってはずれない。胴体を二回蹴ってやっと離れた直後、両眼に火花が散った。降下する機の尾翼にぶつかったのだ。

准尉の苦闘を、近くで視認した操縦者がいた。林機に続いて三式戦二型で離陸した竹澤俊郎少尉だ。僚機を一機つれ、数百メートルの距離をとったまま八王子上空あたりまで来ると、左前方の林機の機首左側から黒煙が流れるのが見えた。

煙の濃さが増したようだ。「こりゃいかん！」と竹澤少尉が注視するうちに、林准尉が機外へ脱出し落下傘が開いた。少尉は落下傘の上空を旋回する。降着地点を見きわめて報告せねばならない。主傘の一部が破れているのか形がおかしく、落下速度も通常より速い感じだった。

竹澤少尉の見たとおり落下傘の一部が割けていて、索を引いての操向ができなかった。やがて落ちたのは八王子第二国民学校の二階の屋根の上。転がり落ちる寸前に樋《とい》をつかんで止まった。左足は折れ、血まみれ状態だ。

辣腕《らつわん》の林准尉は機上でなら、いかに高空でも、またどんな機動をとろうと平気だが、自分の身体で高いところに立つのが嫌いだった。

あちこちから三〇～四〇人もが竹槍や棒を手に、建物の下に集まってきた。ふくらんだ冬の飛行服のため巨軀《きょく》に見えたのか、それとも落ちる飛行機はみな敵と思っているのか、口々に「米軍だからブッ殺せ！」と叫んでいる。同胞に殺されてはたまらないので「日本人だ！航空審査部の所属だ」と大声を出すと、群衆のようすが一変した。

となりの校舎の屋根に作った櫓《やぐら》で対空監視に当たっていた男が、助けにやってきた。鳶《とび》職なので身が軽い。無事に助け降ろされた准尉は担架で最寄りの医院へ運ばれ、以後四ヵ月半の入院、療養生活が始まる。

降着場所を確認した竹澤少尉は、准尉の状況を無線で審査部へ伝えたのち、ふたたび上昇にかかったが、会敵せずに終わった。この日のB－29の目標は東京ではなく、三菱重工・名古屋発動機製作所だったからだ。

田宮准尉、もどらず

十二月十三日に続く十八日午後の空襲も、敵の目標は名古屋だった。B－29の飛行コースは二手に分かれ、一群は伊勢湾を北上したが、もう一群は富士山上空から九〇度変針して西へ向かった。

東京空襲を想定して、担当空域に待ち受けた十飛師と海軍三〇二空の戦闘機の大半は、無為のまま帰還した。だが、少なくとも審査部戦闘隊と三〇二空の二機ずつが、後者のB－29群と戦っている。

審査部の二機とは、田宮勝海准尉の四式戦と今村技術大尉の三式戦二型だ。岩倉少佐の複戦班（本書で便宜上の呼称）の一人である今村技術大尉は、坂井少佐に頼んで三式戦による邀撃の認可を得ていた。

この日は無線の感度が悪く、地上からの情報を聴き取れなかった。そこで今村機と田宮機は、敵が変針の目安にする富士山の上空なら会敵の公算が大きいと判断、南西へ飛ぶ。富士山上空、高度九〇〇〇メートルに達した両機は、高射砲弾の炸裂煙を認めて西進し、来襲するB－29梯団と交戦に入った。

前方からあざやかに有効弾を浴びせた田宮機に続いて、今村機が防御火網の中を突進する。敵の巨体に命中の火花がパッパッと光るのが見えたそのとき、右前方の田宮機に異変が生じたのが直感で分かった。被弾したらしい。

四式戦から田宮准尉がとび出し、自動曳索によってスルスル傘が出た。今村技術大尉がホッとした直後、恐ろしい光景に変わった。四式戦が高速だったため主傘がすさまじい風圧を受け、ちぎれ飛んでしまったのだ。B－29一機と刺し違えて田宮准尉は墜死した。

動揺にめげず今村技術大尉はこの梯団を追撃。追い抜いて前側方攻撃を加えたのち、福生に帰って戦闘状況を報告した。


心から信頼し合った夫婦の絆《きずな》によるのだろう、立川の田宮准尉の家で待つ夫人・貞子さんは、夕方から胸さわぎを覚えていた。夜になっても、二人の小さな男の子が眠たがらないのも奇妙だった。

やがて午後九時半、親友で夫人同士が姉妹の光本准尉と、見知らぬ将校二人が田宮家を訪れた。玄関の戸を開けた瞬間、貞子さんは夫の戦死を悟った。

将校の一人が田宮准尉の戦死を告げる。光本准尉は黙って後ろに立っていた。

ひと晩泣き続け、もう泣くまいと誓った貞子さんは、翌日、准尉の遺体と対面した。審査部の幹部、戦闘隊の面々が周囲に居ならぶなかで、審査部のトップである本部長・寺本熊市

19年12月25日、福生飛行場の格納庫内にしつらえた斎場で故・田宮勝海准尉の審査部葬が営まれた。祭壇の前で弔辞を読むのは審査部トップの本部長・寺本熊市中将。

中将が直接に「現在、戦死時の状況を調べています」と語りかけた。階級だけから見れば、一准尉への対応としては異例に違いない。

理由の一端が林武臣氏の言葉に表われているように思える。

「それは田宮さんの人徳ではないでしょうか。円満な性格、穏やかな言葉づかい、高い技倆と学識の持ち主だったので、階級が上の人たちもていねいに対応しました。精神的には佐官待遇だったとすら言えるでしょう」

戦死から一週間後の十二月二十五日、福生の格納庫内で田宮准尉の葬儀が催された。

弔辞はまず寺本中将が読んだ。「君は性《しょう》温厚、誠実にして闊達《かったつ》、思慮周密、責任観念旺盛にして、武人として恵まれたる天与の資質を具《そな》えあり」で始まり、「武人として壮烈なる死所を得たり。君以て瞑すべし。我等また君が心を以て心とし、その志を継ぎ、その遺烈に応え、誓って聖業を完遂せんことを期す」で結んだ。

続く飛行実験部長・瀬戸克己大佐の弔辞には、最後の戦いがこう述べられている。「十二月十八日、敵機重ねて皇土を侵すや、遠くこれを浜松地区に邀《むか》え、逸早《いちはや》く敵の大編隊を発見、猛然これに突入し、たちまちその一機を撃墜す。しかるに君また被弾し、遂に壮烈なる戦死を遂ぐ。時に十四時十分」

「五年たらずの結婚生活で一生ぶん幸福でした」と田宮貞子さんは、夫君のすばらしさを端的に表現する。すぎし半世紀のあいだ、いささかも変わらない想いなのだ。

実験機キ一〇八

審査部戦闘隊がテストした機材のうちで、いちばんの変わり種はキ一〇八だろう。機体そのものはキ一〇二の改造なので新味はないが、与圧気密式操縦席は既存の日本機に例を見ない特殊な装備だった。それに、本格的高高度戦闘機（キ一〇八改）を作るための研究機だから、武装は皆無である。

川崎航空機・研究部次長の井町勇技師と、清田堅吉技師の研究・設計による、気密システムを装備した試験機二機は、昭和十九年七～八月にでき上がった。

ターボ過給機付きのキ一〇二甲とともに、キ一〇八のメカニカルな部分の審査を担当したのが師橋一誠《もろはしかずなり》大尉。前出の伊藤少佐と同じ八期乙学で、普通科を終えて十九年四月に審査部飛行実験部に着任した。

師橋大尉は航空士官学校五十四期の出身だが陸士五十一期（航士と陸士の期は共通。入校

高高度戦研究機キ一〇八の与圧機密式操縦席。ハッチ・タイプの天蓋、非対称形状の風防枠が異様だ。敗戦後の撮影なので樹脂ガラスや機体構造、外板の一部が外れて壊れたまま。

は一期について一年違う）の伊藤少佐よりも二歳年長だ。中学四、五年から入校するところを、大学一年で受験（制限年齢が上がった）したからだ。

特にどれかの班に属すことなく、遊軍的な立場で機構の審査にあたった師橋大尉にとって、キ一〇八の最大のチェックポイントは当然、与圧気密部分だった。

「このプレッシャー・キャビンは空気を送りこむポンプがなく、二枚羽根のルーツ・ブロアーで与圧を生む仕組み。ブロアーの摺動《しゅうどう》面積が大きいので短いあいだならともかく、ある程度の時間飛んでいると、潤滑油の濾過《ろか》（除去）が不充分なため温度上昇につれて煙が発生し、フィルターを超えてキャビン内に入ってきてしまうのです」

師橋大尉の悩みは川崎側の悩みでもあった。主務の井町技師は、滑油が圧力差で噴き出すのを防ぐ油吸収器の、能力不足とデリケートさへの対策に頭を痛めた。

与圧をはばむ空気の漏洩が生じないよう、コードやロッド類の処理も難題だった。戦闘隊の整備将校としてキ一〇二とキ一〇八を扱った、幹候九期出身の西尾淳少尉は、電気系統の取り扱い習得のため、川崎・岐阜工場へ出張した。説明書をもらって、実機の製作状態を調べたが、気密性を損なわずにコードを通す処理に感じ入った。

「さぞ難しかったことでしょう。私にしてみれば、電気関係の検討というより、勉強させてもらったのが正直なところです」と西尾さんは率直に述べる。

気密室は長さ一・七二五メートル、直径〇・九メートルの繭《まゆ》型で、本体はジュラルミン製、上端が風防部分である。魔法ビンの内ビンのように機体から独立しており、作り手の井町技師ですら「こんなところに乗ってくれる者はいないだろう」と思うほどの奇妙な形状。

「こんなところ」に乗った操縦者が、少なくとも三名いた。岩倉少佐と黒江少佐、それに島村三芳少尉だ。

「グルグル……という音が尻のあたりから伝わってくる。少し油くさい匂いが鼻を刺す。そしてなにか煙が来る。便利であり肉体的には楽であるはずのこの飛行機は、棺桶のような気密室があるために、かえってなんとなくシンが疲れた」

緻密《ちみつ》にして豪胆な黒江少佐の搭乗感である。

キ一〇八で最多の飛行を実施したのが島村

審査次席の岩倉具邦少佐がキ一〇八のかたわらに立ち、カウリングの向こうに開状態の天蓋が見える。機体のまわりでカメラを意識するのは軍属の工員たちだ。

少尉で、合わせて数十回に及ぶという。「キ一〇八の気密室は実戦用ではなく、将来のための資料収集が目的の飛行でした」と語る島村さん。

気密操縦席に入り、上から密閉式の天蓋《キャノピー》を閉められたら、いい感じはしない。内部から開けるのは可能であっても、だ。装置の故障に備えて酸素ビンが積まれ、酸素マスクを付けっぱなしで飛んだ。

与圧と気密は有効な状態を保持し、高高度でも低空飛行時と変わらない。二重の樹脂ガラスを通して、頼りなげにかすかに聞こえるエンジン音では、好不調の判断はできないから、計器の針が頼りだった。

岐阜工場に隣接の各務原《かがみがはら》飛行場を離陸して、高度一万メートルで加圧レギュレイターのテスト中に突然、半球形のキャノピーが飛散した。高度三〇〇〇メートルなみに施してある与圧が一気に抜けたが、島村少尉はきわだった変化を感じず、冷静に酸素のバルブを開けて対処し、降下した。

高空で被弾して、与圧が抜けると操縦者の身体がどうなるかが、この装置の懸案事項の一つだった。それが偶然にテストできたわけで、軍医から「いい体験をしてくれた」と喜ばれた。高度三〇〇〇メートルから一万メートルへの気圧の激変にもかかわらず、少尉の体調にはなんの異常も生じなかった。

帰ってきた荒蒔少佐

石川正少佐につぐ、審査部飛行実験部戦闘隊の次席操縦者だった荒蒔義次少佐は、昭和十九年二月に三式戦装備の飛行第十七戦隊長に任命され、九月から十二月にかけてフィリピンでの航空決戦を戦った。

レイテ島周辺の激戦で損耗を強いられた十七戦隊は、十一月二十日ごろネグロス島からルソン島アンヘレス飛行場に後退。荒蒔少佐はひどいマラリアの発病により、空中指揮をとれない体調が続いた。

ようやく十二月八日、戦隊に内地への帰還命令が出されたが、実行に移されたのは下旬に入ってから。十六日付で審査部部員の辞令が出ていながら、残務のため、空中勤務者として最後までとどまって昭和二十年を迎えた少佐は、台湾からの連絡便がとだえたので、「山へでも入るか」と地上持久戦への参加を覚悟した。

一月八日の夕方、台湾から二式戦八機を誘導して、中華航空のＭＣ－20双発輸送機がクラークに降りてきた。ルソン島の制空権も米軍に握られていたこのとき、多少の戦闘機をつけていようと、台湾～フィリピンを飛ぶ輸送機にとって被墜の危険度はきわめて高かった。

荒蒔少佐はこのＭＣ－20に便乗できた。翌九日の未明に離陸し、バシー海峡に出ると敵機に見つからないよう高度を下げる。大刀洗飛行場と連絡をとると、「台湾全土空襲中」の知らせだ。この日、米軍はリンガエン湾からのルソン島上陸を開始しており、後方の台湾から日本機が来襲しないように叩いたのである。

不時着水機を救う敵潜水艦と護衛のＦ６Ｆがかなたに見える。ＭＣ－20は断雲を縫いつつ高度一〇〇〇メートルを飛び、内陸部にあって唯一無事な嘉義《かぎ》飛行場に着陸できた。まもなくここにも敵艦上機が来襲したから、間一髪の幸運をひろい得たわけだ。

こうした一月中旬、荒蒔少佐はほぼ一年ぶりに航空審査部部員の椅子にもどってきた。「いい部下に恵まれて戦隊長の職も充実していたが、やはり審査部勤務のほうが気が楽。性に合っていた」と荒蒔さんは当時を振り返る。

有滝孝之助大尉らが常陸《ひたち》教導飛行師団から審査部特兵部に転属したときは、「秋水班」の呼称があった。この呼び方だと、特兵部のなかの小グループという感が強い。しかし十一月下旬、転出を前に林安仁中尉が「特兵隊付ヲ命ズ」の辞令をもらっており、これに従えば、特兵部特兵隊が正式な組織名とみていいだろう。特兵部が扱う起死回生兵器のうちで、最も期待度が高いのが「秋水」なので、隊名に部名を用いたのだろうか。

機体、動力、戦法のいずれもが、既存機とはまったく異なる前代未聞のロケット戦闘機を、審査するトップの役が荒蒔少佐にまわってきた。

実用機による戦技訓練の乙種学生を終えて四年あまり、同期（航士五十三期）生からすでに戦隊長が生まれているほどだから、有滝大尉のキャリアが豊富なのは言うまでもないが、五十期の黒江保彦少佐が最若年の戦闘機審査主任という福生では、「まだ若い」と見られてしまう。救国兵器とみなす軍上層部の過大な期待、皆目見当がつかない飛行特性の「秋水」をこなす責任は、荷が勝ちすぎると思われたのだろうか。

この点で荒蒔少佐は、重爆から飛行艇までまともな飛行機なら乗れないものはない、抜群の操縦技倆をもち、川崎航空機の土井武夫技師が高く評価するほどの、技術に対する理解力があった。人員指揮の点でも、二回の部隊長経験を有する。彼を措《お》いて特兵隊長の適任者は見当たらない、と言ってよかった。

特兵隊も邀撃参加

　荒蒔少佐が帰還するまで、将校四名、下士官二名の特兵隊操縦者は、グライダーの操縦訓練を進めていた。燃料を使い切った「秋水」を滑空で着陸させるためだ。

戦闘隊を手伝って四式戦、三式戦二型のテスト飛行のかたわら、有滝大尉はまず並列複座式のグライダー（輸送用のク一－Ⅱと思われる）で一回だけ操縦の手ほどきを受けた。続いて上級滑空機《ソアラー》（「たか」七型?）に乗って「なんだ、こんなもの」とばかり、あっさり会得した。

「『たか』七型は軍偵か中練かを使って、一度に二機曳航した。グライダーを飛ばすのは容易だが、高度があると降りるのが（時間がかかって）大変です」と語る林さん。面倒なので横すべりで降下し着陸したら、「色気を出すな！」と有滝大尉に一発みまわれた。

　岩沢三郎曹長はソアラーの離着陸訓練から始め、ついで輸送用グライダーのク八－Ⅱを訓練した。曳航機は九七重だ。兵を一五～二〇名も乗せられる、全幅二三メートルあまりの大型機なので操縦性はひどく鈍重だった。岩沢さんの記憶では「『たか』式（『たか』七型）を使ったのは二十年三月に生駒山へ移動したとき」という。

輸送用グライダーのク八－Ⅰ。敗戦後、福生周辺に放置状態にあったので胴体の外板が取り去られており、簡素な構造の骨組が分かって興味ぶかい。

もう一つ実施したのは、立川の第八航空技術研究所（八研と略称。航空衛生、心理と関連器具の研究、空中勤務者の身体検査を担当）での医学的検査。「秋水」の急上昇を想定した耐Gテストと耐圧（減圧）テストで、既定の基準値があるはずはないから、今後に備えてのデータ採取だったと思われる。

特兵隊長に任命されて「秋水」を検討した荒蒔少佐は、驚くべき内容に不気味さを感じた。その最大のものは燃料だ。二種の薬液自体の高い危険性、混合時の化学反応のきわどさ。二トンもの薬液をわずか六分半で使い果たすのでは、性能テストも実用テストもろくに進まない。あまたの機材を乗りこなし、飛行機と飛行のなんたるかを知り抜いているからこそ、「秋水」にだけは直感的に異様な恐れを感じた。

特兵隊の操縦者たちは、このロケット機を初め「キの二〇〇《にひゃく》」と呼んだが、しだいに「秋水」へと変わっていった。

彼らは皆パリパリの戦闘機乗りだから、前に述べたように、B－29邀撃時には戦闘隊の装備機を借りて出動した。荒蒔少佐はマラリアの体力消耗が癒《い》えず、空中指揮は有滝大尉がとった。

日時は確定できないが、昭和十九～二十年の冬のB－29来襲時、編隊長・有滝大尉、僚機・林中尉、僚分隊長・篠原修三中尉、僚機・岩沢曹長の三式戦二型四機が福生飛行場から出動。高度九五〇〇メートルに待機して、八〇〇〇～八五〇〇メートルを来攻する超重爆を待ち受けた。真下に淀橋あたりの水道局貯水池が見えたため、高空ながら新宿上空と判断できた。

岩沢曹長の一機不確実撃墜をはじめ、四名とも常陸教導飛行師団のときに対B－29戦闘を経験しており、格別な緊張はない。出動前の「今日は四機で同じ飛行機をねらおう」との協約どおり、有滝機を先頭に四機が前上方から、七～九機編隊の先頭機に対しつぎつぎに前上《ぜんじょう》方《ほう》攻撃を加えた。

編隊による連続攻撃の場合、長機のリードが大きくものをいう。「有滝大尉の誘導はみごとだった」と林さん、岩沢さんは異口同音に回想する。そのうえ、最高の整備を受けた三式戦だから快調で、戦闘に専念できた。

有滝編隊の攻撃したB－29はひと呼吸おいて墜落し、途中で空中分解。ガスタンクの近くに落ちて火柱が上がったのを、岩沢曹長が見届けた。

激しい防御火網に包まれて、離脱時に有滝機の右補助翼の半分が散弾に吹きとばされていた。しかし、なぜか被弾の衝撃を大尉は少しも感じなかった。

液冷エンジン使いがたし

これと似た攻撃状況を、四式戦に乗った黒江少佐が下方から目撃し、手記に書き残している。

「はるか九〇〇〇メートルの高空で編隊から離れた一機に、キ六一の四機編隊が整然と間隔をとった縦列で前下方《ぜんかほう》攻撃をかけるのを見た。一番機・坂井菴少佐、二番機・竹澤俊郎少尉、三番機・伊藤武夫大尉、四番機・梅川亮三郎中尉の四人であったと思う」

「坂井少佐がまず前下方からB－29の腹をめがけて、吸いこまれるように撃ちこんだ。弾丸はB－29の燃料タンクを撃ち抜いて、ガソリンが白い蒸気の糸を引いた。竹澤少尉がスーッと機首を上げて、理想的な射角で一〇秒後にまた撃ちこんだ」

さらに三番機と四番機が一撃ずつを加えるとB－29は爆発し、胴体と主翼が新宿の裏町に落ちて火炎を噴き上げた。

前上方と前下方、攻撃位置の違いを除けば、前述の有滝編隊とこの坂井編隊の攻撃は類似点が多い。そして、使用機はどちらも三式戦二型だ。

実際、審査部戦闘隊の各種装備機のうち、三式戦二型はB－29の高高度邀撃に最も多用され、かつ威力を発揮した。「いい飛行機。高度一万メートルで編隊を組めた」という林さんの簡潔な言葉が、高性能を裏づける。

逆に言えば、審査部ほど三式戦二型をうまく使った組織はない。飛行戦隊には少数機がわたされただけで、パッとした働きを残さなかった。

実戦部隊で三式戦二型が活動できなかった原因は、一にも二にも装備エンジンにあった。

材質低下と現地（部隊）の整備兵の不なれから、一型シリーズに積まれたハ四〇は故障・不具合が多発した。となれば、寸度と機構をほとんど変えずに圧縮比と回転数を増し、出力を四分の一高めたハ一四〇が、どんな運命をたどるかは明白だ。

キ六一班の整備幹部。手前中央、指揮をとる名取智男大尉（撮影時は少佐）はハ一四〇の前途を疑った。

三式戦の空冷エンジン化は、ニューギニアで激戦中の昭和十八年八月、飛行実験部長だった今川一策大佐が前途の暗さを予想して、航空本部などとの合同会議のおりに強く主張したのが始まりだ。

キ六一-Ⅱ／-Ⅱ改／三式戦二型の技術・整備面の審査を受けもった名取智男大尉は、翌十九年の初めから一ヵ月のあいだ、ハ一四〇を製造中の川崎・明石工場に通い、ついで完成機をチェックするため岐阜工場へ出向いた。

マグネットのギアの磨耗、点火栓側極の熔解、ベアリング焼き付きなど異常事態をつぶさに調べた結果、「ハ一四〇の出力向上策には無理がある。性能を維持できない」と判断した。「整備屋として、操縦者にこれで飛んでくれとは言えない」ほどだった。

福生飛行場に運ばれてきたキ六一―Ⅱ、―Ⅱ改のうち、好調機はよく飛び、操縦者も乗りたがった。これがB―29邀撃戦での三式戦二型の多用につながる。

審査部でなら動かせても、仕上がり水準が落ちる量産機を部隊にまわせば、一型よりも悲惨な結果を招くだろう。名取大尉は「良好なエンジンも耐用面で問題が出るはず」と予測した。

「ただし、私にはキ六一の今後（空冷化など）を考えるゆとりはなかった。―Ⅱ（―Ⅱ改）の審査に夢中だったのです」と名取さんは語る。

一転、好評のキ一〇〇へ

荒蒔少佐のあとを継いでキ六一シリーズの審査主任を務めた坂井少佐の父親は、岐阜県稲葉郡蘇原《そはら》村の村長だった。蘇原村のなかにキ六一／三式戦の試験飛行に使う各務原飛行場があったのは、おもしろい偶然である。

昭和十九年九月、その各務原飛行場に隣接する川崎・岐阜工場の一室で、坂井少佐と名取大尉、それに審査部総務部長の於田《おだ》秋光大佐が、川崎および航空本部のメンバーと、キ六一―Ⅱ改の採用、生産などについて会議を催《もよお》した。

名取大尉は、ハ一四〇の改善が期待うすで、実用機として部隊配備するのは適当でない旨を説明。坂井少佐も同じ内容の意見を述べた。

エンジンが付けられていない三式戦二型の水滴風防タイプに、空冷星型のハ一一二－Ⅱを付けたキ一〇〇試作1号機。胴体にくらべて機首が太丸い。

結局、航空本部側は折れ、キ六一－Ⅱ改の生産は一〇〇機程度にとどめて、整備条件のいい内地の防空部隊だけに使わせる方針が決まった。三式戦二型としての制式化は、このあとまもなくのようだ。

キ六一空冷化への努力は水面下で続けられていた。今川飛行実験部長は十九年四月、川崎に対し内々にエンジン換装案の検討を依頼し、川崎設計陣も意欲を示した。九月の三者会議の結果、航空本部は空冷化計画をやっと納得し、十月早々に川崎へ、ハ一一二－Ⅱ（海軍呼称「金星」六二型）エンジン付きのキ一〇〇の試作を発注した。

いちばんの問題は、狭い幅の胴体に、円形の空冷エンジンを、無理なく取り付ける方法があるかだ。かつて審査部のベテランたちが試乗し、高い評点をつけたFw190A－5。土井技師の記憶では、このとき明野の格納庫に置いてあった。同機の機首部を参考に、みごとエンジン換装に成功。水滴型風防の三式戦二型を改造した試作一号機は、昭和二十年一月下旬に岐阜工場で完成した。

このあとの初飛行について、ちょっとした問題がいまなお解決されていない。それは日付である。

戦後一三年、まだ記憶の風化が進まないころ、雑誌の座談会で土井さんは二月一日、坂井氏は二月十一日に飛んだと話した。それ以来二人は自説を曲げず、そのまま亡くなってしまった。かたや設計主務者、かたや審査主任兼初飛行の操縦者だから、立場に軽重をつけがたい。関係者の日記でも現われないかぎり、正解は出てこないだろうが、著者の個人的判断では坂井説だ。

各務原飛行場で初飛行を終え、福生に帰っての審査報告で坂井少佐は「これはいい飛行機ですな」と、ごく簡潔な評価を述べた。また、戦後の回想で「速度は落ちたが、離着陸時の視界が広がり、操縦も容易だ。なんといっても可動率の向上が最も助かった点」と説明している。

名取大尉は試作が始まってのちにキ一〇〇について知り、各務原に置かれた試作機を初めて見て、「いい飛行機ができた」と感じ入った。飛行機は飛ばねば戦力たりえない。これなら整備に手間がかからず、操縦者に安心して乗ってもらえる。

キ一〇〇の審査部での整備は、彼が率いるロクイチ班が、キ六一に加えて引き受ける措置がとられた。順当な対応だろう。

韋《い》駄《だ》天《てん》候補ナンバーワン

参謀本部や陸軍省での会議にしばしば呼ばれ、多岐にわたる試作機群への過度な期待や無意味な皮算用ばかりがとびかうのを、聞き流した今川大佐は、最後に「そんなものはみんな駄目だ。戦争の間《ま》には合わん！」と決めつけるのが常だった。

確かに、推算性能や実大模型はりっぱでも、試作機がなかなか完成しない。ようやくできても故障続発だったり、予定した能力をずいぶん下まわるケースがあいついだ。原因はメーカー側よりもむしろ、実現困難なデータを押し付け、素質がよさそうだと直ちにあれもこれもと要求を付加する航空本部と、それを操る参謀本部にあった。大佐が憤ったのは、この点である。

飛行実験部長・今川一策大佐

今川大佐は昭和十九年九月に明野教導飛行師団付の辞令を受け、瀬戸大佐に飛行実験部長の座を譲って転任する。そのときまでに彼が、試作中の戦闘機のうち近い将来ものになると思っていたのは、みずから計画を推進したキ一〇〇のほかには、唯一キ八三しかなかった。

キ八三は開戦の半年前に三菱に試作発注がなされた、爆撃機掩護が主目的の複座の遠距離戦闘機だ。二〇〇〇馬力級双発を動力とし、速度と上昇力、火力の優越をもって、敵の邀撃戦闘機を制圧する。もちろん大航続力は不可欠だ。技研が示達した要求性能はいずれもひどく高望みで、とりわけ、まず六五〇キロ／時、性能向上型で七二〇キロ／時の最大速度は、十六年なかばの時点では破格と言える。

三菱では設計主務に久保富夫技師をあてた。快速機・百式司偵を作った久保技師の手腕から、ふたたび韋駄天が生まれるのを期待したのだろう。しかし開戦後は既存機の製作、改修、量産に追われがちで、キ八三の設計と試作ははかどらなかった。

航空審査部飛行実験部の審査担当は石川正少佐と梅川亮三郎少尉／中尉。三菱の記録には「高空での飛行と航続力の観点から、四〇平方メートルの主翼の機を計画したが、軽快性や視界確保のためにより小型な機体が望ましい、との意見が操縦者側から出て、主翼面積を三四平方メートル程度に圧縮した」と書いてある。「操縦者側」とは審査部の二人を指しているようだ。もとより設計陣の努力によるところが大だが、機体の二まわり小型化は結果的に成功を見る。

十八年七月に改設計の指示が出た。初めの要求と異なるのは、高高度性能と火力の強化だった。この変更には、同年の早春に伝わってきたB－29情報と、それに基づくB－29対策委員会の設置が強く作用していたのは間違いない。

試作一号機の完成は十九年十月。空気抵抗を極力排したスリムでなめらかなアウトライン、同乗者席を胴体内に埋めこんだため風防は単座機と同じ大きさ、ターボ過給機をたくみに配置した美しいエンジンナセル。日本軍の双発機中で最もスマートと断言しうる、キ八三の社

19年10月に三菱・名古屋航空機製作所で完成し、試験飛行のため各務原格納庫に運ばれたキ八三1号機。流麗さと最大速度は百式司偵三型をしのぐ。

内テスト飛行は、各務原飛行場で十一月中旬に始まった。

軽戦になれた操縦者から殺人機と呼ばれることもあった二式戦二型より、さらに一割増の翼面荷重（これでもテスト用の軽荷重状態）なのに、離着陸特性は悪癖なく、飛行時の三舵の効きも良好だった。しかし動力関係の諸テストは、故障、不具合がしばしば発生して進捗《しんちょく》しなかった。

二十年一月に二号機ができ、二機でのテストが進められた。三月に入って、三菱のテストパイロットである超ベテラン・林欽《きん》尓《じ》操縦士が、プロペラ振動を試す飛行を終え、飛行場を超低空航過するさいに、飛散した可動風防が眉間に当たって殉職した。手不足のゆえか三菱では彼の後任者を用意できず、あとは梅川中尉が一人でテストの操縦を担当した。

飛行実験部で技術面の審査に加わった新開皓明《ひろあき》少尉は、各務原でキ八三に触れ、飛行状況もなんどか見た。「排気タービンの駆動テストは、故障に悩むといったところまで進んでいませんでした。飛行性能はいいデータが採れましたが、戦闘機として役立つかはまだ分からず、これから調べる段階」と新開さんは回想する。

ターボ過給機の不調から高高度での全速飛行は叶わなかったが、高度五〇〇〇メートルで六五五キロ／時の記録を残した。三菱の技師が新開少尉に「現在、世界でいちばん速い飛行機ですよ」と語ったのは、いささかオーバーとしても、日本軍を通じて最高速の実用レシプロ機の座を占めた可能性はきわめて濃い。軽荷重状態で動力が完全なら、高度九〇〇〇メートルでの計算値七〇四・五キロ／時はまず達成できただろう。それを空襲と地震がはばんだ。

キ八三は福生へ運ばれる機会を得なかった。試作四機のうち、壊れずに残った一号機だけが、爆撃を避けて松本市の南西の松本飛行場に移され、ほどなく敗戦を迎える。

雪橇《ゆきぞり》のその後

昭和十九年の秋から冬にかけては、フィリピン決戦と本土上空のB－29邀撃戦の対策で手いっぱいで、陸軍にとって北千島方面の対米戦や大陸の対ソ警戒は二の次、三の次だった。けれども、積雪地帯の航空戦に備えるための飛行機用引き込み式雪橇の研究・開発は、技術将校たちの手によってたゆまず続けられていた。トップは航空審査部飛行機部の今村和男技術大尉。彼の下に、橇を専門に研究した三輪治雄技術大尉、機械工学専攻の竹田重和技術中尉らがいた。

竹田技術中尉は、東大工学部在学中の十九年四月から、陸軍の委託学生（陸軍召し抱えの学生）として第一航空技術研究所（一研と略称。飛行機各部、プロペラに関する研究を担当）

第二科の部品班に配属された。ここで今村技術大尉の雪橇設計を手伝い、九月に大学を繰り上げ卒業して技術中尉に任官、ふたたび一研第二科に勤務した。

学生当時の春から夏と、任官後の秋のあいだは、雪橇装備機の風洞テストや橇の強度テストの計算などにあたり、今村技術大尉に「ずいぶん役に立った」と言わせるだけの働きを示した。

雪橇テストに使う九九軍偵に乗った第一航空技術研究所の竹田重和技術中尉。試作成功に身体を張った。

一式戦、二式戦、三式戦を使っての、昭和十七〜十八年と十八〜十九年の二回の冬期テストで、ジュラルミン製雪橇の長所と短所を把握できた。長所は、加工しやすく強度を得やすいので、製造が楽なこと。しかし、欠点のほうがずっと重大だった。

突然の日差しで雪の表面が溶け、滑走中の橇にくっついて雪ダルマ状態に増えるのが最も危険なのは、第一部第三章で述べた。

地上の静止時でも、しばらく放置しておくと橇が固着し、エンジン全開で発進しようとしてもビクともしない。冷えやすい金属の特性を考えれば、この現象を理解できよう。「応急の対策としてゴム板を橇の下に敷きました」と試験班長を務めた今村さんは語る。

ジュラルミン製の根本的な欠陥への回答が、木製への転換だった。

木製雪橇を作るには、外側にベニヤ板を用い、内部に骨組みを配置した、飛行機と同じセミモノコック構造にする。設計は、今村技術大尉を主軸とする飛行機部のスタッフに、一研第二科から竹田技術中尉らが加わって進められ、製作を木工に長《た》けた日本楽器と美津濃（現ミズノ）が請けおった。

日本楽器はピアノなどのほか木製プロペラも作っており、その技術には定評があった。美津濃もバットなど木製運動具の製造が長く、スキー板についてもこの時点ですでに一〇年をこえる経験を持っていた。

装備する戦闘機は一式戦三型、三式戦一型、四式戦の三種。一式戦用と三式戦用はひとあし早く完成し、十九年の晩秋以降に札幌の丘珠《おかだま》飛行場および大日本航空飛行場（北十八条）で試験を始めた。両方とも日本楽器製だったと思われ、今村氏の記憶では「ヤマハのは（形が）芸術的にできていて、性能もよかった」という。

雪橇試験のさい、その機種の整備班から整備兵が札幌へ同行する。三式戦については、坂井雅夫准尉につぐ、六一班の下士官の最先任者である斉藤文夫曹長が、部下を連れて出向いた。昭和十三年に入隊し、飛行第二十四戦隊の九七戦を相手に腕を磨いた斉藤曹長は、明朗かつ几帳面な性格と私物のドイツ製工具で、確実に作業をまっとうした。

四式戦用は帯広で

四式戦用の木製雪橇は今村技術大尉を竹田技術中尉が補佐し、一研の岡部雇員、鈴木雇員が加わって、設計やデータ収集に努めた。四式戦が一式戦、三式戦よりも重く、離着陸速度も大きいため、橇は必然的に大型化した。

積雪には意外に小突起の抵抗があり、合板だけだと滑走をくり返すうちに穴があいてしまう。そこで、綿布を貼った上にセルロイドのコーティングを施すと、穴あきがなくなったうえに雪の付着も防ぐ利点を得られた。

「セルロイドはアルコールに漬けると軟化するから、付着処理が容易。軍の発注なので、追加も日本セルロイド（会社）がすぐに持ってきてくれました」と竹田氏は当時を思い起こす。

主脚のオレオ式緩衝装置の研究も一研第二科の担当だ。雪上を雪橇で旋回すると、滑走路と車輪の場合よりも大きな力が脚注にかかり、無理をすれば折れてしまう。とくにオレオはピストン方式で壊れやすいから、萱場《かやば》製作所と岡本工業に頼んで、頑丈な製品を突貫作業で作ってもらった。

委託学生のときからこの雪橇に携わってきた竹田技術中尉にとって、ぜひとも成功させたいのは当然だ。そこで試験飛行の前日には、シュラーフザックを持ってきて雪橇装備機に添い寝。おかしな人間を近寄らせないよう、拳銃まで用意した。科学戦を戦う技術将校の気迫がうかがえる。

四式戦用の大型木製雪橇は美津濃の深谷工場が製作。満足できる仕上がりで、さらに滑りをよくするため、スキー用のワックスを塗り付けた。

第一飛行師団・司令部飛行班の超ベテラン山田盛一少尉と、四式戦用の雪橇テストに使う九九軍偵。暖機運転中なので木製橇の先に土嚢をかませてある。

この雪橇の試験は帯広飛行場で昭和二十年二月十日～三月二十日まで実施された。四式戦は使われず、かわりに帯広に司令部を置く第一飛行師団の九九式軍偵察機を借用した。

操縦にあたったのは、一飛師司令部飛行班の山田盛一《せいいち》少尉。第五十期操縦学生の出身で、すでに一〇年半もの飛行キャリアがあった。

ただ長く飛んでいるだけではない。飛行第五十四戦隊付だった十九年八月十二日、北千島に来攻した米第11航空軍のB－24を片機関砲が故障の一式戦二型で追撃。きわどい同高度の対進攻撃で致命傷を与え、武士の情けを感じて止《とど》めを刺さないでいたところへ、僚機が現われて最後の一撃をかけた。これが日本軍にとって、本土防空戦としての初撃墜だった。

抜群の操縦技倆に加えて、飛行限界を見きわめる冷静な判断力、よりよい対応を選び出す思考を常にみがき、自己を誇らない落ち着いた人格を備えた山田少尉こそ、審査部戦闘隊に配属したい人物だった。

このとき山田少尉は、一飛師司令部と千島列島に配置の隷下部隊、関係部隊とを結ぶ空輸や連絡飛行に従事していた。彼を雪橇試験の協力操縦者に選んだ司令部の考えは、まさに正解と言えよう。

主脚柱の下半部と車輪をすげ換えて、雪橇を装着した九九軍偵の後方席には、データ採取のための計測器が積みこまれた。

山田少尉にはすでに雪橇着陸の経験があった。ハルビンの飛行第十一戦隊で、どの九一式戦闘機の固定脚にも雪橇を付けて、冬期の訓練飛行をしていたからだ。

もともと九九軍偵は低速時の沈み（高度低下）が大きく、失速が早く来る飛行機だ。これに大型の橇を付ければ、失速特性はマイナスへ向かうように思えるが、少尉はすぐに把握して的確に試験飛行をこなし、飛行特性も操縦性も車輪の場合と大差ないと判断した。

自身も後方席にたびたび同乗した竹田さんは「山田少尉は当時、飛行三〇〇〇時間と言っていた。なんど飛んでもらっても無事故で、みごとな腕前でした」と高く評価する。

雪橇を付けての離陸はたいてい滑走距離が長くなった。これは橇対雪のほうが車輪対滑走路より抵抗が大きいからだ。したがって着陸のときは、逆に滑走距離が縮まる。

厳寒期の帯広飛行場における三九日間に、雪橇の離着陸試験は九〇回を数えた。この間、トラブルはなんら見られず、美津濃製雪橇は成功と判定された。セルロイドを貼った効果は大きく、雪上に一晩置いても、翌朝すぐに発進可能だった。

残念ながら、四式戦に装着してのテストは実施にいたらず、脚引き込み時の適不適は不明のまま。同機に関しては、金属製橇でのデータしか残らなかった。

結婚後まもない山田少尉の住居は帯広の南十条にあり、今村技術大尉が訪れたときもあった。敗戦ののちは会う機会がなかったが、「今村さんは温厚な紳士」という印象は山田さんの記憶にはっきり残っていた。

引き込み式雪橇の総決算

三度の冬を通して得たデータから、今村技術大尉たちは以下のような研究成果を得た。

木製橇の重量はジュラルミン製の二〇パーセント増し。構造上および滑走性能上、橇の好ましい縦横比は四・五〜五・五。下面の縦方向（前後方向）のカーブは緩いほどいい。主脚柱への取り付け位置は全長の五五パーセントが好適。

合板の厚さは上面四ミリ、底面六ミリ。雪の凍着防止に対しては、数十種類の被膜や塗料を試し、セルロイドが最も有効と判明。底面に一・五ミリ厚のセルロイド板を貼ると着雪はほとんどなく、良好な滑走性能を得られる。

離着陸時の風は五メートル／秒あたりまでなら問題は生じない。風速がそれ以上に強いと機体が流される。

雪橇装着時の飛行性能について。

主脚収納状態で、橇に対する整流カバーを機体側に付けた場合、飛行速度は六〇〇キロ／時が六〇キロ／時、五四〇キロ／時だと四〇キロ／時、それぞれ低下する。安定性はやや損なわれ、その度合は機種によって異なる。水上機と同じような操作感覚が望ましい。

車輪のかわりに雪橇を付けた三式戦一型丙が積雪の飛行場へ降りてくる。

単座戦の合計使用数は一式戦六機（金属製橇と木製橇）、二式戦二機（金）、三式戦四機（金と木）、四式戦二機（金）。雪橇が直接の原因になった事故で、合わせて三機を破損した。

「橇は実用しうるレベルに達したが、装着した飛行機の空中性能の点では不満が残った。天候に災いされて実用試験が充分にできず、ようやく軌道に乗ったところで終戦を迎えたのは残念」。これは今村さんの結論の要約である。

北海道の試験を終えて審査部に帰った昭和二十年四月、今村技術大尉は肺を結核に侵され、東京・牛込の第一陸軍病院に入院する。当時の肺結核は容易に治らない難病で、六月の少佐進級も病床で迎え、現場に復帰できないまま敗戦にいたる。

零戦、「雷電」の設計主務者・堀越二郎技師とサブの曽根嘉年《よしとし》技師が、設計作業に打ちこんで病に倒れ、降着装置担当の加藤定彦技師が肺炎で世を去った話はよく知られている。研究・開発作業の激務は、前線での戦闘と同様に、技術者の体力と精神力をすり減らす。

今村技術大尉／少佐の罹病《りびょう》は、戦場における指揮官の被弾、負傷とあい通じるものがあった。

竹田技術中尉は帯広での雪上試験を終えて、三月下旬に立川の一研に帰ると、ふたたび審査部との合同研究に派遣され、ロケット戦闘機「秋水」の開発に携わる。「秋水」の胴体下に付けた着陸用の橇を作る作業だ。これは雪橇に比べれば技術的に楽で、とりたてて問題は出なかったという。

第六章　交戦：一式戦三型、四式戦（対Ｆ４Ｕ）
三式戦二型（対Ｆ６Ｆ）
三式戦二型、四式戦（対Ｂ－29）
キ一〇二甲、同乙（対Ｂ－29）

敵艦戦を迎え撃つ

西カロリン諸島ウルシー泊地を抜錨した米機動部隊、第58任務部隊の空母群は、一九四五年（昭和二十年）二月十六日の未明、東京の南東二〇〇キロまで接近。夜が明けきらないうちに搭載機の発艦を始めた。目標は関東の航空施設。硫黄島上陸作戦のじゃまになる日本の航空兵力を、葬り去るのが目的だった。

Ｂ－29だけが敵機であった内地の防空戦闘を一変させる、「艦載機」（日本軍は米艦上機をこう呼んだ）との戦いの幕が切って落とされた。

午前七時すぎに香取海軍基地が最初に攻撃を受けた。以後の三〇分間に、鹿島灘、三浦半島、房総半島南部からあいついで侵入した艦上機群の第一波は、まず千葉県、茨城県の沿岸部にある陸軍飛行場、海軍航空基地を襲う。第二〜第四波も同様だ。昼すぎからしだいに内陸部へ攻め入った。

敵機のうち手ごわいのは、TBM「アベンジャー」艦攻とSB2C「ヘルダイバー」艦爆を守り、あるいは単独で行動するF6F「ヘルキャット」とF4U「コルセア」艦戦だ。数にまさり、編隊・集団戦闘法に長じた両戦闘機に、邀撃する日本機は不利へと追いこまれた。

東京周辺の航空施設としては最も奥まった位置の福生飛行場は、早朝の奇襲を食う心配はなかった。対戦闘機戦なので双発機ははずし、三式戦と四式戦、それに一式戦がてんでに出動していった。正規の実戦部隊ではないから、編組はおおよそのものだ。

搭乗するのはもちろん飛行実験部戦闘隊の操縦者だが、少なくとも二名は部外の参加者だった。岩沢三郎曹長と栗原正伍長。ともに「秋水」の特兵部特兵隊の所属で、八十七期操縦学生の岩沢曹長が格闘戦をこなせる技倆なのに対し、少年飛行兵十二期生出身の栗原伍長にとってはやや荷重《におも》、と推定できる。

「お前とお前、来い」といった感じで二人を呼んだのは山下利男中尉。七十二期操縦学生の出身で、七年のキャリアと優れた腕前が、戦闘機との空戦に問題なく対処しうるレベルにあった。

彼らの乗機は一式戦三型だ。火力は弱くても、持ち前の運動性と、水・メタノール噴射による中高度以下の空域での加速性で、F6Fと戦えるから選ばれた。

長機・山下中尉、二番機・岩沢曹長、三番機・栗原伍長の編隊は敵を求めて南下する。やがて厚木上空、高度三〇〇〇〜四〇〇〇メートルにＦ４ＵとＦ６Ｆ混成の大編隊が見えた。山下機はほぼ同高度、わずかに低めで、真後ろから接敵する。敵は一式戦に気づかない。間合を充分に詰めた中尉が後尾のＦ４Ｕに一連射を浴びせると、煙を噴いて墜落した。一式戦を認めた敵機群は旋回を打つ。山下機をＦ４Ｕが追い、その後方に岩沢機が食いついて追い払おうと射撃する。岩沢機も別のＦ４Ｕに追われていた。水平面の格闘戦で二回まわったころ、大きく旋回した編隊前方の敵機群がかぶさってきたので、岩沢曹長はこれを避けるため降下、離脱する。このとき彼の目に三本の黒煙が映った。

関東地方の軍事目標を攻撃のため日本に近づく空母「エセックス」の、飛行甲板をうめたF6F－5(前方)とF4U－1D両艦上戦闘機。1945年(昭和20年)2月に撮影された。

　岩沢機と栗原機は別々に混戦を抜けて、無事に福生に帰還できた。二人は山下機がもどらないのを「こりゃ落とされたのか。戦死だろうか」と案じたが、そのうちに負傷し病院へ運ばれたと分かって安堵《あんど》した。

　のちに熊谷彬技術大尉が山下中尉から聞いた話では、Ｆ４Ｕの編隊を攻撃して二機を落としたのち、両側から囲まれて被弾。厚木から北北東二五キロの登戸《のぼりと》付近まで飛んで胴体着陸を敢行し、接地の衝撃で機外へ放り出された。負傷と顔面の火傷で二ヵ月ほど入院生活を送り、戦闘隊の空中勤務に復帰する。

岩沢曹長は視認した黒煙を、二本が敵機、一本は山下機と推測していた。そのとおりの結果だった。

被弾、脱出

宿直明けの早朝に空襲警報を聞いた島榮太郎技術大尉は、昼まで待機。福生飛行場への奇襲を懸念し、三式戦、四式戦、一式戦の合計四機を取りまとめ、編隊長の立場で発進した。本来、技術将校には実兵の指揮権はないが、審査部飛行実験部ではそんな杓子《しゃくし》定規には誰もこだわらない。

彼らもまた南へ向かう。厚木あたりの上空、高度四〇〇〇～五〇〇〇メートルを飛行中に対空火器にねらわれたため、驚いて味方識別用に翼を振り、北へ飛ぶ。この間に編隊が崩れて、島技術大尉の三式戦二型は単機で飛んでいた。

周囲には雲がなく、クリアーな視界のなかに、中島・太田製作所を空襲した四〇～五〇機のF6F集団を認めた。高度は、五〇〇〇メートルの島機が五〇〇メートルばかり高い。

今回の発進の目的は、地上で銃撃を食らわないための空中退避が主だった。島技術大尉は対戦闘機の実戦を経験していないが、陸士五十五期の転科者といっしょに操縦学生教育を受けて以降、三年あまりの飛行キャリアをもっていた。

こちらは単機でも優位にある。試射で弾丸が出るのを確かめて、攻撃を決意した。直下に入ってきた美しい編隊をめざし反転する直前、反射的に後方上空を見たとき、少なくとも二つの敵影が網膜に焼き付いた。

敵弾が操縦席のすぐ前にある滑油タンクを突き破った。飛行眼鏡が滑油の飛沫《ひまつ》で黒く染まる。態勢を立て直さねば。眼鏡をはずすと同時に、まわりに火があふれた。

風防を開き、機外へ躍り出る。さいわい負傷はなかったが、火炎に目をあぶられて瞼《まぶた》が上がらない。落下傘はちゃんと広がって、こすって無理に目をあけ、埼玉県南部を流れる入間川の近くに降着。

例によって地元民が、敵兵だと思いこんで集まってきた。「日本人だ！」と叫ぶ。急いで近寄った人々に、「手当てはしなくていいから、病院へ連れていって下さい」と訴えた。

運ばれたのは豊岡の航空士官学校の病院。島技術大尉もここで四ヵ月入院ののち、福生に帰り任務を再開する。

技術将校の操縦者が対戦闘機戦に挑み、負傷した

キ六一－Ⅱ改／三式戦二型に搭乗した島榮太郎技術大尉。縦枠が少ない試作の固定風防の中には、ジャイロ式のメ一〇一らしき射撃照準具と分厚な防弾ガラスが見える。

のはこの一例だけだろう。敵に一撃は加えられずとも、多勢に無勢をかえりみず敢然と攻撃に向かった闘志は、高く評価されるべきである。

島技術大尉が発進したあと、太い胴体の小型機が二機、福生飛行場の北西方向から迫ってきた。地上からは、南寄りの攻撃隊の格納庫をねらって来襲する敵機に見えた。気づいた地上火器が射撃する。こんな緊迫した状況のもとで、見なれない飛行機がやってきたら、機影識別能力が低い地上勤務者は間違いなく敵機と思いこみ、応戦するのが当然なのだ。

しかし、このときは誤認だった。空中勤務者の誰かが「違う！　撃つなっ」と叫んだが、撃ち続ける射手の耳には届かない。めったに当たらない対空射撃なのに、こんな場合にかぎって先頭の機に命中弾があった。味方撃ちを食らったのは、日本機ばなれしたスタイルの海軍戦闘機「雷電」だ。

島技術中尉と操縦同期の熊谷技術大尉が出動から帰っていて、誤射のようすを目撃した。「雷電」は火を発し、黒煙を引きつつ左旋回して、滑走路へ降りようと試みる。だが、うまく接地できず場外に胴体着陸。列機（陸軍で言う僚機）はさかんに翼を振って味方機なのを教え、こちらはちゃんと降りたらしかった。

二機の「雷電」が、どこの航空隊の所属機かは判然としない。横須賀空、三〇二空、谷田部空のいずれかには違いない。熊谷さんは、胴着機の操縦員が無事だったのを覚えている。

前日、二月十五日のB－29の主目標は名古屋の三菱重工だったが、別動の少数機が関東の高空に現われた。千葉上空で直前方から三式戦二型による攻撃をかけ、火を吐かせたのが、飛行第二十三戦隊から特兵隊に転属してきた岡本芳雄准尉だ。

十六日の午後も三式戦二型で単機出動した。審査部戦闘隊ではこの機が最良といわれ、彼自身も一式戦、二式戦よりいい飛行機と感じていた。

離陸して五〇〇〇メートルも高度をとらないうちに、低空侵入のF6Fとすれ違う。北東へ飛び、埼玉県桶川の上空へ。南下するF6F編隊を見つけて、同高度で追いかける。距離二〇〇～三〇〇メートルで第一撃を放った。

F6Fがいきなり旋回をうち、対進のかたちに変わった。旋回、離脱をはかった岡本機はエンジンに被弾し、噴出した滑油が准尉の顔にかかって、一時的に視界を奪った。さいわい負傷はない。

風防を開け、水平飛行中の機から脱出した。開傘のショックで右鎖骨《さこつ》を折り、傘の操作は不能だ。やがてゴルフ場のような草原の松の木に引っかかり、宙ぶらりんの状態で吊り下がった。

島技術大尉の場合と同様に、殺気立った付近の住民が木の下にやってきて「敵だぞ、猟銃を持ってこい」と騒ぐ。滑油をかぶった岡本准尉の顔は黒く、黒人のように見えたのだ。「日本人だから助けてくれ！」とくり返し叫んで分かってもらった。地上に降りていて、口を火傷し言葉が出なかったとしたら、殺される恐れがあった。

事実、翌十七日の邀撃戦で横浜市杉田付近の山林に落下傘降下した、横須賀空の山崎卓《たかし》上飛曹は岡本准尉と同じく、木に宙吊りで止まった。だが火傷で言葉が不自由だったのか、駆けつけた警防団員らに撲殺されてしまう。

片脚であざやかに

二〇ミリ・マウザー砲と呼ばれたドイツ製品のＭＧ151／20を装備した三式戦一型丙で、竹澤俊郎少尉は東京都の西部、立川から八王子にかけての空域を高高度哨戒中だった。竹澤さんの記憶では、この二月十六日は熊谷彬技術大尉とともに飛んでいた。

少尉の目は東方、敵機が侵入する鹿島灘あたりへ注がれ、ときおり南西の富士山方向へも視線を流す。

だが、敵は南の平塚方向から近づいてきた。不意を突かれ、下方からねらわれて主翼下面に被弾。瞬時に敵を六〇機ほどと把握し、空戦は無理と判断、離脱にかかった。

福生飛行場の上空にもどり、敵機がいないのを確かめて主脚を出す。ところが、「出」状態を示す青灯が右側しか点《とも》らない。左翼上の脚出入指示棒が少し出ただけなので、主脚は半開状態で止まっていると考えた。

試験飛行用にいつも左膝《ひざ》に付けている筆記版に、現状と、万一の大事故化に備えて自動車の用意を書いて投げ落とす。片脚着陸は胴着より難度が高いが、少尉にそれをこなすだけの

2月16日の邀撃に出た竹澤俊郎少尉の片脚によるみごとな着陸。地面を叩いたプロペラの曲がりと最後に負荷を受けた左翼にたわみが出ただけだ。

腕と自信があった。

高度を下げ、スロットルレバーを加減しながら、脚が出た右翼側へ機を傾けて、たくみな推力着陸で接地する。速度が落ちるにつれて、地面すれすれだった右翼端が上がり始め、こんどは左側へ傾いていく。

速度が衰えるとともに左傾が強まり、プロペラの先端が地面を叩いた。続いて左翼端が接地して、尾部がいったん持ち上がったあと静かに止まった。プロペラが曲がり、左翼端が傷んだだけの模範的な片脚着陸を終えて、転覆対策に最も下げ位置にした座席から、竹澤少尉は立ち上がった。

飛行場に出ていたロクイチ班の整備兵たちは、この着陸を動悸《どうき》を高めて見つめていた。彼らが審査部の技倆最右翼の一人とみなす竹澤少尉に、こんな降り方をさせるのは、完調を期した三式戦の整備に手落ちがあったからでは、と責任を感じたのだ。

機体を調べて、主脚の不全はメカニズムの故障ではなく、敵弾に油圧系統を壊されたからと分かり、整備兵たちの心配は消え去った。

あわただしい福生飛行場で、思いがけないアクシデントが発生した。日米混血の操縦者・来栖良《くるすりょう》技術大尉の戦死である。

アルコールの恐怖

昭和二十年二月初めから一〇日間ほど、満州北西部の海拉爾《ハイラル》へキ一〇二甲二機を運んで、寒地でのアルコール燃料が試験され、とりたてて問題はなく終了した。操縦者は黒江保彦少佐と今村了《あきら》技術大尉の二名だった。

満州のほぼ中央のハルビンで燃料を補給し、福岡県雁ノ巣へ向かう。朝鮮・京城《けいじょう》（いまのソウル）上空まで来たとき、黒江機の片方のエンジンが止まってしまい、少佐は旋回、降下し、郊外の金浦《きんぽ》飛行場に不時着陸。燃え出したエンジンの消火に大わらわのひと幕があった。

黒江機が翼を振って降りていくのを見送る今村技術大尉の機も、エンジンの回転数がときおりスッと下がり、完調とは言えなかった。だが、京城から雁ノ巣までは直線距離で五二〇キロ、巡行で一時間半の航程だ。この程度なら飛べると技術大尉は判断し、そのまま南東への針路を取り続けた。

金浦には降りたくない理由があった。京城に泊まると南京虫の〝夜襲〟にあうケースがしばしばで、彼もその経験者だったのだ。

雁ノ巣飛行場に降りて、後方席に乗っていた整備のベテラン、西村敏英《としえい》准尉がチェックしたが、表面的には異常は見当たらなかった。

一泊して翌朝、キ一〇二甲は福生へ向けて離陸。主脚を収めると同時に、左エンジンが停止した。離陸直後の片発停止は事故に直結する。ましてキ一〇二は失速特性がよくない。今村技術大尉の脳裏に、航空審査部で起きたキ一〇二乙の片発停止による墜落事故がひらめいた。

生きている右エンジンを頼りに、右方向から斜めにもどり、格納庫の屋根と屋根のあいだをすり抜けて滑走路へ。西村准尉の脚出しの指示で反射的に操作し、接地と同時に主脚ロックの青灯が点《つ》くきわどい着陸は成功した。

すぐにエンジンをはずし、分解すると、皆が息を呑んだ。ピストンの表面が穴だらけで蜂の巣状態になっていた。アルコールの発熱が高すぎたのが原因だ。これではエンジンは回らない。黒江機の場合も同様の状態を呈し、気化アルコールが燃えて火を噴いたのだろう。

エンジンをすげ替えねば飛べないから、今村技術大尉はちょうど福生飛行場へ向かう重爆をつかまえて便乗した。

キ一〇二の機首内には、飛行実験部の面々に食べてもらうつもりで、ハルビンで買いこんだ肉がたくさん積んであった。機を残して放置すれば腐ってしまうので、博多駅前の寺に寄贈した。

金浦に残った黒江少佐は、エンジン換装に日時を要し、その数日間を南京虫が出る京城の旅舎ですごした。

関東各地に初めて敵艦上機が来襲した二月十六日の状況を、少佐が聞いたのは翌十七日。地団駄《じだんだ》をふむ思いで乗機の完備を待ち、急いで福生に帰還したとき(十八日か十九日と思われる)には、米第58任務部隊は二日間の関東空襲を終えて去っていた。

積極的に邀撃戦に加わった審査部・飛行実験部戦闘隊の操縦者に、被墜や不時着による負傷はあったが、ただ一人を除いて戦死者は出なかったようだ。唯一の戦死が来栖技術大尉なのを知った黒江少佐の驚きは、小さくなかったはずである。

追悼記から

成田數正《かずまさ》さんは横浜高等工業学校の機械工学科を昭和十五年に卒業した。満州の昭和製鋼所に勤務し、敗戦時には苛烈な逃避行に耐えて帰国する。

戦後五〇年近くをへて、東京・九段の靖国神社にある遊就館を訪れた成田さんの目は、展示してある故・来栖技術少佐の写真に釘づけにされた。その戦死は昭和二十年代のなかばには知っていたが、平和な時代に遺影に対面して、あらためて深い感慨を覚えた。その出生が特異なうえに、四〇名のクラスメイトのうちで戦死者は彼だけだったからだ。

東京・港区の青山霊園にある来栖家の墓前に手を合わせた成田さんは、「この思いをその儘《まま》、胸にしまって置く事が出来なくなった。その時、私は彼の追悼文をまとめたいと決心した」(「」内は彼の追悼記事)。

こうして、旧友たちの思い出を成田さんがまとめた追悼記『今にして憶《おも》う　華麗なる来栖良君』は一九九四年（平成六年）にでき上がった。冊子のなかには、高工時代を中心に、審査部に所属する以前のエピソードが素朴に散りばめられ、胸を打つ。

来栖技術大尉については第一部第三章で、あらましを記述した。各国大使を歴任、特命全権大使として最後の日米交渉を担当した来栖三郎氏と、ニューヨーク生まれのアメリカ人・アリス夫人とのあいだに、大正八年（一九一九年）一月に生まれた。日本人の国際結婚がきわめて稀な時代だから、混血児もごく珍しかった。

来栖技術大尉の学生時代の断片を、成田さんの追悼記から拾ってみよう。

東京・青山霊園にある来栖家の墓。墓石の上方に十字架、下方に来栖三郎、良、アリスの名前が刻まれ、基部のプレートには、「平時には息子が父を葬り、戦時には父が息子を葬る」とある。

ラグビー部員なのに、選手不足のサッカー部から参加依頼がくると「俺のことをサッカリング・マシンと思っているのか」と言い、ぶっきらぼうなセリフとは裏腹に嬉しそうに出かけていく。製図室では「誰だ？　俺の消しゴムを食ったやつは」と大声を発する。男ばかりの校内だから、このユーモア感覚はなかなか受けたはずだ。

ラグビーの腕前はどうか。

横浜の五高専リーグ戦の決勝戦で横浜専門学校と対戦した昭和十三年十二月。前半、来栖選手がペナルティゴールを決めて三点を先取したが、後半戦の終わり近くにゴールポスト中央にトライされ、同点に追いつかれた。続いて相手のゴールキックで二点が入って負け、のパターンが決まりかけていた。

これをはばむにはチャージングでボールをはじくしかないが、可能性はほんのわずかだ。キックと同時に来栖選手は中央で突進し、ジャンプした手の先をボールに当てて、見事ノーゴールのホイッスルを鳴らせた。

そればかりか、試合終了《ノーサイド》五分前のペナルティゴールをまたしても彼が決め、横浜高工は優勝。部員が感涙にむせんだのは当然だろう。

翌十四年の横浜高等商業との定期戦のとき、主将《キャプテン》だった来栖選手は徹底的なマークで動きを妨げられ、それが一因で常勝の対高商戦はドローに終わった。その後の各運動部の報告会で来栖主将は「無敗を続けた定期戦を引き分けてしまった結末は、自分の責任」と明言し、皆に詫びたという。

級友も部員も、彼の混血を揶揄《やゆ》する者は一人もおらず、出生への質問すら出されなかった。相対《あい》する人々の人がらに加えて、なにより彼の人間性がすばらしかったためと思われる。成田さんの言う「好男子」そのものだったのだ。

だが、世間すべてが同じなわけにはいかない。

戦後の日本でも、混血があまり抵抗なく受け容れられるようになったのは、ここ三〇年ほどだろう。それまでは、奇異なものを見る眼差しを向けられるのが常で、有体《ありてい》にいえば、たいていの場合は蔑視《べっし》の対象だった。島国に住む閉鎖的な国民性が生んだ観念である。まして、戦前においてをや。

高商との定期戦で、相手側の応援席から来栖主将に向けて「あいの子！」のヤジがとんだ。評論家の論法でいけば、人権無視の卑劣なかけ声、という批判が向けられるだろうが、日本人の大多数が心のどこかにこんな気持ちを抱いていたのだ。

だが来栖選手はヤジにはまったく構わず、プレイに全力を注いでいた。

それでは彼は、自身の出生に関し、超然とし続けたのか。本心から無関心でいるのは絶対に不可能だから、苦悩を包みこむに足る強い精神力を備えていたと考えるのが適切と思う。

昭和十四年の十二月、繰り上げ卒業にさいしての会合で、とくに親しくはなかった級友に、自分が混血児でいくつもの苦難に遭《あ》っている、と涙を流しつつ訴えたそうだ。成田さんは「来栖君が混血児であることを、級友のだれひとり笑ったことも、咎《とが》めたことも、ただの一回もなかった。しかし、それだけに却《かえ》って彼の苦衷《くちゅう》は深かったのかもしれない」と付記している。その判断はおそらく、最も正解に近いとらえ方なのに違いない。

エンジニア・パイロットに

横浜高工を卒業した来栖青年は、昭和十五年に川西航空機に入社。在学時の徴兵猶予の適用がなくなって、まもなく入営し、一年後に技術部見習士官に応募して選ばれた。航技将校コースを歩むために立川の技術学校へ。

ここで同窓の畑俊八航技少尉と再会した。畑航技少尉は横浜高工時代にサッカー部のマネージャー。グラウンドでしばしば会った仲である。高工入学は畑さんが一年早いが、造船科から航空科に移って一年、さらにダブリでもう一年よぶんに在籍したため、来栖氏が一年先に卒業した。ところが来栖氏は二等兵を一年やったから、差し引きゼロで技術学校で出くわしたのだ。

既述のように、畑航技少尉は陸軍エンジニア・パイロットの草分けとして、第八十八期操縦学生に加わり、昭和十六年十一月から飛行訓練を始める。そのころには互いの性格を知り抜いて、無二の親友と認め合っていた。第一航空技術研究所に配属された来栖航技少尉に「お前はどうする?」と操縦志願か否かを問うと、「母に聞いてくる」という返事だった。

結局、彼は昭和十八年二月、陸士五十六期の航空転科者を集めた九十二期操縦学生とともに、特別将校学生(技術と軍医)として熊谷飛行学校で九五式練習機による基本操縦課程に入る。熊谷飛校の教官の一人が同年齢の大川五郎中尉(航士五十三期、重爆分科)で、この年の八月に航空審査部の特殊隊へ転属する。

大川教官は来栖航技少尉について、「天性の素質があり、とくに戦闘機乗りに最適」と判断。成田さんの追悼記に「能力を十二分に発揮して〔技倆は〕特別に成長した。また、心か

昭和17年6月に横浜・馬車道のレストランで催された横浜工高の同級会。来栖良航技少尉は前列左から３人目の軍服姿。

ら朗《ほが》らかにふるまって誰からも好かれていた」との手紙を寄せている。

熊谷飛校の卒業は十八年九月。このあと来栖航技中尉が、戦闘分科の乙種学生として明野飛行学校で訓練したかどうか、定かではない。十九年一月に畑航技中尉が航空工廠から審査部戦闘隊に着任したとき、彼はひと足早くそこで勤務していた。

同年七月初め、大川大尉がA－26記録飛行に関して満州の奉天と新京へ出張。来栖航技中尉も、満州飛行機が九七戦をベースに作った二式高等練習機の飛行試験のため奉天（いまの瀋陽）に来て、大川大尉と一週間あまり同宿した。夜、五人ほどで繁華街に出かけてバーに入ると、白系ロシア人のホステスに航技中尉は非常にもてた。その風貌から同じ民族と思われたのだ。

彼女らはもとは上流階級の家庭に育ち、教養としてフランス語を身につけている。彼も暁星中学から横浜高工を受験するさい、外国語にフランス語を選んだほどで、日本語と英語ほどではないが会話ができたのも、プラスに作用しただろう。ただし、いくらもてようとも酒色に溺れる気配は微塵《みじん》もなかった。

第一部第二章に登場した浜垣政子さんは、旧姓の市川だった審査部の総務部庶務科時代に、来栖航技中尉と話す機会があった。

ある日、庶務科に彼が一人で来て、筆生《ひっせい》から女性軍属の序列でトップの雇員に昇格していた市川さんに、別の用事を伝えたあと、小さな声で「『十九の春』を知っていたら〔歌詞を〕書いてくれ」と頼んだ。

「十九の春」とは、同題の松竹映画の主題歌で、市川さんは三番まで歌詞を知っていた。飛行実験部にもタイピストはいるのだが、照れくさかったのかもしれない。彼女は快く引き受け、用紙にカーボン紙をはさんで和文タイプで五部を作って進呈した。

秀でた人格

来栖航技中尉／技術大尉についての最初の具体的な記述は、彼の戦死から一一年後の昭和三十一年に発行された『つばさの血戦』に含まれている。著者はもと上官の黒江氏だ。

筆が立つ黒江氏は、異色の技術部将校について、人がらと戦死の状況を簡潔かつ巧みに表現した。関係者の手になる審査部時代の彼についての公刊文献が同書しかないため、すでになんどか記事などに引用されているが、本書でも一点だけ略記させてもらう。

語る歯に衣《きぬ》を着せない神保進少佐が「貴公のお母さんはアメリカ人か」と問うたとき。

「そうですよ。しかし、母は小さい時からこう言っています。『私はアメリカで生まれて来栖に嫁に来たので完全な日本人とは言い切れないかも知れませんが、あなたは日本で生まれた立派な日本人ですよ』とね。だから、私は立派な日本人ですよ」

「ナアールホド、ああそうか。道理で貴公、全く良い男だな」

「良い男でしょう。全く自分でもそう思いますよ。われながらこの男、気分が良いですなあ」

福生で九九軍偵の操縦席に収まった来栖航技中尉。兵科以外の各部将校としては操縦技倆が高かった。

二人の大笑いで、この話は締めくくられている。

最も微妙な問題の部分を、さらりと愉快に書き流した裏側には、黒江氏の深い配慮が感じられるが、氏の著作にフィクションがないのは検証ずみだ。また、豪放明快な神保少佐の性格からも、この会話内容はほぼ事実どおりと推定できる。

親友だった畑さんは、こう回想する。

「来栖はすばらしい人物でした。私は偵察分科から戦闘隊に来たので、戦闘機の機動をキ四三《ヨンサン》で神保少佐、坂井少佐に教えてもらいましたが、いっしょに習った来栖からも教わった。彼は操縦も射撃もうまく、負けないように切磋《せっさ》琢磨《たくま》したものです。生いたちを苦しむときはあったでしょうが、私にあれこれ漏らしはしませんでした」

畑さんと操縦同期のエンジニア・パイロット、島榮太郎さん。「身長は一七五センチぐらいでしたか。ベランメエな感じでキップがよく、豪胆。同じ技術将校のわれわれにも英語は絶対にしゃべらなかった」

前出の今村さんの記憶では「いっしょに飛んだ覚えもありますが、アメリカ人の血が影響しているのでしょうか、度胸があり操縦がうまい。性格は快活であけっ広げ。あいの子と言われれば反発するタイプで、混血を悩んだとしても辛さを口や態度に表わすとは思えません。アメリカの俳優に似ていて、宴会のとき芸者がみな来栖君のほうへ寄っていってしまうのです」

それぞれが共通点を持ち、かつ補い合う言葉だ。操縦技倆については、戦闘機乗りの権化のような操縦者が集う組織だからめだたないが、技術部将校としては際《きわ》だっていた。

また別の一面を、「秋水」を装備予定の特兵隊の幹部だった林安仁さんが語る。

「来栖〔技術〕大尉は鳥撃ちが好きで、隊内で空気銃をよく撃っていました。私もいっしょに、木の枝の鵙《もず》をねらって獲ったものです。こうした射撃もうまい人だった」

突然の事故死

キ一〇二甲の故障で黒江少佐が京城に残っていた、二月十六日。同日の福生飛行場に話をもどす。

午前七時九分の空襲警報のサイレンが鳴ったとき、今村技術大尉は飛行場の隅に腰かけて、彼をたずねてきた東北大同期の松本技術中尉（工場の陸軍監督官）と雑談中だった。

前夜、敵機動部隊接近の情報が伝えられていたから、サイレンの意味はすぐに分かった。反射的に立ち上がり、三式戦二型の準備線へ走っていって搭乗。機内からエンジンを始動すると、滑走路へ機首を向けた。

腕に覚えの操縦者たちが、乗りなれた機にとびこんで、次々に邀撃に離陸する。三式戦が、四式戦が、そして一式戦も地を蹴って上昇にかかる。飛行場は爆音で埋めつくされた。

複座の四式戦にも同乗した、キ八四整備班で働く軍属の田中和一工員。ベテランの佐々川准尉から「お前にはまだ荷重だが」と、四式戦の機付長を仰せつかり、作業日誌をわたされていた。

彼の担当機は、無塗装でアルコール燃料試験の審査機だった。邀撃戦を想定して、前夜にガソリン用の気化器に換装し、燃料もすっかり入れ替えておいた。

この機には黒江少佐がいちばんよく乗った。少佐が乗らないときは佐々木勇曹長が使い、来栖航技中尉／技術大尉もときおり搭乗した。

拡声器を通したような声で「きさまら、モタモタしていると」と怒鳴る佐々川准尉とは対照的に、来栖技術大尉はよく「どうだ、身体は平気か」などとねぎらいの言葉をかけてくれた。

「私たちからは雲の上の人。『ハイッ！』と緊張して返事をしたものです。外見はまったくのアメリカ人で肌も白く、飛行帽をかぶってもすぐに区別がつきました」と田中さん。

十六日、黒板にチョークで「担当機、異常なし」の印をつけるため、本部建物の前のピストへ向かうとき、後ろから来栖技術大尉が来て「お前、飯を食ったか」とたずねた。作業の連続で、技術大尉は四式戦での一回目の出動を終えて、帰還してきたところだった。朝からなにも口にしてないのを思い出した田中工員が、ピストに入ったら、机の上に握り飯がいっぱい用意してある。一個受け取ってもどると「片手があいてるだろう。もう一個もらってこい」と言われた。

技術大尉の分か、と思ってまたピストへ。

「来栖大尉殿の命でもらいにきました」と伝えて手に入れ、両手に一個ずつ持って外に出ると、技術大尉は田中工員の担当機が置かれた四式戦の準備線へ向かうところだった。二個目の握り飯も工員に食べさせるつもりだったようだ。

田中工員には彼が歩いていくように見えたが、三式戦の準備線へ向かった技術大尉の熊谷さんは、途中までともに走り、来栖技術大尉が四式戦をめざしていたのを覚えている。

四式戦の手前に一式戦がならべてあった。そのうちの一機が車輪止めを外して誘導路に出たとき、田中工員はプロペラ後流でわき上がる砂や埃《ほこり》が握り飯に付かないよう、誘導路に背を向けた。このため彼は直後の惨劇を見ずにすんだ。

ピストで出動待機中の特兵隊の林中尉は、来栖技術大尉が歩いていくすぐ後ろから一式戦が迫るのを認めた。「危ないぞ！」と思った瞬間、プロペラの回転面のエッジが技術大尉の首にかかった。

四式戦の整備班を指揮する新美市郎さんの記憶では、空襲警報が鳴ってまもなくのころだ。ピストから操縦者たちが駆け出した。ピスト前で駐機場全般を視野に入れて、整備の指揮をとっていた新美大尉が彼らを目で追うと、来栖技術大尉が四式戦の準備線へ走っていく。彼が一式戦のならぶ前を駆け抜けようとしたとき、一機が二〜三メートル前に出た。

襟の毛皮か飛行服の真綿か、白いものがパッと舞い、プロペラで切断された頭部が、血しぶきとともに二メートルほども飛び上がった。大きな音がし、首を失った技術大尉の身体が四〜五歩、前に出てから倒れた。

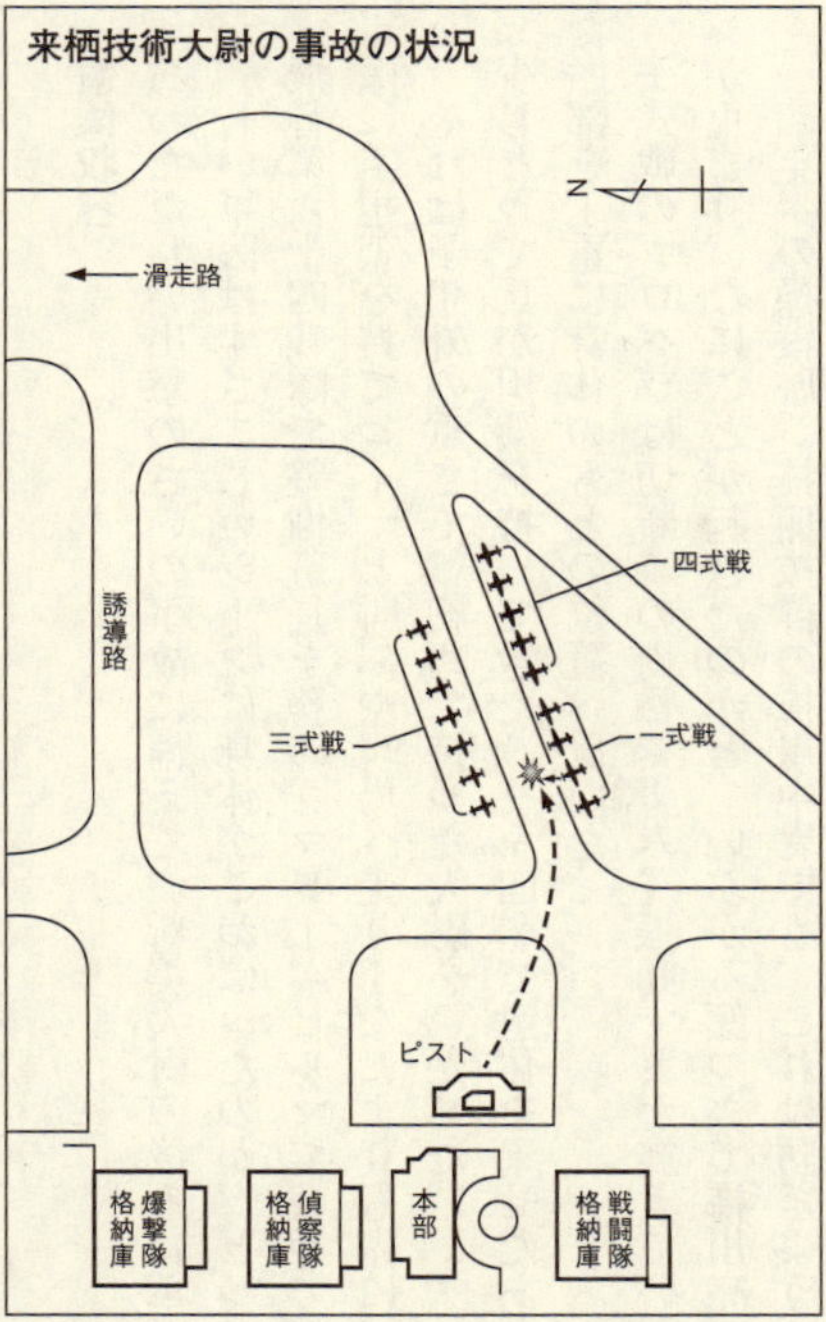

来栖技術大尉の事故の状況

誘導路をはさんで、一式戦と四式戦の準備線の北側にならんだ三式戦二型の一機に、竹澤俊郎《としお》少尉が乗りこもうとしたとき、左後方に首が転がってきた。すでにエンジンは回っている。「ともかく邀撃に上がらねば」と、竹澤少尉は滑走に移った。

遺体収容

あわただしい出撃のさいの事故に備えて、新美大尉の後ろに軍医中尉が待機していた。だが、若い軍医はすさまじいシーンに身体がこわばったのか、とっさの行動に出られない。

飛行第六十四戦隊で整備班長を務め、マレー、ビルマで戦って戦場になれた新美大尉は、軍医に「担架を持てっ！」と叫ぶや現場へ走り、なによりも先に、落ちている首を持ち上げた。それは予想外の重さで、初めて持った大尉を驚かせた。

少したって兵が担架を持ってきた。三〜四名で遺体を乗せたあと、新美大尉は保持していた頭部を丁重に身体のもとの位置へ置いた。

一式戦のプロペラは切断時の衝撃で歪《ゆが》み、振動で翼が震えていた。ひと呼吸おいてエンジンが止まり、なにごとが起きたのかと、いぶかる顔つきで梅川亮三郎中尉が降りてきた。

一四年半の操縦歴、技倆抜群の梅川中尉でも、これは防ぎようのない事故だった。機付の兵が前に立って誘導していれば別だが、敵襲下のあわただしい時期にいちいちこなしてはいられないし、誘導が不可欠なレベルの組織でもない。

知らせを受けた医務科では、看護婦の岸浪子さんが衛生兵たちと飛行場に駆けつけた。「首も胴体も痛んでひどい状態でした。身体の欠損部分は藁《わら》で埋め、繃帯《ほうたい》を巻いて形を整えました」と小林さん（旧姓・岸）は当時を思い起こす。彼女にとって来栖技術大尉は「りりしい人」の印象が強い。

梅川中尉は実直な人物だった。一式戦から降りたあとピストに帰り、特兵隊長の荒蒔義次少佐の前に来て頭を下げた。

荒蒔少佐とは飛行第三連隊以来の、一三年にわたる付き合いがある。昭和十七年四月十八日、ともにキ六一試作機で、ドゥーリトル隊のB－25を追いかけた間がらだ。

青い顔の梅川中尉に、少佐は発する言葉がなかった。もちろん怒りはしない。中尉の立場がまずい方向へ向かうようなら動かねばならないところだったが、不可抗力の事故として不問の処置が決まる。

梅川亮三郎中尉が整備兵とともに一式戦二型の操縦席をのぞきこむ。彼がどれほどの手練れであろうとも、死角内の来栖技術大尉は視認しようがなかった。

一機撃墜を報告

来栖技術大尉の事故死の状況は、目撃者の回想を中心に、できるだけ正確に発言内容を表わせるように努めた。したがって、記憶の食い違いによる矛盾点が当然出てくる。最も顕著なものは、来栖技術大尉の事故が起きた時間帯だ。

彼が四式戦に向かって「駆けていくとき」という証言に従えば、空襲警報が鳴った直後、午前七時すぎの最初の出撃時に決まる。これに対して、

「歩いていくとき」が正しいなら、二回目の出撃、すなわち八時以降のできごとだ。

警報を聞いて「それっ」と乗機へ向かうのは駆け足、ようすを呑みこんで散発的に上がるさいには歩行が自然なのは、お分かりいただけよう。

歩行説の最も有力な証言が、軍属で工員だった田中さんの回想だ。来栖技術大尉から「〔敵機を〕落としたぞ」と語りかけられた田中工員は「それはごくろうさまでした！」と答えている。

つまり、来栖技術大尉は最初の出動で交戦して撃墜（機種不明）を果たし、いったん福生飛行場にもどって再出動に向かうときに、梅川中尉が乗る一式戦のプロペラに当たって即死した、と考えられる。駆け足による初出動時、の回想は、強いイメージから生じたのではないだろうか。

原因が不可抗力の事故としても、作戦行動中の死亡だから、扱いはいうまでもなく戦死だ。

靖国神社の境内にある、戦死者、殉職者の遺品や兵器類を展示した、前述の遊就館。館内の展示ケースの一角に、来栖技術少佐（戦死後進級）の航技中尉当時の写真や出征旗が飾られ、次のような戦死状況の説明文が付されている。

〔昭和二十年二月十六日、敵艦載機グラマンの来襲に当り単機迎撃、千葉県八街《やちまた》上空にて敵八機と交戦、一機を撃墜したが、自らも被弾重傷を負い帰着、戦闘報告の後戦死す〕

これは、審査部が作成した戦死証明にもとづく陸軍省の公表をかみくだいて、二十年三月五日付の新聞各紙に掲載された記事と同様の内容だ。
「血で描く『技術操縦』――壮烈・空に散った来栖大尉」の見出しと、熊谷飛行学校での操縦学生当時の写真を配した朝日新聞の記事は、遊就館の説明文とほぼ等しい戦闘経過を記したあと、こう続く。

東京の南東200キロの洋上で空母「レキシントン」を発艦した、第19爆撃飛行隊のSB2C－3艦上爆撃機が関東初侵攻の戦力として第58任務部隊の上空を北西へ向かう。

「アメリカ生れのアリスさんを母にもち、アメリカで産声をあげた来栖大尉の日本精神に徹し切った壮烈な戦死といふ事実より以上に、同大尉の戦死は陸軍航空審査部に勤務する一技術将校が、操縦桿を握って実戦に参加し、技術将校として初の機上戦死を遂げたことに大きな意味がある」

大本営陸軍報道部が早々に新聞に掲載させたのは、父親が特命全権大使、日米の混血、技術将校の空戦死、の三点が理由だろう。

空戦の状況に関しては、彼が出動から帰って上官（戦闘隊長は石川正少佐）に報告した内容に沿っていた可能性が少なくない。田中工員への言葉と合わせて、撃墜を報じたのは確実なようだ。

だが、死亡原因はまったくの創作である。靖国神社の職員が航空戦史にとくに詳しい必要はないから、誤りに気づかず、陸軍省公表または当時の新聞記事をそのまま展示説明に流用したのも仕方がない。あるいは、誤りと判明しているのに、軍の公式発表だからと、この説明を使い続けるのかも知れない。

帰還後の戦死を、二度目の出撃時の事故による戦死と改訂しても、来栖技術大尉の人格や功績にはなんの変化ももたらすまい。それならば事実をありのままに（まったく落ち度のない梅川中尉の名を、念を入れて伏せてでも）示すほうがいい。

告別式で

来栖技術大尉といちばん親しい畑技術大尉は二月十六日、中耳炎を患い、高熱を出して荻窪の自宅で休んでいた。

敵艦上機の来襲のせいか、いつになく胸さわぎを感じたため、布団から抜けて審査部に電話をかけた。受話器から総務部勤務の栗田准尉の声が聞こえる。

「なにか変わったことはないか」

「来栖大尉殿が戦死されました」

畑技術大尉には「あれはなにかの知らせだったのか」と思い当たる出来ごとがあった。

新婚の畑家に、中央線をはさんで反対側に下宿している来栖技術大尉は、ひんぱんに遊びにきて飲んだ。一週間〜一〇日前、彼は酔って神式の葬儀のまねごとをし、自身を死体に見立てて「来栖ノ命《みこと》」と称して面白がっていた。

また、事故当日の未明に母堂のアリスさんは不思議な夢を見た。音がするのでドアを開けると、ビショぬれの将校マントを着た息子が立っている。「どうしたの、良」と声をかけたら、グニャグニャして潰れたような形に変わったという。

戦死の一週間ほどのち、審査部葬と告別式が戦闘隊の格納庫で催された。将校から軍属まで、当直の者以外はみな参列した。

来栖技術大尉と最後に言葉を交わした田中工員は、飾り付けられた祭壇と花輪の列を見て「ああ、本当に亡くなってしまったんだ」と、彼の死を実感した。列席の美しい白人女性を、誰かから技術大尉の妹さん（ピアさん）と教えられた。

葬儀に用いられた来栖技術大尉の遺影。少佐に変えた襟章の横に航空技術を示す羽のマークが付く。

前のほうに立っていたキ八四《ハチヨン》整備班トップの新美市郎少佐は、初めてアリスさんを見、距離が近いので目の青さが分かった。技術大尉にB−29のマニュアルの翻訳を頼んだことを思い出しつつ、新美少佐もあらためて快男子の死を悼《いた》んだ。

葬儀の弔文を総務部長の森本軍蔵少将が読む。続く告別式で父・来栖氏が、居ならぶ参列者に向かって挨拶を述べた。

「私の家内はアメリカ人であります。いささか私には、この大戦に肩身の狭い感じが致していました。しかし今、私の息子は勇ましく機動部隊の来襲に立ち向かって、生命を抛《なげう》って散華してくれました。父親として愛するこの息子の良を失った悲しみは、無論、何物にも替えがたいものがありますが、また一方では、よくぞやってくれた、と父親は肩身の広い思いで良を誉めてやりたい気持ちです」

この言葉は黒江氏が『つばさの血戦』に書いたもので、多少のニュアンスの差異はあるにしろ、内容を正確に伝えていると思う。

来栖氏の挨拶は次のように締めくくられた。

「どうぞ、皆さん、良を誉めてやってください。そして、永く忘れずにこの青年を思い出してやってください」

言々肺腑をえぐる言葉であった、と黒江氏は付記している。

遺骨は畑技術大尉に抱かれ、来栖氏同乗の審査部の乗用車で永田町の自宅へ運ばれた。

四機協同の確実撃墜

東京・竹橋の第十飛行師団司令部から「福生飛行隊、出撃せよ」の命令が、航空審査部に入ったのは、昭和二十年（一九四五年）二月十九日の午後一時すぎ。「福生飛行隊」は、審査部飛行実験部の戦闘隊の別称だ。

熊谷氏の記憶によれば四式戦二個編隊八機がまず出動し、三式戦二型四機と一式戦四機がこれに続行。さらにキ一〇二が二機、最後に離陸したという。

熊谷技術大尉を含む三式戦編隊の長機は有滝孝之助大尉。有滝大尉はロケット戦闘機「秋水」を審査する特兵隊の副主任、つまり次席リーダーだが、まだ「秋水」関係の仕事が本格化していないため、四式戦や五式戦のテストを手伝うかたわら、冬のあいだの邀撃戦にはよく出撃した。

「審査部（戦闘隊）の人たちは、おもしろがってB－29邀撃に上がりました。福生に爆弾が落ちて地上でやられるより、上がった方がいい。編組の表に自分の名がないときは、消して書き直したものです」と有滝さんは語っている。したがって、固有の編組メンバーなどはなく、「好き勝手に上がった」（有滝さん）。

十飛師司令部からほぼ同時に出動命令を受ける各戦闘戦隊のほか、横須賀鎮守府の指令による三〇二空と横須賀空、木更津の三航艦司令長官の麾下《きか》部隊である二五二空と六〇一空などの海軍戦闘機が、来襲予想空域へ向かう。

どの機も少しでも早く高空に達しようと、懸命に上昇する。高度が上がるにつれてエンジンの好不調の差が出、編隊を維持しきれなくなっていく。

そんな二式戦や三式戦一型、海軍の「雷電」、零戦を尻目に、審査部の三式戦二型は四機編隊をきちんと保ったまま、指定の八王子上空、高度九五〇〇メートルまで昇りつめた。酷寒と激しい卓越偏西風にあらがって、警戒待機にかかる。

「各《かく》、各《かく》、敵第一目標、甲府上空東進中」。三十号機に乗る熊谷技術大尉の耳に、十飛師の対空無線情報が入ってくる。

審査部といえども、こと無線に関しては陸軍の平均値をさして抜いてはいなかった。空対空はたいてい役に立たず、地上からの電波も雑音まじりで聞き取りがたい場合が大半だった。福生に置いてあった捕獲P－40Eの無線機が、地上のラジオはもとより、シンガポールあたりの放送までひろえるのとは、まったく大差があった。

ところが、この日は十飛師／第十二方面軍（旧・東部軍）側が出力を高めたものか、熊谷機の受信感度、明度はすこぶるよかった。

情報どおり、B－29群は西の甲府方向から、横ならびの銀の針のように姿を現わした。敵影を認めた彼は、長機に知らせるべく翼を振る。竹澤少尉機も同様の機動をとったが、気づかないのか有滝大尉は北西に機首を向けたままだ。

熊谷技術大尉は待ちきれず、有滝機の左側方へ射弾を送る。有滝大尉の左手が上がり、次の瞬間、左へ急旋回。敵の進路に正対すべく、続いて右にひねりつつ急降下し、機首を起こすとまさしくピッタリ、直前方からの対進攻撃の位置だった。

有滝機、岡本機、熊谷機、竹澤機の順で五〇〇メートル間隔の縦列を作り、十数機の梯団に突進する。岡本芳雄准尉も特兵隊の一員だ。

みるみる迫る超重爆。左側の編隊の先頭機をねらう。三式射撃照準具の樹脂ガラスに浮かぶ照準環の中央に、B－29の機首をおさめ、内側の一五〇K《キロ》環から外側両エンジンがはみ出しかける時点で距離二〇〇メートルあまり。相対速度九〇〇キロ／時では、ぶつかるまで一秒とない。

夢中の一瞬。敵コクピットへの短い連射。チカチカ光る命中弾の光を網膜に焼き付けて、熊谷技術大尉は瞬発的に操縦桿を前へ倒した。

眼前の巨大な機首が上方へそれ、三式戦はB－29の胴体下にもぐりこむ。側下方への離脱を選ばないのは、補助翼の作用が現われるまでにぶつかってしまうからだ。これに対し、昇降舵の下げはてきめんに利《き》く。

頭上五メートルばかり、風呂桶ほどの直径の一二・七ミリ銃塔を、風防がこするように直下を抜け、左旋回に入れつつ振り向くと、しんがりの竹澤機があざやかな斉射を浴びせて離脱するところだ。

B－29の速度が不自然に落ち、するする高度を下げていく。七〇〇〇メートルあたりで急に西方へ旋回ののち、錐もみ状態で墜落し地表に激突。炎がわき、ついで黒煙が立ちのぼったその場所を、熊谷技術大尉は新宿駅西方三〇〇メートルあたりと判断した。

単機で直前方から

この二月十九日の第21爆撃機兵団のB－29発進数は、第73と第313の二個爆撃航空団を合わせて一五〇機。つねに雲に覆われて爆撃効果を得られない中島飛行機・武蔵製作所への七度目の出撃行だったが、天候は晴れなのに今回も同じ結果に終わり、主力の一一九機は第二目標である東京市街地に向けて、レーダー照準の投弾を実施した。

四機協同による確実撃墜ののち、熊谷技術大尉は他機と連係できず単機へと変わり、ふたたび高度をかせぐ。埼玉県南部、川口あたりの上空九三〇〇メートルに達したとき、西南西方向の八王子の上空、三〇〇メートルほど低い空域に敵八機編隊が見えた。

うまく敵機の軸線上に占位できた。こんども直前方の対進攻撃だ。同じ敵をねらって接近してきた、二百四十四戦隊の三式戦一型が目に入った。

距離四〇〇メートルから一秒半の斉射を加え、前回と同様にB－29の胴体下を浅く降下しつつすり抜ける。手ごたえを感じられた一撃だった。

前方から後続の敵六〜七機が近づく。緩降下で速度をたもつ乗機をやや右上方へ振って、下方からの前側方攻撃を加えた。直前方攻撃とは異なって、未来位置を予測した修整射撃なので照準が難しい。

攻撃中の緩上昇で飛行エネルギーを消費した熊谷機の速度が低下し、敵編隊の直下で銃塔からの火網を浴びた。旋転をうって逃れようと思うが、こんなときの機動はどうしようもなく遅く感じられる。

ゆっくりと、そして次第に速い錐もみが始まり、弾幕を抜け出せた。旋転を止める舵を使ったところ、なぜか操縦桿が引っかかって動かなくなった。このままでは機動が速まり、回復不能に陥《おちい》ってしまう。熊谷技術大尉は思いきって桿を強く前へ押し出した。これは、初心者には回復不能に思える水平きりもみ《ブリル》からの回復法だから、効果があった。

キ六一－Ⅱ改のチェック作業を、左翼上の熊谷彬技術大尉（左）と二研（航空エンジン担当）の吉田技術中尉が見ている。固定風防内にある特別装備の耐弾ガラスの枠に注意されたい。

旋転は止まり、単なる降下に変わった三式戦を、水平飛行にもどしたのは高度五〇〇〇メートル。一時間の在空を終え、福生に帰還できた技術大尉は、錐もみ時の操縦桿の不作動の原因を知らされた。敵弾二発が右翼に命中し、補助翼を動かす槓桿《こうかん》を壊していたのだ。

彼が前側下方攻撃をかけた状況は他部隊機に視認されていて、B－29が機首を起こし右傾から墜落状態に入った、との報告があった。審査部ではこれを不確実撃墜に扱った。

技術将校出身の操縦者が単独で果たした撃墜は、前回に述べた来栖技術大尉の対小型機（機種不明）一機と、熊谷機による対B－29のこの一例だけだ。

審査部戦闘隊には撃墜・撃破の戦果マークを機

体に描く習慣はなかった。ややたって熊谷技術大尉が三式戦二型三十号機のかたわらに行ったとき、暗褐色に塗られたプロペラの裏面に「二機撃墜」と引っかき文字で小さく書いてあるのに気がついた。

この機の固有の整備担当者である機付《きづき》が、戦果を誇らしく感じて記入したのは歴然だ。「よほど嬉しかったんだな」。彼らの気持ちを推察した技術大尉は、ますますの努力を心に誓った。

黒江少佐、思わぬ苦戦

硫黄島上陸作戦を支援する米第58任務部隊は二月二十一日、艦爆「彗星」と艦攻「天山」の第二御盾特別攻撃隊に護衛空母「ビスマークシー」を沈められ、正規空母「サラトガ」も損傷をこうむっていた。こうした被害の続出を防ぐため、空母一四隻の艦上機でふたたび関東地方の航空兵力を制圧する策に出た。

進撃途上のこの機動部隊を、小笠原諸島の北東海域で警戒任務についていた、海軍の監視艇が見つけたのは二月二十四日の午後九時。敵艦隊発見の情報は防衛総司令部、第十二方面軍および十飛師司令部へも伝えられた。

ところがもう一つ、マリアナ諸島の交信傍受から、B－29が出撃準備中、と防衛総司令部は判断した。すなわち翌二十五日には、艦上機とB－29の来襲が予測されるのだ。

そこで第十飛行師団長は隷下戦力のうち、単発戦の部隊を対艦上機用に、双発戦の部隊を対B－29用に待機させる、二本立て方針をとった。防空戦に関して臨時に指揮下に入る審査部戦闘隊については、とりたてて厳密な指定はなかったように思われる。

二十四日午前の晴天は下り坂に向かい、二十五日の早朝にはベタぐもりに変わっていた。またマリアナの通信情報によって、B－29の来襲時刻が午後一時半〜二時と推定できたため、十飛師は朝から侵入するであろう艦上機の邀撃を全面的に取りやめ、B－29邀撃に備えさせる作戦に変更した。

したがって、房総半島の監視哨が午前七時三十七分に「敵ラシキ数目標、東南洋上ヨリ本土ニ接近シツツアリ」、その四分後には「敵小型機一〇機、房総方面ニ侵入セリ」と伝えてきたとき、出動したのは三〇二空や横空、六〇一《ろくまるいち》空、筑波空など、海軍の戦闘機ばかり。十飛師隷下の戦隊は鳴りをひそめたままだった。

唯一の例外は審査部戦闘隊だ。本来、官庁たる組織の一部で軍隊ではなく、実戦参加はあくまで応急的措置なのと、自主参加的な出動、飛行戦隊を大きく超える操縦者の平均技倆、の三点が、単独出動をなさせた理由だろう。

警戒警報の四分後、房総に小型機侵入の情報が入った午前七時四十一分に、空襲警報が発令された。

前夜から警急姿勢（スクランブル発進態勢）にあった四式戦「疾風」四機が、鉛色の空をめざして福生飛行場を離陸した。指揮官は、実戦経験が豊富で、操縦、指揮の両能力とも高く、総合的判断力に優れた黒江少佐。

戦闘隊のピストでストーブにあたりながら、黒江保彦少佐が拡声器からの指令を待っている。左奥は整備第一中隊長の伊藤忠夫少佐。

敵目標は群馬県の中島・太田製作所とみて、北上した。高度二〇〇〇メートルと四〇〇〇メートルに雲層の底があり、視程ははなはだ効かない。飛行中の味方機は見たが、会敵しないまま福生上空にもどってきた。

敵機がいる方向を味方機へ示す、布板信号が敷かれている。そちらへ目をやると、低空にいくつもの機影があった。青梅線の列車を攻撃中なのだ。

高度二〇〇〇メートルで接近する四式戦を敵も発見したらしく、右方向から一〇〇〇メートルの高度差を詰めながら向かってきた。右下方をすれ違う敵第一編隊四機に続いて、第二、第三編隊が航過する。第三編隊がすぐ下に来たとき、黒江少佐は機を右へ傾けて、相手がF4U「コルセア」なのを確認した。

黒江機はそのまま右旋回、第三編隊の後尾機に後上方《こうじょうほう》攻撃をもくろんだ。後方をふり返ると、僚機が三機ともいなくなっている。

一対一二の交戦の覚悟を決めて、少佐はスロットル全開状態で後尾機の捕捉にかかった。ぎりぎりまで間合を狭めて一撃で落とすつもりだった。距離が一五〇メートルまで詰まったが、まだ、射撃しなかった。

　彼の意表をついて、最先頭の指揮官機が突然、右旋回をうって対進のかたちに変わった。弾道特性がいいブローニングM２一二・七ミリ機関銃を数十梃も相手にしては、勝ち目などない。反射的に右へ離脱にかかったとき、激しい音とともに敵弾が連続命中。

2月25日、空母「バンカーヒル」の飛行甲板で轟音のなか、発艦準備を進める第84戦闘飛行隊のF4U－1D艦戦群。主翼下に5インチ・ロケット弾を計8発装備している。

　すぐ左へ急反転。急降下から引き起こして、内陸部へと全速で飛ぶ。敵機の最大の弱点、滞空時間の余裕のなさを読んでの飛行だろう。思惑どおり、F４U編隊は追撃してこなかった。

　主翼前縁の着脱式燃料タンクが爆発して破れ、脚の作動油タンクの裂け目から油が噴き出る。手ひどくやられた四式戦を左旋回に入れて、福生飛行場の上空へ持っていく。

　主脚を降ろし、油圧によるロックを掛けられないため、機を左右に横すべりさせて拘束に成功。回転速度の落ちたプロペラが止まった。滑走路端部で接地し、落下傘の縛帯をはずした少佐は乗機が止まる前にとび降りた。付近にいる敵機が銃撃に現われる恐れがあるからだ。

プロペラ停止の四式戦が降りてくるのを見て、整備中隊長の伊藤忠夫少佐はトラックで降着場所へ急行した。四式戦は滑走路をはずれて、芝生に止まっていた。すでに地上に降りていた黒江少佐に伊藤少佐が問うと、ニヤッとして、「どうしました⁉」。

「やられたよ」

合計四〇発以上を被弾し、うち十数発が胴体に当たったのに、黒江少佐の身体にはカスリ傷もなかった。

しかし、たとえ多勢に無勢でも、数々の戦功を収めてきた彼にとって痛恨の一戦だったらしく、戦後に「一瞬の間に、一本勝負に完全に負けた」「全くの醜態。自信がいっぺんに吹き飛んで叩きのめされた感じであった」と回想を記している。

楽じゃない対艦上機戦

黒江少佐はこのあと、機を変えてもう一度出撃し、厚木北方空域で雲から出たとたんF6Fの大群と遭遇。機関砲を乱射しつつ突っきって帰ってきた。

F6FにしろF4Uにしろ多数機が連係よくまとまって行動するため、関東防空の日本戦闘機は不利を余儀なくされるケースがめだった。また敵パイロットの平均技倆も決して低くなく、油断が被弾に直結した。

二月二十五日かどうか確定はできないけれども、審査部戦闘隊のベテランたちが予想外の苦しい戦いを強いられた二例を、以下に取り上げてみよう。

ビルマで一式戦を駆って撃墜をかさねた佐々木勇曹長が、四式戦で単機、埼玉県豊岡の航空士官学校付近の上空を飛んでいた。四周に視線を走らせ、よもや襲われまいと思っていた前上方から、いきなり攻撃をかけられた。

敵はF4U三機。佐々木機が下位で、敵の数が多いのだから、ともかく逃げの一手だ。「戦闘は上位必勝」こそが、あまたの空戦経験から佐々木曹長が体得した真理だった。

F4Uは一〇〇メートルほどの距離から撃ってきて、上昇し離脱していく。佐々木機も速度を稼いで、次の一撃をかけられたときにそのエネルギーで旋回し、射弾を避ける。だが、余剰エネルギーはそのつど消費され、機動のたびに四式戦は高度を失っていった。

四式戦とセーター姿の島村三芳少尉。機上は舟橋四郎少尉。どちらも対戦闘機戦のキャリアは充分にもっている。

それなのに敵機はパワフルで、旋回能力は並以下だが、上昇力も機動力もいささかも減退していないように感じられた。「シコルスキー（F4Uの日本側呼称）がこれほどの馬力をもっているとは！」と曹長は驚嘆した。

追いこまれるばかりの悪循環を、救ってくれたのが雲塊だ。すぐさま突入して難を逃れ、ややたって雲上に出る。敵のいないのを確かめてから福生へ機首を向けた。

少飛で佐々木曹長の二期先輩の島村三芳少尉が、岩倉具邦少佐と四式戦で出撃したときは、これと逆のパターンを味わった。

頭上をふさぐ雲のところどころに青空が見えたので、そこから上空へ抜けることにした。飛行場から三〜四キロ北の箱根ヶ崎あたり、と島村さんは記憶する。岩倉機、島村機の順で雲上に出たところを、いきなり後上方から敵艦戦（F6FかF4Uか不明）に襲いかかられた。索敵中の敵編隊のまん前に出てしまったのだ。

後続の島村少尉はすぐに機をひねって雲のなかにもぐったが、先を飛ぶ岩倉機は雲から離れてしまっていて、敵弾を受けて墜落。

幸いケガはなく、落下傘降下で生還できた。例によって、敵と思いこんだ住民に囲まれ、あやうく撲殺されそうになった話を、少尉はあとから岩倉少佐に聞かされた。

二月二十五日は午後からさらに天候が荒れて、吹雪へと悪化した。さすがの審査部の辣腕《らつわん》操縦者たちも出動不能で、B－29に対する邀撃は叶わなかった。

このときか、あるいは三月の大雪のおりかは不明だが、伊藤整備中隊長をひどく困らせた事態が起きた。

飛行実験部の将校操縦者はみな、飛行場の近辺に家や部屋を借りている。陸士四十期の戦闘隊長・石川少佐（三月に中佐）から、航士五十期で一期先輩の黒江少佐にいたるまで、先任者がつぎつぎに帰宅してしまい、伊藤少佐が飛行場に関係する将校の最先任者として残っていた。

彼も青梅《おうめ》に下宿があったが、機動部隊接近の情報があり、責任上、持ち場を離れずにいたのだ。出動予定機の準備を指揮するのは問題ないけれども、広大な飛行場の除雪や、早朝に攻撃を受けたときの対処をどうすればいいのか、悩みは大きかった。

翌日も雪が降り続いたため、艦上機の空襲はなくてすんだ。しかし、今後も起こりうる事態なので、戦闘機操縦者として最先任の山本五郎中佐に「福生の指揮系統をしっかり確立してください」と具申した。

整備指導で台湾へ

木村清少佐が飛行第六十八戦隊長、岩橋譲三少佐が二十二戦隊長に任じられたように、審査主任がその機を装備する部隊の長に転じるのが、福生における一つのパターンだった。同様なケースが整備将校にも当てはまるのは、二十二戦隊に関する項ですでに記述した。

時間を半年もどして、もう一例を書いてみる。

甲種幹部候補生として立川航空整備学校で学んだ大谷隆三少尉は、審査部飛行実験部では一貫して双発戦闘機の整備に関する審査が任務になった。まず三七ミリ・ホ二〇三機関砲装備の二式複戦、続いてキ一〇二だ。

キ一〇二の次には、三菱・遠距離戦闘機キ八三の油圧関係を命じられた。昭和十九年の九月、同期の新開皓明少尉らとともに名古屋の大江工場に出かけたところ、まだ試作一号機の完成前で実物のエンジン（ハ二一一‐ルか）を付けた実大模型《モックアップ》が置いてあった。美しいスタイルに感心し、実機の完成を待って同行の七～八名と旅館にいたら、大谷少尉にだけ至急帰還の連絡がもたらされた。ひとり汽車で帰った彼を待っていたのは、明野教導飛行師団への転属命令だ。

もともと実戦部隊への赴任を望んでいたから、この転属に特別な感慨は抱かなかった。機種ごとに格納庫が分かれている明野では、一式戦格納庫を受け持たされた。整備学校では一式戦のエンジンを専攻したから、理にかなわぬ任務ではない。

その後まもなく、真の役目が判明した。それは、一式戦三型甲で編成された八紘《はっこう》隊担当の整備将校である。八紘隊はフィリピン戦用の単発機特攻隊の、当初の総称だ。

大谷少尉と同期で、いっしょに審査部に着任した疋田嘉生少尉にも、似たかたちの変化が訪れた。

キ六一《ロクイチ》班にいた疋田少尉が、アルコール燃料の試験飛行時に荒川の河原に不時着した三式戦の、収容作業に没頭していた昭和二十年二月十一日。上空に飛来した機（九九軍偵？）から通信筒が落ちた。

文面の「疋田少尉は直ちに帰隊せよ」に従ってもどったら、戦闘隊格納庫に付属する整備事務所に「明日、台湾へ出発せよ」のメモとともに、飛行服が用意してあった。

翌十二日、指揮官を務める佐浦祐吉中尉らと、審査部本部長・寺本熊市中将に会って出発を申告。昼ごろ、爆撃隊の飯塚英夫大尉が操縦する四式重爆に乗りこみ、台湾へ向けて出発した。

彼らの任務は、台湾の第八飛行師団の特攻隊に対する整備指導。台湾に多い三式戦部隊（三個戦隊と一個独立飛行中隊）とその特攻機の指導は彼と斉藤文夫曹長が中心だが、一式戦担当の佐浦中尉も、試作機時代のキ六一を扱った経験があった。

飛行中に、台北が空襲中との無線連絡が入り、新田原で降りて一泊。ここで会った同期生がフィリピンからの帰還者で、疋田少尉は初めて戦況のひどさを知らされた。

整備将校室で疋田嘉生少尉が資料を検討する。長時間の勤務で疲労がつのって、右の大友少尉は机上で仮眠中だ。

翌日、沖縄上空で追ってきたF6Fを雲中に入って避け、台北をめざす。雲の厚い層が延々と続き、南下して台中の上空でようやく切れ目から出られて、四式重は同飛行場に降着。翌十四日に台北の八飛師司令部に出頭し、到着を申告した。

疋田少尉と斉藤曹長は、台中の飛行第百五戦隊、花蓮港の十七戦隊、屏東の十九戦隊と巡回し整備指導に従事した。戦隊の整備隊もよく三式戦を可動させていたが、彼らの教示で得るところは少なくなかったと思われる。

佐浦中尉らは四月下旬に台湾を離れ、帰途に着いた。福生帰着は二十九日だった。

だが疋田少尉にだけは、八飛師の参謀部・兵器部付への転属命令が出た。主力戦闘機である三式戦の可動状態を高く保つべく、師団が残留を航空本部および審査部に依頼したのは明白だ。

ただ一人残らねばならない彼の心境は、想像に難くない。初めのうちは心がすさんだが、やがて任務に全力を傾け、戦力維持に少なからぬ貢献をなす。

排気タービンを利《き》かせて

キ一〇二の審査主任は黒江少佐が務めた。ターボ過給機付きの甲が主体だ。

この高高度戦闘機を使って、黒江少佐は少なくともB－29への攻撃を二回加えている。ただし日付が判然としない。敵の来襲状況と照合すると、昭和二十年の二月二十五日と三月四日らしいと推定はできるのだが。

福生東方《ふっさ》二〇キロの田無の上空、高度九四〇〇メートルを飛ぶキ一〇二の風防ごしに、富士山方向から来攻するB－29梯団十数機を視認。敵の高度は自機より高いと知った少佐はターボ過給を利かせ、フルスロットルで上昇しつつ旋回して、高度一万四〇〇メートルで超重爆と正対した。こんどは逆に、キ一〇二のほうがやや高位を占めた。

こんな高空で三〇度傾斜の旋回をうち、ひと回りで一〇〇〇メートルも高度をかせぐ芸当は、排気タービンを付けていなければ到底無理だ。この時点でターボ過給機装備に成功した日本軍用機には、百式司偵四型もあるが、Ｂ－29と戦えるのはキ一〇二甲だけである。

距離二〇〇〇メートル。浅い角度の前上方攻撃にかかる。すぐに敵の銃塔が撃ち始めた。おびただしい数の曳光弾が飛んできて、眼前で四周へ逸《そ》れていく。

高高度戦闘機キ一〇二甲の特徴は、排気タービンが生み出す航空性能と機首に装備した高初速のホ二〇四37ミリ機関砲。

「大型機編隊に対する攻撃ほど、シンが疲れるものはない」と黒江氏は戦後に回想している。

より高度な操縦技術と判断力を要する対戦闘機戦には百戦錬磨の少佐だけに、ひたすら弾流の中を突進するのは、かえって大きな精神的圧迫を感じたのだろう。そしてもう一つ、後方席の同乗者の存在が彼の気持ちを重くした。

操縦者にとって自身の死傷は腕と運の帰結と納得（あきらめ？）がいくが、前方席が命を預かるかたちの同乗者に対しては、どうしても生命の保全を考えてしまいがちだ。この心理的負担は、複座戦に乗る陸軍操縦者に共通すると言っていい。

「くそっ！　行けっ」。覚悟を決めて火ぶすまに突っこむ黒江少佐の耳に、激しい被弾の音。射距離を詰め、機首先端の三七ミリ機関砲と胴体下の二〇ミリ機関砲二門の斉射を二度放って、敵梯団のまん中を突き抜ける。

すれ違った直後、左へ舵をとって離脱し、水平飛行にもどしたときの高度は九五〇〇メートル。右エンジンに命中弾を食い、回転不良と振動を生じていた。翼にも二～三発を受けたキ一〇二甲をゆっくり降下させ、福生飛行場に降着させて少佐は肩の荷を降ろした。

この対進攻撃の射弾は成果不明だったが、別の空戦では確実に一矢を報いた。

東京のはるか上空、高度九二〇〇メートルを航過するB－29一一機。そのうちの遅れぎみの二機に左側から接近した黒江機は、距離三〇〇メートル、後側方三〇度の角度で三七ミリ砲を放つ。一弾がエンジン部に命中したのが分かった。強烈な火網をかぶせられないよう、すぐに旋回、離脱する。

第一部第四章でふれたように、同じ三七ミリでもキ一〇二甲のホ二〇四は、二式複戦に積んだ歩兵砲の改造ともいわれるホ二〇三に比べ、格段に威力の大きな本格航空機関砲だ。四七五グラムの弾丸の破壊力は、ざっと見てホ二〇三の一・五発分。B－29のR－3350エンジンの息の根を、一弾で止めるダメージを与え得た。

被弾機の速度が落ち、高度が下がり始めた。このまま単機で落伍すればキ一〇二の好餌になるのだが、敵は黒江少佐を唸《うな》らせる行動に出た。先行する一〇機が速度を落として被弾機の上方を覆い、蛇行でぴったり同航する。B－29のためのB－29によるエアカバーだ。被弾即墜落の日本の重爆隊や陸攻隊では真似のしようもない、強靭《きょうじん》な耐弾能力と防御火力に裏付けられた救援行動である。

もう一撃をと少佐が近づくと、敵編隊が弾幕を張るため、急いで射程外まで離れる。このくり返しで、ついに致命傷を与えられないまま、沿岸から五〇キロ先の太平洋上まで追跡。B-29の高度は護衛の一〇機が四〇〇〇メートル、被弾機は一〇〇〇メートルまで下がっていた。

前方に垂れこめた雲か霧の中へ敵機が没したため、少佐はついに攻撃を断念した。手負い機の飛行継続は不可能、が彼の推測だった。

通常、B-29は一発が止まっても、高度を維持してマリアナまで帰還できる。すみやかに速度と高度が下がったのは、他の重要部分にもキ一〇二の弾丸が当たっていたからと考えられる。

五七ミリ弾の威力

すでに述べた、被弾した空戦のときの同乗者は「威勢の良い師橋《もろはし》大尉」と黒江氏の回想記にある。

前章に登場した師橋一誠《かずなり》大尉は、キ一〇二甲および乙（夜戦型の計画機・丙も）、それにキ一〇八のテストをバックアップし、予定性能の実現を促進するのが任務。審査部戦闘隊の整備中隊長・伊藤忠夫少佐の直接指導下には入らず、独立の立場で勤務していた。

師橋大尉にとってキ一〇二甲における最大関心事項は、いうまでもなくターボ過給機だ。その実用特性を調べるのに、作動状況が分かるよう、後方席にも計器類がひととおり付けてあった。

このターボ過給機について、師橋さんは「システムそのものがまだ不完全。排気もれやタービンの突然の過回転を生じるなど、性能が安定していなかった。〔ナセル後端部の〕タービンをもっとエンジンに近づける必要もありました」と語る。

過給機が予定どおりに働けば、キ一〇二甲は計器高度一万二〇〇〇メートルまで上がれる計算だが、こんな未知の高空への上昇を積極的に試したがる操縦者はいない。ただ一人、黒江少佐だけが、師橋大尉の依頼に「うん」と即答してくれた。そして実際に、所期の高度への上昇に成功したという。

少佐の回想どおり、師橋大尉はキ一〇二甲の後方席に乗ってB-29邀撃戦を体験した。高度九〇〇〇メートルで一撃を加えた敵が白煙を噴き、やがて雲中に没するのを見送った、と覚えているところから、前述の二交戦のうち後者だったようにも思える。

高高度での空戦能力の視認が大尉の目的だ。ほかの日本機が一撃後たちまち高度を失う状況、キ一〇二甲なら九〇〇〇メートル以上でも余力のある機動ができる能力を確かめた。

前章で述べたとおり、襲撃機型のキ一〇二乙が攻撃隊のほかに、戦闘隊にも配備されていた。師橋大尉はこの機による唯一のB-29邀撃戦を、島村少尉から聞かされた。その戦いは次のような内容だ。

敵襲の情報を受けたとき、島村少尉が審査に加わっていたキ一〇二乙の射撃テスト中で、装弾ずみ（弾数は最大で一六発。通常は一五発）で置いてあった。「よし」と乗りこんだ少尉は、単機で出動、離陸する。

襲撃機型のキ一〇二乙。機首砲ホ四〇一の実戦使用は審査部戦闘隊だけで、唯一の戦果が島村少尉によってもたらされた。

立川を直下はるかに見おろす高度八〇〇〇メートル。B－29編隊を見つけた少尉が上昇を続けてこの高度に達し、やや低位の敵に向かって浅い角度の前上方攻撃にかかった。一〇〇〇メートルの距離で、操縦桿とスロットルレバーの発射装置を押す。機首の五七ミリ機関砲ホ四〇一は、三七ミリ・ホ二〇三と同様の機構だから、発射速度は一分間にわずか八〇発。この間合では最大三発しか撃てない。それゆえの早目の攻撃開始だ。

命中を念じた一弾が、良好とは言いがたい弾道特性にもかかわらず、右翼の内側エンジン部にめりこんだ。一・五キロの弾丸の炸裂はすさまじく、閃光に続いて黒煙が噴出。右方向へ機をそらした島村少尉は、キ一〇二を上昇旋回に入れる。

B－29の速度が目に見えて衰えた。「やった、やった！　これで落ちる」と獲物を目で追う彼の視野に、真上から豆粒みたいに三式戦が降下してきて、激突。まもなく落下傘が一つ開いた。

ややたってB－29の右翼が付け根からちぎれ、右回りの錐もみに入る。半回転したころ左翼が折れて、胴体も「く」の字に曲がり、空中分解するまでを見届けてから、島村少尉は福生へ機首を向けた。

大きなダメージを受けた敵機が、たとえすぐに墜落しなくても、少尉には第二撃を加える機会が充分にあった。三式戦の体当たりがなければ、襲撃機による超重爆撃墜という稀有《けう》な戦果を得られただろう。

この交戦は三月で、体当たり機は飛行第二百四十四戦隊・震天隊長の高山正一少尉機と誰かから聞かされたのを、島村氏は記憶している。だが、高山少尉は二度目の体当たりを実施した一月二十七日に戦死したから、つじつまが合わない。あるいは一月二十七日の出来事だったのかも知れない。

家を守る妻《ひと》

前年の九月に結婚した黒江少佐は、夫人の幸子《さちこ》さんと国電・中央線の阿佐ヶ谷駅の近くに住んだ。

阿佐ヶ谷から立川に出て、青梅線に乗り換え、牛浜駅で降りるのが、審査部への通勤パターンだ。ただし、立川駅前まで佐官用のバス（佐官バスと呼んだ）が迎えにきたから、黒江少佐は青梅線を使わずにすんだ。幸子さんにしても少佐の着換えを、バスに乗りこむ同期生に持っていってもらったときがあった。

任務上、帰宅できない日がしばしばだ。二月の満州へ耐寒テストに出かけるとき、空襲下の東京に単身とり残される夫人を案じた少佐は、鹿児島への帰郷をうながしたが、復路の切符入手の保証がないので帰らずにいた。

B－29の来襲時には一人で防空壕に入るか、近所の家へ避難する。駅付近の杉並区役所に大型爆弾が落ちたときは、空気の振動と異様な音に身がすくんだ。「艦載機」と呼ばれたF6FとF4Uの地上攻撃は、突然に始まるため、いっそう恐ろしかった。

三月十日未明のいわゆる東京大空襲で、下町一帯の燃え上がるようすが阿佐ヶ谷からはっきり見てとれ、煙や焦げる臭いが風に流されてきた。

さいわい、九日の夜から黒江少佐が在宅だった。朝になって彼は審査部へ出勤し、焼夷弾空襲後の状況を見るために飛び上がった。

この夜も帰ってきて、幸子さんに東京の江東区の惨状をこう話した。「見わたすかぎりの焼け野原だ。人ひとり通っていなかった。飛行機の中にまで変な臭いが入ってきたよ」。「変な臭い」とは死体の焼ける臭気を示す。

それから一〇日ほどたって、黒江夫妻は審査部の世話で飛行場の近くの借家へ引っ越した。操縦者は自転車で一〇分以内のところに移るよう、通達が出たためだ。空襲への即応対策だろう。

上空が着陸コースだったから、帰還機の爆音がよく聞こえる。少佐は中島の太田製作所へ出かけるときなど、整備関係者を後ろに乗せられるキ一〇二を使用した。そのうちに夫人は、夫が乗る機の爆音を聞き分ける感覚が身についた。「靴音が分かるのと同じです」とは言い得て妙だ。

いまの飛行機は主人だわ、と思うと、帰宅した少佐にたずねる。「あれ、あなたでしょう」「ああ、そうだよ」

二人とも鹿児島県人だが、方言は話さない。少佐は朝鮮・大邱の陸軍官舎で生まれ、父の退役と伊集院町長就任で帰国。このとき小学四年生で、中学四年には士官学校に入ったから鹿児島弁が身につかず、話さないというより話せなかったのだ。これに合わせて、幸子さんも標準語を使い続けた。

B－29／F－13が単機で天候偵察などに侵入すると、審査部からサイドカーの迎えが来る。そのまま行きっぱなしのときもあり、空襲警報解除で帰宅する場合もあった。

夜と昼の差

原則的に単座機による夜間飛行を除外する海軍に対し、陸軍戦闘機隊はこれが必須事項にあげられていた。推測航法が不可欠の洋上飛行と、目視の地文航法で対処しうる陸上飛行という、主要条件差からきた習性だろう。陸軍の戦闘機乗りは夜をこなせて初めて、一人前の技倆甲に認定してもらえるのだ。

審査部戦闘隊が夜間偵察機の邀撃を始めてまもない二月の夜、福生飛行場から二機の四式戦が発進した。操縦は文句なく技倆甲の、黒江少佐と佐々木曹長。

羽田上空、高度九〇〇〇メートルの指令を受けて、手足が凍りつくような酷寒に耐え、ひたすら上昇を続ける。八〇〇〇メートルを超えると上昇力は激減するのに、地上からは「敵機は九五〇〇」の情報を送ってくる。

照空灯の光芒の先端がやっとB－29をつかまえた。ようやく飛んでいる四式戦とは対照的に、ターボ過給の利用でただでさえ速い敵機は、ジェットストリームに乗ってさらに高速だ。七〇〇キロ／時は優に出ていよう。

軽装備で行動自在、ずっと優速の敵を、視界劣悪の夜間に捕捉し、良好な射撃位置を占めるのは不可能に近い。手だれが操る二機ですら、なすすべのないまま機影を見失ってしまった。

しかし、その後の邀撃戦で二人は、この借りを充分な利子とともに叩き返す。

平山（旧姓・佐々木）さんは以下の昼間空戦を四月ごろと記憶する。

昭和二十年四月にB－29が関東へ昼間来襲したのは、七日、十二日、二十四日、三十日の四回。B－29が単独で来たのは二十四日だけで、ほかはP－51D戦闘機が硫黄島からついてきた。佐々木曹長がP－51を見ていないところから、四月が正しければ、その日は二十四日に定まる。敵の爆撃目標は日立航空機・立川製作所だった。

B－29に向け逆落としに降下する直上方攻撃に対抗して、第313爆撃航空団・第99爆撃飛行隊機は機首上方銃塔の12.7ミリ機関銃4挺を真上に向ける。

佐々木曹長の乗機は四式戦。三式戦でも何度か出撃したけれども、「エンジンに鞭《むち》が効くキ八四《ハチヨン》は高空で使いやすい」（平山さん）から主用機に選んだ。この機の審査に加わっていたためでもあるのだが。

「エンジンに鞭が効く」とは、過給機がよく働いて高高度での出力を維持可能、という意味だ。四式戦の量産が進むにつれて、ハ四五エンジンの出力低下傾向が現われたのはよく知られた話だが、審査部にわたされる機の完成度が高く、以後の整備状態も良好なのは当然で、それゆえ「鞭の効き」がよかったのだ。

八王子上空、四五〇〇メートルまで上昇したところで、佐々木曹長は南西方向に、高度六〇〇〇メートルを東進する一五機ほどのB－29梯団《ていだん》を認めた。佐々木機も機首を東へ向け、同航しつつ高度をかせぐ。

超重爆群は東京上空にさしかかったが、四式戦の高度がまだ足りない。敵が投弾し、鹿島灘へ向かうべく川口の南あたりに至ったとき、ようやく七〇〇〇メートルに達した曹長は対進で接敵。一〇〇〇メートルの高度差で機を背面にひねり、逆落《さかお》としの直上方攻撃に入る。

ねらうのは先頭編隊の右側（佐々木機から見て）の機。照準環のなかの機影がたちまち膨《ふく》れあがる。四門斉射。敵の曳光弾流をくぐって、そのまま垂直降下で突き抜けた。射弾は三〇発ほどか、左翼の内側エンジンに確かな手ごたえを感じた。

降下の加速を利用して敵編隊の前方へ浮き上がり、ふたたび上昇する。二度目の直上方攻撃を、海軍の百里原基地上空で同一機に加えた。再度、左翼のエンジン部に命中弾。

炎を噴き出したB－29が後落《こうらく》し始めた。やがて火は消えたけれども、深手を負ったのは間違いない。しかし、直下へ向けて離脱のさい、佐々木機の胴体左側の点検作業孔扉が吹きとんでしまい、三撃目をかけるわけにはいかなかった。

後下方に付いてしばらく飛び、手負い機の高度が下がりつつあるのを確かめたのち、帰還の途についた。

佐々木機、奮戦

東京市街地の焼尽をはかった米第20航空軍司令部は、隷下の第21爆撃機兵団に、たて続けの夜間焼夷弾空襲を五月下旬にかけさせた。出撃五五八機のうち五二〇機が主目標に投弾した二十四日未明と、同じく四九八機のうち四六四機が投弾した二十五～二十六日の夜である。

両夜の空襲状況はよく似ていて、邀撃戦参加者はどちらの夜に戦ったのか、半世紀あまり前（連載記述の時点）の記憶が判然としないケースが少なくない。平山さんもそうした一人

5月25／26日の夜間空襲で炎上し煙を流す東京市街。この上空が黒江編隊・四式戦２機の死闘を続けた舞台だった。

だ。

黒江氏の回想記『つばさの血戦』には「五月二十三日夜」（すなわち二十四日未明）と明記してある。同書の記述内容は正確だが、日付のずれが散見される。飛行記録も日記もない状態で、敗戦から一〇年後に書いたのだから当然のことだ。前後の状況を考えると、この日付は「二十五日夜」が正しいようにも思われる。

当直で戦闘隊のピストにいた黒江少佐と佐々木曹長の耳に、拡声器の声が響いた。
「黒江編隊、出動。立川付近」
「おい佐々木、上がるぞ!」。すでに東京に焼夷弾が落ち始め、家々の燃える炎の赤さがピストから眺められた。二人は外に出て、警急用にならべられた二機の四式戦に乗りこんだ。

夜間邀撃だから、発進からあとは単機行動だ。上昇する四式戦の風防ごしに、火に覆われた東京西部が見える。異様な光景だった。三〇〇〇～五〇〇〇メートルの高度を、B－29が単機ずつ侵入してくる。

佐々木機はいまだに低空。航過する敵機を見上げるかたちだ。地上の炎がジュラルミン板を輝かせ、漆黒の空を背景に超重爆の姿がくっきり浮き出る。これなら捕捉は困難ではない。

曹長は目標よりもやや低い高度で、ななめ前方に占位する。いわゆる浅い前側下《ぜんそくか》方《ほう》攻撃だ。佐々木流の対爆撃機戦法のねらい目はエンジン。当たりどころがよく、ドッと火があふれ出て、激しく燃えながら飛びすぎていった。到底消せるような炎ではなかったため、彼は確実に落ちると判断した。

B-29はぞくぞくと侵入する。一機目と同じように、炎の照り返しに染まる敵機に前側下方攻撃で斉射を浴びせ、夜目にも白いガソリンの霧を吐かせた。燃料の帯を長く引いて、大きく速度を落としつつ視界から消え去った。三機目にも同じ攻撃法を用い、相当なダメージを与えるのに成功した。

交戦を続けるうちに曹長は機位を失った。帰還するつもりが黒々とした相模湾の上空に出てしまい、機首を北へ巡らせる。

そのうちに、灯火管制はしているが「こりゃ飛行場だな」と思える区域を見つけて着陸。寄ってきた整備兵にたずねて、調布飛行場と分かった。

福生へ電話をかけると、黒江少佐はもう帰っていて「今晩はそこで休ませてもらって、明日の朝、帰ってこい」との指示が出た。少佐自身も激烈な空戦を終えたばかりだった。

その内容は次のようなものだった。

巨鯨を引き裂く

離陸してすぐ、煙霧と、東京から流れてくる煙に気づいた。帰還時に飛行場を見つけにくくなるのでは、と考えた黒江少佐は、着陸灯による信号を出したらすぐ滑走路灯を点灯するように無線で要請した。だが無線機が不調なのか、返事がない。

少佐が採ったのは、照空灯につかまった敵を襲うオーソドックスな戦法。機内の明かりを紫外線灯だけにし、照準具に浮かぶ環も最小の輝度にしぼる。翼灯、尾灯はもちろん消していた。

一機目のB-29は三本の光芒《こうぼう》に照射されていた。目つぶしを食らった敵乗員《クルー》に見つかる心配はない、と大胆に接近する。「ただいまより攻撃」と無線の声を審査部へ送ってから、直前方攻撃にかかった。

突進、射撃、きわどく上方へ離脱するまで、わずか数秒。「攻撃終わり」を報告し、すぐに左旋回をうって、いまのB-29を視野に入れる。左翼根が明るく輝いた。致命部に被弾し、火を噴いたのだ。「敵機発火」を伝える。

数秒後、爆裂炎とともにB-29の主翼がもげ、そのまま墜落。「げきつーい！　われ撃墜せりっ」と咽喉《いんこう》マイクを震わせる。獲物は地表にぶつかって、周辺を真昼に変える輝きとともに果てた。

二機目に対しても直前方からの対進攻撃を試みたが、高度がいくらか低く、浅めの前下方攻撃に変わった。射弾は右翼を引き裂いて、おびただしい燃料を噴出させた。佐々木曹長の二機目と同じ状態である。

敵機は照空灯の圏外へ逃れ、追いかける黒江機をねらって機関銃を撃ってきた。あがいたところで、奇跡的に燃料漏洩が止まらないかぎり、運がよくても不時着水だ。追尾をやめた少佐は三機目の捕捉をめざす。

こんども前下方攻撃。左翼エンジンナセルからガソリンが流れ出た。このB－29に他の日本機が襲いかかって一撃を加える。小さな発火を生じ、じりじりと炎が成長していき、やがて高度を下げ始めた。空中分解、地表激突までを見届ける。

市街の大火災で、ガスと煙が空中に広がった。地点標定ができず、やみくもに飛ぶうちに千葉県の柏らしい飛行場が目に入った。これを頼りに針路を西へとり、ここととおぼしき空域で左翼前縁の着陸灯を明滅させる。

すると、ずっと前方の闇のなかに滑走路表示灯が点《とも》った。福生飛行場だ。出撃時の無線は通じていたのだ。

それどころか、交戦時の報告はすべて聞こえており、着陸すると大勢の人々が四式戦のまわりに駆けつけてきた。「御苦労さまでした」「やりましたね！」。地上に降りた黒江少佐を、ねぎらいの言葉が包んだ。

彼が帰宅したのは夜明けどきだ。出迎えた幸子夫人はハッとした。夫君の全身が殺気だち、常人とは思えない雰囲気なのだ。目が血走り、近寄りがたい感じで、恐ろしくさえあった。

着替えたあとも、普段とは違っていた。

穏やかさがもどったのは二時間ほどたってから。明朗で愛妻家の少佐に立ち返り、夜間空戦のもようを「闇にまぎれて」などと形容しながら、手ぶりを交えて語ってくれた。

審査部の戦果判断は、黒江少佐が撃墜二機と不確実撃墜一機、佐々木曹長はそれぞれ一機と二機。損害は黒江機の被弾五発だから、完全に〝黒字〟の決算で、二月の夜の借りは何層倍にもして返したのだった。

第七章　テスト：キ九四−Ⅱ、キ一〇六、キ一〇九、キ一一五、「秋水」軽滑空機、「秋水」重滑空機、P−51C、特呂二号、タキ二号、松根油

交戦：一式双発高練（対P−51D）

「マスタング」を手に入れた

昭和十九年（一九四四年）二月に中国大陸に出現した米第14航空軍のノースアメリカンP−51B「マスタング」が、日本軍戦闘機にとって最大の強敵とみなされるまでに多くの時間を要しなかった。大陸ではB型に続いてC型、K型が登場し、翌二十年一月には末期のフィリピン航空戦に第5航空軍のD型が加わった。

北米産の野生馬を意味するP−51の機名は、今日では発音にそって「マスタング」と表記される場合が多いが、戦後三〇年ほどまでは一律に「ムスタング」が用いられた。

優秀な「マーリン」エンジン装備の「マスタング」に、四式戦なら対抗しうる、と陸軍航空本部は判断したが、それが希望的観測にすぎなかったことを、審査部・飛行実験部戦闘隊

の幹部が痛感する機会が訪れる。

南京から西へ五二〇キロ。湖北省随県の郊外に昭和二十年二月初め、一機の米戦闘機が不時着した。陸軍の歩兵部隊が捕獲したこの液冷機は、ありふれたP－40ではなく、強敵P－51Cであると判明した。

このとき、華中の河北省北部にある老河口を基地にしていた、第26戦闘飛行隊の所属機だった。無論こうしたデータは、捕獲機の写真などから著者が割り出したもので、当時どのあたりまで調べていたのかは定かではない。

連絡を受けた航空本部が、内地での性能調査を望んだのは当然だ。請けおうのは、もちろん審査部戦闘隊である。

当初、P－51は船で内地へ運ぶ方針が立てられたが、潜水艦の雷撃や空襲で撃沈される可能性が少なくない。東シナ海の制海権ですら失ったも同然の時期だった。

そこで、まだしも安全と思われる空輸に変更。審査部戦闘隊では操縦者に光本悦治准尉、修理と整備の担当者に坂井雅夫少尉を指名した。これまで述べてきたように、二人の技倆はまったくのトップクラスだ。光本准尉はキ六〇、坂井少尉はキ六〇とキ六一の審査に加わっていて、液冷戦闘機になじみが深いのも選ばれた理由だろう。

出発前、日米混血の来栖良技術大尉が飛行機英語のアドバイスのため、光本准尉の家にやってきた。それまでもしばしばあった来栖技術大尉の光本家訪問は、これが最後だった。一〇日ほどのちに戦死するからだ。

大陸から福生まで運ばれてきたP－51C。機首をいろどる鮫口塗装、垂直尾翼の3桁数字は所属した第51戦闘航空群・第26戦闘飛行隊当時のままだ。

二月の上旬のうちに、光本准尉と坂井少尉は南京へ飛んだ。

捕虜になったパイロットのストロウブリッジ大尉（偽名か？）に面会し、彼と通訳、憲兵らとともに漢口へ。ここの第十五野戦航空補給廠・第一支廠で応援の整備兵を付けてもらい、汽車とトラックを乗り継いで、北北西へ一七〇キロの随県に到着。

日本軍の制圧域は点と線でしかない。P－51が置いてある郊外までトラックで出向くのに、三〇名ほどの歩兵が護衛役で同行した。

P－51は敵兵や敵機に見つからないように隠してあった。運搬のために分解を試みたらしく、動力部の配管の多くがはずされていた。坂井少尉の作業は、これらの再組み立てから始まった。

部品カタログはもとより、マニュアルひとつない、初見の敵機だ。素人がかんたんな工具で適当にはずした部品群を、元どおりに組み直す困難さは容易に想像できよう。

だが、彼の抜きん出た腕が、これを成しとげた。審査部保管のP－40、B－17を調べた経験も役立って、復元に成功。切断されていた油圧系統のパイプも、後部胴体内の酸素ビンの移送管を流用して間に合わせた。

ストロウブリッジ大尉から装置、整備品の内容と用法、始運転の手順を、通訳を介して聞き出した光本准尉が、仕上がったP－51に乗りこんだ。始動スイッチを入れるとみごとに発動し、坂井少尉の能力が実証された。

一回目の始運転では振動と出力の低下が見られ、点火栓を掃除後の二回目には振動がいくらか治まった。さらに、気化器を調整して混合気の濃度を高めると、パッカード「マーリン」V－1650－7の回転は満足しうる状態に達した。

すっかり夜の帳《とばり》が降りたころ、坂井少尉が交代して運転状態をチェック。すると突然、銃声が響いた。揚子江の支流の対岸、一〇〇メートルほどの距離から中国兵が小銃を撃ってきたのだ。護衛の歩兵小隊の伝令が心配ないと言ってくれるが、気分がいいはずはない。

排気炎が敵兵の目標にならないかを気にしつつ、坂井少尉が飛行可能を確信したのは午前二時。夜明けと同時に光本准尉は敏腕にものをいわせて離陸し、漢口へ向かう。

漢口で再チェックののち、P－51は南京から北京・南苑へ。坂井少尉は九八式直協偵察機、ついで九九双軽に同乗してあとを追った。飛行場に降りるつど、ゲリラの通報で十数機のP－51がこの機の破壊を目的に来襲し、漢口では重爆一機と地上施設が巻きぞえを食ったけれども、捕獲機は無傷のままだった。

海軍にくらべ石油精製能力が劣る陸軍にとっては高級な、九一オクタン燃料（九一揮発油）の確保と、始動用モーターの電源に必要なトラックのバッテリーの確保に腐心しつつ移動。三月初め、無事にP－51を福生飛行場の滑走路に降着させた。

実感した高性能

坂井雅夫氏の回想では、P－51の審査主任は坂井菴少佐が務めたそうだ。同じ液冷の三式戦二型の審査主任だったから、この任務は合点がいく。

しかしP－51に乗った時間は、黒江保彦少佐のほうが長かったと思われる。その搭乗感を、戦後一〇年たってから巧みな筆で書き記した。

最大速度は控え目に見ても七〇〇キロ／時を出せる。水平面での旋回性能を四式戦と比較すると、ブースト圧プラス二〇〇ミリの巡航出力状態で五分五分。日本では高嶺《たかね》の花の一〇〇オクタン燃料を入れ、圧をプラス四〇〇ミリに上げれば、P－51Cが勝る。米軍は実質一〇〇オクタンを超える燃料が常用なのだから、両軍の条件で戦えば四式戦に勝ち目はないわけだ。

そのうえ、武装も無線機も敵が上。さらに機数でもハンディを負う日本軍が、航空優勢を保持しうる可能性はほとんどない。

黒江氏の回想記には、手放しの賛辞がならぶ。「ひと口に言えば、調和のとれた素晴らしい戦闘機」「じつに恐るべきはこのムスタング」。

3月15日の硫黄島・旧第一(千鳥)飛行場には、まだ尾翼に飛行隊マークがないP－51Dのラインナップを見られた。そびえるのは激戦場の摺鉢山。

キ六一－Iの審査主任で、いまは「秋水」装備予定の特兵隊長を務める荒蒔義次少佐も、P－51に試乗した。「乗りやすく、速度、上昇力、格闘性（旋回能力）のいずれもが優秀で、欠点を見出しにくい。機関銃や無線機を積まないテスト時のキ六一試作機に似た感じ」が荒蒔さんの評価だ。

けれども彼は、最も優秀な戦闘機にFw190Aをあげ、二位がP－51Cと判定する。感覚の個人差は当然生じるもので、黒江氏もダッシュ力（急加速性）はFw190に軍配を上げている。

P－51の保守もキ六一《ロクイチ》整備班が引き受けた。トップの名取智男大尉はすぐに「とても勝てない」と落胆した。飛行後の三式戦のエンジンまわりが油もれでベットリ汚れているのに対し、P－51はきれいなままなのだ。工作技術はもとより、材質でも設計でもはっきり水をあけられているのは、この一件だけで明白だった。

整備の難易は可動率に直結する。空中性能が及ばないうえに、地上作業で大ハンディを負っていては、ただでさえ数が少ない日本戦闘機に勝ち目はない。名取大尉の心中に「敵ながらいい飛行機」と賞賛の念がわくのも無理はなかった。

大陸へP－51を取りに行っている間の二月十九日、米軍は硫黄島に上陸した（三月十七日に玉砕）。マリアナ諸島と本州の中間に浮かぶこの島を奪われれば、敵が戦闘機を進出させ、B－29の護衛にあてるのは確実と思われた。航空本部は既存のデータから、米戦闘機中で航続力の大きなP－38「ライトニング」を同島で用いる可能性が大きいと読んでいた。

審査部戦闘隊ではP－51の燃費試験をもちろん実施した。燃料は特別割り当ての一〇〇オクタン航空ガソリン。陸軍はもとより海軍でも量産不能のこの高品質燃料は、アメリカが禁輸に出る（昭和十五年七月）前に買い貯めたか、緒戦時の捕獲品か、どちらかだろう。燃費試験で出た数値と、機内燃料タンクおよび落下タンクの推定容量から算出した行動半径は、硫黄島～本州中部太平洋岸一一〇〇キロよりも大きかった。つまり、P－51はB－29の護衛戦闘機たり得るのだ。

このことを航空本部に報告したのが四月初め。数日ののち、可能性は現実へと変わった。

特殊隊の幹部たち

審査部飛行実験部の戦闘隊、爆撃隊、偵察隊がそれぞれ単一の機種（攻撃隊は軽爆と襲撃機だが類似）を扱うのに、特殊隊だけは違った。すなわち輸送機、輸送用滑空機、練習機といった、残余の機種を引き受けたからだ。

立川から福生へ移ったのも昭和十九年七月と遅い。立川の第一〜第八航空技術研究所が担当する基礎研究試験に協力し、連係が深かったのが理由だ。

このため、すでに満室状態の本部のなかに操縦者のピストが得られず、特殊隊格納庫の付属建物内に設けるしかなかった。その格納庫自体が、他隊よりもずっと北寄り、立川教導航空整備師団（昭和十九年六月に立川航空整備学校を改編）に近いところに離れていた。

専門の分科がない機種ばかりだから、操縦者の出身はさまざまだ。飛行実験部各隊の隊長のうち唯一の少尉候補者学生卒業で、温厚、文武ともに秀でた渡辺誠一少佐は、通信と航法にも造詣《ぞうけい》が深く、所沢の航法学校（満州・白城子飛行学校の前身）で教官を務めた実績もあった。

昭和二十年三月に進級した大塚丈夫技術少佐は、第二章に述べた第一回目の航技将校操縦者三名のうちの一人だ。

東北大の機械科を十五年に卒業し、短期現役（二年）の第二期技術候補生に合格した。大学卒業時に航空学科講師の辞令をもらったほどの学識だから、合格は当然だった。立川航空技術学校（技校と略称）で見習士官のとき「どうせ死ぬから」と、いわゆる永久現役を申し出た。

航技中尉に任官し、技校付として勤務を始めてまもなく、航技将校を対象の操縦者募集がなされた。技校飛行班長・石原政雄中佐の「海軍はすでにエンジニア・パイロットを養成し

特殊隊が所有したオレンジ色の四式練習機。軽量小型なので風には弱い。

ている。陸軍も負けられない。技術者がみずから設計した機に乗る意義は大きい」との言葉もあって、応募。選ばれて十六年十一月から翌年九月まで、八十八期操縦学生の訓練を熊谷飛行学校で受ける。

島榮太郎航技少尉は戦闘、畑俊八航技少尉は偵察の乙種学生へ進み、大塚航技中尉（当時）は軽爆分科を命じられて鉾田飛行学校へ。乙学を終えて技校にもどり、審査部戦闘隊が多忙で扱えない二式複戦の高空用過給機（扇車《インペラ》の回転数を向上）のテストや、整備将校の教育を兼ねた満州における九七重爆の寒地テストに従事し、専攻機種の軽爆で飛ぶ機会はあまりなかった。

昭和十九年十月の技校閉鎖で、立川教導航空整備師団の飛行班へ転属。まもなく審査部へ引き抜かれ、深い学識と操縦能力の兼備を買われて、飛行機部と飛行実験部の両部員を兼務する。

後者の特殊隊では練習機を担当し、ビュッカーBü131「ユングマン」を日本国際航空工業がライセンス生産したキ八六／四式練習機の審査も受け持った。四式練は特殊隊に二機あって、ドイツ流に「ユングマン（若人《わこうど》）」と呼ばれていた。

水戸中学での彼の三年後輩だった、航空士官学校五十三期の大川五郎大尉の経歴も、大いに異色と言える。

乙種学生は重爆分科、浜松飛行学校ですごし、台湾の飛行第十四戦隊へ昭和十五年十一月に赴任。ところが五ヵ月足らずで熊谷飛校の教官を仰せつかって、少年飛行兵の区隊長を務める。

少飛の教育にグライダーを導入するため、十六年六月初めから二ヵ月間、旧・飛行実験部実験隊へ出向して、各飛校の教官とともに古林《ふるばやし》忠一大尉から手ほどきを受けた。熊校に帰り校長・本郷義夫中将に説明。

以後、曲折はあったが、適性検査を手はじめに初等飛行訓練へと大川中尉（当時）はグライダーの導入を成功させ、将校学生の教育人数の倍増を実現して、本郷校長から高い評価を与えられた。

教え子にも慕われ、少飛十期の中垣秋男生徒（のち軍曹。飛行第五十三戦隊でB－29三機を撃墜）は「優秀な操縦将校。兄のような存在」との感想を抱いた。性格が円満で金銭に頓《とん》着《ちゃく》せず、面倒みのいい大川教官を「実にできた人」と、中垣さんはいまも即答する。

昭和十七年一月からの三ヵ月間、大川中尉は白城子飛校で航法の訓練を受ける。九九高練の座席に幌《ほろ》をかぶせての盲目計器飛行に始まり、九七重爆での洋上推測航法までこなしたのだから、海軍の偵察員に準じる技倆を身につけたと言えよう。

これほど多能な人材だから、航空審査部から声がかかるのは何の不思議もない。昭和十八年八月初めに熊校から転属したさきが特殊隊なのは、輸送グライダーの審査促進が理由だったようだ。

京都・大久保飛行場で四式重爆が、古林忠一少佐操縦の輸送滑空機ク七試作１号機を曳航する。昭和19年初夏のころだ。

かつて彼にグライダーを教えた古林少佐が審査主任の、日本国際航空製ク八－Ⅱとク七の飛行テストを、京都の大久保飛行場で手伝う。少佐が滑空飛行第一戦隊長へ転じたのち、ク七に動力を付けた輸送機型、キ一〇五の審査主任を務めた。また、特殊隊が保有するＢ－17Ｄを飛ばし、アメリカ製と国産のターボ過給機の比較テストにも携わった。

「〔重爆分科なのに〕もったいないから来い」

人手不足の爆撃隊長・酒本英夫少佐に誘われて、十九年一月からは爆撃隊をかけ持ち。キ六七／四式重爆のタキ一三電波高度計とノルデンのコピーの四式自動爆撃照準器の実用試験を引き受けた。

タキ一三は兵器としても成功作で、飛行第九十八戦隊長だった高橋太郎氏（大川さんが十四戦隊付のときの中隊長）から戦後、「電波高度計がどれだけの命を救ったか知れない」と感謝の言葉をもらった。

悲痛な戦闘

戦闘隊からP-51の性能を聞いた特殊隊長・渡辺少佐も、この高性能機の内地来襲を心配していた。黒江少佐や渡辺少佐の懸念は的中し、昭和二十年四月七日、中島・武蔵製作所をねらうB-29に、第7航空軍隷下の第15および第21戦闘航空群のP-51Dが随伴してきた。どちらも一〇〇機あまりの戦力だった。

B-29に随《つ》いてくるのはP-38と想定し、P-51を三式戦と間違えて接近、急襲されて、日本軍防空戦闘機隊は合計二〇機を喪失。交戦によるP-51の損失はたった一機だけ、B-29も、日本機が活動しやすい中高度を飛んだのに、三機を失ったにすぎない。

P-51の出現は、本土防空戦を一変させた。鈍重な夜間戦闘機、双発戦闘機はもはや昼間邀撃《ようげき》戦には加われず、単座戦闘機にしてもまず自身の防御を心がけざるを得ない。

P-51の関東空襲は四月十二日（B-29護衛）、十九日（単独）、三十日（護衛）、五月十七日（単独）、二十五日（単独）、二十八日（単独）、二十九日（護衛）、六月十日（護衛）、十一日（単独）と続いた。たいてい九〇機前後で飛来し、日を追うにつれて内陸部に侵攻、福生も行動圏内に入った。

審査部では警戒レーダーにかかりにくいP-51の来襲に対し、警戒警報が鳴れば白い球体、空襲警報に変わったら赤い球体を、本部建物の二階から掲げる策を決めた。飛行中の機に見せて退避させる印だ。

この通報具がまもなくできる四月十九日、恐れていた事態が生じた。

新しく審査部に着任した曹長一名を訓練するため、大川大尉は一式双発高等練習機を操縦していた。乗員室がガラ空きではもったいないので、軍属の工員四〜五名を体験飛行に同乗させた。

航法万全のB−29に先導されて、翼下に落下タンクを付けた第45戦闘飛行隊のP−51D群が太平洋を北上する。

教育を終えて着陸する。特殊隊のピストから出てきた渡辺少佐と「異状ないね」「ありません」の短い会話を交わして、入れ替わりに大川大尉がピストへ、少佐が一式双発高練へ向かう。少佐の目的は一式双練のアルコール燃料テストだった。

それまで福生飛行場はP－51に襲われたことがなく、この日は警報も出ていなかった。

事務机で筆記中の大川大尉の耳に、飛行場の方から突然「やられたあ！」のさけびが聞こえてきた。急いで外に出ると、多摩川方向、南の空に双練単機とそれを追って銃撃するP－51四機を認めた。いきなりの空襲だった。

滑走路の端に離陸直前の「ユングマン」がいる。

大尉は近くの工員に「あの飛行機を止めろ」と命じた。

四式練の前方席には操縦の大塚技術少佐、後方席には森技術中尉が座っていた。これから試験飛行に発進しかかるとき、工員が赤旗を振りつつ走ってきた。反射的に空を見た技術少佐の目に、高度五〇〇～六〇〇メートルを飛ぶ敵味方が映った。二人はきわどいところで命をひろったのだ。

武装ゼロで低速の一式双練と獰猛《どうもう》なP－51小隊とでは、赤子と野武士の差に等しい。練達の渡辺少佐の操縦だけあって、実にみごとな降下だったが、まもなく右エンジンから火を噴いた。

隊長たちの無事を祈った大尉の願いは叶わず、双練の右翼がちぎれて錐もみに陥り、地表にぶつかる前に爆発した。墜落場所は、河原の手前に作られた防空壕付近だった。

数日後の部隊葬のおり、少佐の家族を大川大尉が案内した。夫人と四人の子供が取り乱さず、悲しみに耐えている姿が、強く彼の胸を打った。

向かうに敵なし

四月七日のP－51D初来襲によって、審査部戦闘隊が保有するP－51Cの価値はいっそう高まった。防空担当の各戦隊にこの機と模擬空戦を試みて、対P－51戦闘の感覚をつかませよ、との指令が航空本部から出された。

戦闘隊の担当操縦者は黒江少佐。国籍マークを日の丸に塗り変えただけで、他の塗装は米軍使用時のまま。仰々しい鮫口を機首に描いた捕獲機を駆って、調布（対二百四十四戦隊）、柏（対十八戦隊および七十戦隊）、下館（対五十一戦隊および五十二戦隊）、明野（対明野教導飛行師団）、伊丹（対五十六戦隊）、大正（対二百四十六戦隊）の順で巡回訓練を実施した。P－51専用の一〇〇オクタン燃料を積んだ列車があとを追う。

千葉県北西部の柏飛行場で、飛行第十八戦隊と手合わせしたのは四月の中旬。相手は三式戦一型と最新鋭の五式戦一型だ。

黒江少佐のP－51が高位、角田《すみた》政司中尉らの五式戦二機が低位の空戦で、良好な上昇力を生かした五式戦がなんとかP－51の後方に食いつきかけた。とたんにP－51は降下に移って、たちまち二機を引き離す。続いて上昇、旋回にかかり、より小回りが効くはずの五式戦の後ろに占位してしまった。旋回半径は大きくても、旋回速度が速いためだ。

「相手の速度や上昇力をしっかり覚えておかなきゃいかん。同程度の飛行機だったら、お前が俺に勝っていたかもしれんが、相手がP－51だとああいうふうになるから注意しろ」

降りてきた少佐から講評を受けた角田中尉は「五式戦は旋回性能がいいから、たとえこちらが落とせないとしても、落とされる心配はない」と判断した。

飛行隊長の川村春雄大尉は五式戦で単機空戦を挑んだ。「低位からでは勝てないが、高位戦なら勝算あり」と川村大尉は感じたが、あとから「P－51は全力を出していないんだ。八割方《がた》でやっている。実戦のときは気をつけろよ」と言われて驚いた。

この言葉の主《ぬし》を、川村さんは有滝孝之助大尉と記憶する。だが、特兵隊次席の有滝大尉は

P-51の搭乗経験がないから別人だ。あるいは坂井少佐が居合わせたのかもしれない。さらに黒江少佐がこう付け加えた。「深追いするな。低空からの上昇力がいいから逆転されるぞ」模擬空戦をかさねるほどに、黒江少佐はP-51に惚《ほ》れこまざるを得なかった。高性能に加えて、冷却器フラップも過給機の扇車も自動調整の飛ばしやすさ。日本機に付きものの滑油もれがほとんどないから、整備も楽だ。「こいつに乗っていたら、日本陸海軍何百機あろうとも、恐いものなしだな」が彼の実感だった。

巡回訓練の最後は大阪・大正飛行場。キ一〇二やキ一〇六の審査が待つ黒江少佐は、いつまでもP-51に関わってはいられない。あとは明野教飛師に引きわたし、用途を任せる方針だった。

明野の師団長は前・飛行実験部長の今川一策少将。ビルマでP-51A撃墜と被墜の両経験を持つ隻脚の操縦者、檜与平《ひのきよへい》大尉が今川少将に命じられて、大正飛行場へおもむいた。伊丹の五十六戦隊機が再試合に来たものか、檜大尉が到着したときP-51対三式戦（二型?）の訓練が展開されていた。空戦キャリア充分の彼の目には状況がすぐに分かる。圧倒的にP-51が有利なのだ。操縦技倆と機体性能の相乗効果によるのだろう。

やがて着陸したP-51から黒江少佐が降りてきて、六十四戦隊時代の部下である大尉に語りかけた。

「俺がもう一回上がってくるから、そのあとで乗れよ」

「〔片足が義足でも〕だいじょうぶですかね」

「心配ないよ。楽なもんだ。アメリカさんは、馬鹿でも操縦できるようにしてあるよ」

ストロウブリッジ大尉はエースだったらしく、Ｐ－51の胴体には日の丸の撃墜マークがいくつも描いてあった。燃料補給のあいだに、檜大尉は操縦席に座ってみた。

給油が終わり、黒江少佐はともに離陸した三式戦との模擬空戦をふたたび始めた。Ｐ－51が鋭く降下したそのとき、異常音とともに機首から黒煙が流れ出た。すぐに翼を上下に振って演習中止を示し、危なげなく降着してピストの前で停止した。

カウリングをはずしたところ、エンジンの両側に付いた磁石発電機《マグネトー》の一つが焼けてしまっていた。

ちょうど伊丹飛行場に、五十六戦隊の整備援助のため坂井少尉が出張中だった。迎えの練習機で大正に来て、片方の磁石発電機のオシャカを確認した。

日本製品では代用不能だ。黒江少佐は「俺もやるが、きさまもＰ－51を撃墜しろ。そして発電機を取る以外に方法はない」と檜大尉に提案した。

しかし結局、発電機の入手には成功しなかった。「同機は終戦まで大正飛行場に残っていたのではあるまいか」と坂井氏は回想している。

神保戦隊長、帰還せず

航空審査部飛行実験部の戦闘隊によって編成された、初の四式戦部隊である飛行第二十二戦隊。キ八四の審査主任を務めた初代戦隊長・岩橋譲三少佐が昭和十九年九月の西安攻撃で戦死し、後任の難波茂樹少佐はフィリピンでヘルニア手術ののち、審査部へ転属した。フィリピン航空戦の末期の十二月に飛行第二百戦隊の副戦隊長を務めた坂川敏雄少佐が三代目戦隊長の座に就いた。かつてキ四四の審査主任で、率先垂範の名部隊長だったが、ネグロス島を離陸直後の便乗輸送機が撃墜されて戦死。第四代の上原重雄少佐は神奈川県相模飛行場で戦力回復の途上、二月十七日の艦上機来襲のさいに果敢に邀撃し、散華した。開隊から一年間で戦隊長が四名、うち三名が戦死の状況は、二十二戦隊の過酷な戦歴を如実にものがたる。そして五人目の戦隊長にも、戦死の運命が待っていた。

今村了技術大尉が神保少佐と、水戸の射撃場に四式戦で行ったときのこと。テストを終えて帰りかけるころにベタ曇りに変わり、福生への帰還は天候回復待ちかと思ったら、「おい、帰るぞ」と神保少佐が言った。

不安を感じつつ雲上を追随するうちに、雲がやや薄くなったあたりで神保機は降下し、雲の中に消えた。長機を見失った今村技術大尉は、高度二〇〇メートルあまりの低空を西進する。ようやく雲の切れ目を見つけて雲下に出、地点標定に成功。

無事に福生に帰り着き、神保少佐に「見失って、すみませんでした」と申告する。実戦部隊なら少佐の行動は長機としては不適切だが、審査部戦闘隊は〝なんでもあり〟の高水準だから仕方がない。

神保少佐はそれについてはなにも言わず、「こっちへ来い」と黒板の前へ今村技術大尉を連れていき、照れたように笑いながら「こんな歌はどうか？」とチョークを運んだ。

『安芸《あき》たちて筑紫《つくし》を越えて雲越えて　唐国ゆきて雲の流るる』

豪放磊落《らいらく》かつ緻密、が神保少佐への共通の評価だが、こんな文学青年的な一面もあったのだ。

「誰の作なのか知りません。少佐の作のように思えます。私に見せた理由も不明だが、学生あがりだからと感想を求めたのでしょうか」と今村さんは語る。

彼はこれがいつの出来事だったか覚えていない。そこで想像を逞《たくま》しくすれば、昭和十九年の九月末〜十月初めごろではないだろうか。岩橋少佐が戦死したとき、キ八四の後任審査主任だった自分に二十二戦隊長の椅子がまわってくると考えたのは間違いない。

今村さんの記憶には『安芸たちて』は『安芸過ぎて』だったようでもある。この方が解釈のつじつまが合う。すなわち「秋が過ぎたら（福生を発って）雲が流れるように広島《あき》を通り越し、福岡《つくし》の先の海も越えて、中国へ（二十二戦隊長として）出征する」という意味だ。

神保少佐の予感は半分だけ当たった。二十二戦隊長の辞令は出たが、五ヵ月後の昭和二十年二月だったのだ。同月二十五日、彼は福生から飛行機（四式戦？）で、戦隊が錬成中の相模飛行場へ赴任した。

第五航空軍の隷下部隊として、三月四日に朝鮮・水原に進出。すぐに金浦に移り、さらに華中の徐州飛行場に展開した。

三月から五月にかけて神保戦隊長は敵の目につかないよう訓練を進め、戦力保持に重点を

沖縄・読谷基地から朝鮮南岸に飛来したPB4Y−2は、船舶狩りの銃爆撃をくり返した。胴体下面から出ているのは捜索レーダーのドーム。重爆同様の防御火力を持つ。

置いて、第14航空軍のＰ−51の来襲時にも邀撃を命じなかった。来《きた》るべき決戦まで損耗を避ける方針は、彼の緻密《ちみつ》な面の表われだろう。

四月四日、新基地の徐州へ向けて四式戦が飛び去ったあとに、赤い下げ緒を付けた短めの軍刀が残されていた。歩兵出身の副官・佐藤福次郎少尉には、大切な軍刀を忘れていく神保少佐の感覚が理解できない。あとから徐州飛行場に着いた佐藤少尉が軍刀を差し出すと、飛行隊長らと麻雀を打っていた戦隊長は牌《パイ》を指さして「いや俺にはこれだけあればいいんだ」。磊落《らいらく》な面の好例と言える。

五航軍の作戦域の変更で、ふたたび朝鮮・金浦にもどってきたのは五月二十日。今度は朝鮮防空と沿岸部の船舶掩護の任務が与えられていた。後者の目的は、輸送船などをねらって沖縄から飛来するＰＢ４Ｙ「プライバティア」四発哨戒爆撃機の邀撃にあった。

五月三十一日の正午すぎ、「大黒山島、敵ＰＢＹ二機」の情報が入った。ＰＢＹはＰＢ４Ｙの誤りだ。このとき戦隊長たちは朝鮮半島の南西端にある木浦《もっぽ》の機動飛行場に移っていた。

神保少佐はすぐに水越勇中尉指揮の四機を出動させ、続いて木浦沖にPB4Y－2の機影を見つけると、滑走路のはずれに一機だけ残っていた四式戦に向かってやって来た。点火栓《プラグ》を交換中の不調機である。

「この機はどうした?」。たずねられた機付の石崎舜二兵長が「一五〇〇回転ぐらいで息をつき、黒い煙が出ます」と答えると、かまわずエンジン始動を命じた。石崎兵長と交代して操縦席に入った少佐は、スロットルレバーを操作して試運転ののち、車輪止めを払わせる。

急造の滑走路を離陸し、南の済州島方向へ飛び去った。敵弾に倒れたか、エンジントラブルによる墜落か、神保機はそのまま帰らず、以後一週間の捜索でも行方《ゆくえ》は知れなかった。

二日後、黒江少佐が九九軍偵で金浦飛行場を訪れた。四式戦担当を引きついだので、装備部隊の可動状況を調べるのが目的だった。後方席にはキ八四《ハチヨン》整備班を率いる新美市郎大尉が乗っていた。

いまだ滑走が止まらない軍偵の翼上に、二中隊付の脇森隆一郎中尉がとび乗ってきた。黒江少佐が航空士官学校で区隊長勤務だったときの教え子だ。エンジンに負けない大声で叫ぶ。

「神保戦隊長殿が戦死されました！」

「なんだって⁉ いったいどうしたんだ」

独立飛行第四十七中隊と審査部で、毒舌を交わし合った先輩の死に、黒江少佐の落胆は大きかった。

空襲に散る

陸軍の操縦者には珍しく白マフラーを首に巻き、ダンディぶりを発揮していたのが爆撃隊の飯塚英夫大尉。

もともと重爆分科の出身だが、昭和十七年二月のパレンバン空挺作戦時に挺身飛行隊のロ式輸送機の機長を務め、半年後には飛行実験部実験隊付に転じて、以後は輸送機の審査に従事した。長距離機A－26（キ七七）も彼の担当で、副操縦士としてドイツ連絡飛行に加わるはずだったが、百式輸送機の胴着事故で負傷したため果たせなかった。

また、十八年十二月に審査部特殊隊の保有機のB－17Dを、海軍の対爆戦闘訓練に協力して横須賀上空で飛ばしたときのこと。海軍機（零戦だろう）が右翼端にぶつかり、一・五メートルあまりをもぎ取られてしまった。墜落を恐れた同乗の海軍少佐が落下傘降下を主張するのにかまわず、そのまま飛び続けて立川飛行場まで帰還、着陸する太い肝をもっていた。

優秀な操縦技術をみこんで、爆撃隊長の酒本少佐が飯塚大尉を譲り受けたのは昭和二十年に入ってから。かわりに、学生航空連盟出身の上西《じょうにし》大尉が特殊隊へコンバートされた。上西大尉の技倆が低いからではなく、爆撃機より輸送機向きという適材適所の配置替えだ。

航士／陸士五十三期卒業の大尉たちは六月十日付で少佐に進級した。半月後の二十五日、岐阜市内の旅館・銀水荘に、審査部飛行実験部に勤務する五十三期のうち三名が集《つど》っていた。一人は爆撃隊の飯塚少佐。それから、爆撃隊の整備を総括する中富幹夫少佐とキ六一班整備トップの名取少佐だ。

同じ審査部部員でありながら、戦闘隊の名取少佐は爆撃隊の二人と同宿するのは初めてで、大いに語り合った。明るい性格の飯塚少佐が愛児の話をひときわ楽しげに話したのを、名取さんはよく記憶している。

名取少佐は京都の大久保飛行場への途次だった。翌二十六日、空路おもむくべく各務原の飛行場へ向かう電車の中で、空襲警報がかかった。飛行場の北側に隣接する川崎航空機・岐阜工場の格納庫に着いたら、みな退避して人影がない。そこで飛行場の南を流れる木曽川の河原まで歩くと、避難してきた大勢が空を見上げていた。

B－17Dは特殊隊が管理していた。18年12月に飯塚英夫大尉が操縦中、海軍機と接触、破損したが、飛行中に大きな支障が出ないまま立川飛行場に降りたときの撮影。

六月二十二日に続いて、第21爆撃機兵団はこの日の複数目標の一つに、ふたたび川崎・岐阜工場を選んだ。テニアン島西飛行場を発進した第58爆撃航空団のB－29一一四機は、午前八時ごろから紀伊半島を北上。うち八五機が同工場をねらって投弾した。

西から現われたB－29編隊の高度を、名取少佐は五〇〇〇メートルと見た。これは正確な判断である。胴体の二ヵ所の爆弾倉が開かれているのが分かる。やがて放たれた多数の爆弾が、まるで自分の頭上に向かってくるように思われた。

日本の戦闘機は姿を見せない。本土決戦に備えた温存策のためだが、B－29にはP－51が付いていたから、邀撃しても苦戦をまぬがれなかっただろう。

したたかに破壊された工場にもどった名取少佐は、思いがけない訃報《ふほう》を聞かされた。朝、旅館で別れた飯塚少佐が空襲で亡くなったという。川崎・岐阜工場と隣り合わせの三菱・各務原格納庫に来ていた（おそらく四式重爆に関する任務）彼は、名取少佐とは反対に工場の北側へ退避したため、炸裂した弾片に下腹部を切られてしまったのだ。

ややたって会社の事務室に、棺に納められた遺体が運ばれてきた。おりから各務原に来ていた審査部の九九軍偵の後方席に、棺を斜めに入れ、隙間に名取少佐が同乗して福生へ帰る手はずを整えた。

空襲で壊れた箇所を夕方までかかって修理し、軍偵は発進したけれども、エンジン不調でUターン。いったん棺を近所の寺へ運んで通夜をすませ、再整備に手間どった機で福生に着いたのは翌二十七日の夜になってからだった。

思いがけない同期生の殉職は、名取少佐に運命というものを考えさせた。爆撃時に北側へ向かったなら、彼も人生の幕を閉じていた可能性があったのだ。

しかし数日後、さらにきわどい運命の分かれが待っていた。

変貌する審査部

単独で、あるいはB－29を掩護して、侵入するP－51の脅威は、審査部の施設にまで影響をもたらした。

来襲した敵戦闘機がまずねらうのは、飛行場にならんだ格納庫だ。そこで、駐機場などにむき出しの準備線を作るのをやめ、土を盛り上げた「コ」の字型の掩体《えんたい》を飛行場の東側に作って、この中で整備を進める。

戦闘隊の整備兵と工員の後ろの格納庫は、攻撃を避けるため屋根のスレート瓦をすべて取り外してある。

また、衛門の門柱を取り壊し、畑に板を敷いて、飛行場から林の中まで飛行機運搬路を設けた。飛行テストが終わるつど、整備兵や工員が機を押して木々のあいだに隠すのだ。掩体や林に置かれた機が銃撃で被弾しても燃えないように、燃料は手動ポンプでいちいちドラム缶に移された。

これらの作業に要する時間のロスはテストの遅延につながるが、背に腹は代えられなかった。

軍の戦力温存策によって、審査部も邀撃戦を手びかえた。戦闘機は多摩川方向へ数キロ離れた熊川村の森まで牽引車で運ばれ、エンジンを回すのは朝の試運転だけに制限された。

審査部の敷地内や周辺の桑畑にも対空機関砲座

19年11月、大川五郎大尉の操縦で大久保飛行場を飛ぶのは、ク七を双発輸送機にしたキ一〇五。すでに輸送機を使える戦況ではなかったが。京都・奈良の県境にある所。

が築かれ、格納庫の屋根のスレート瓦は取りはずされた。この屋根瓦除去は四月の中旬～下旬に実施されたらしい。一式戦整備の指揮をとった佐浦祐吉中尉が四月末に台湾での技術指導から帰り、異様な情景にギョッとしたが、「壊れたように見せかけて攻撃を避けるのが目的」と聞かされ納得した。

突然の空襲に備えて、飛行場の各所には緊急退避用の蛸壺《たこつぼ》が掘られた。ここから重機関銃でP－51とわたり合って戦死した、勇敢な整備の下士官がいたという。

整備兵、工員が入る半地下式の三角兵舎が玉川上水沿いに一〇棟ほど建てられ、医務科も多摩川に近い柳山地区に同様の建物を二棟作って移った。総務部の労務係は熊川の福生町立第二国民学校の校舎を使うように取り決めた。

組織内容に変化があったのも、空襲が影響しているようだ。

京都・大久保飛行場は日本国際航空工業の社有地で、同社製造のク七、ク八－Ⅱグライダーやキ一〇五のテストに、特殊隊がしばしば使用していた。審査部がここに改めて目をつけ、使用頻度を高めようとしたのは、いまだ空襲を受けていないのが最大の理由と考えていいだろう。

小山大佐を所長、高級部員で戦闘機操縦者の山本五郎中佐を第一兼第三課長に任じた、審査部京都出張所の正式発足は六月初めだ。第一課は総務、第二課が技術、第三課が飛行テストを受け持つ。それぞれ、審査部の総務部、飛行機部、飛行実験部のミニ版と言えよう。

任務上、第三課だけが飛行場に置かれ、山本課長のもとに、飛行班長・大川五郎少佐、整備班長・名取少佐の同期二名の幹部が配された。両少佐とも、それぞれ特殊隊および戦闘隊の任務はもったままだ。

生と死を分けるもの

京都出張所が開所して一ヵ月ほどの七月一日、福生の審査部では将校集会所の庭に少佐以上の部員がならんでいた。

航空総軍の参謀になって初めて飛行機に関わる三笠宮崇仁《たかひと》親王少佐が、航空の知識を得るために福生を訪れた。少佐の階級など付け足しで、身分は大将でもはるか及ばない。そこで審査部トップの本部長・緒方辰義中将以下が、列立拝謁《はいえつ》しているのだ。

各機材の説明が進んで、滑空機の番が来た。大川少佐がたずねる。「お乗りになりますか」「乗るよ、ぜひ」の答えで操縦席に座ってもらい、どんな場合でも上がらない性格の大川少佐は、副操席でひととおり説明し、三笠宮の質問にもていねいに答えた。

審査部の幹部のうち、飛行実験部長の瀬戸克己大佐は、対艦用誘導弾イ号一型の実験で琵琶湖へ出張していて不在だった。

三笠宮の来訪に瀬戸実験部長をまにあわせるべく、特殊隊の一式双発高練が用意され、上西大尉の操縦で、琵琶湖に近い八日市飛行場に向けて発進した。

一式双練はまず大久保飛行場へ。京都出張所に来ている名取少佐を乗せ、小山大佐を滋賀県八日市まで送るためだ。福生までの便乗者として、副官で庶務科長の田村祐一大尉と軍属の無線係が小山大佐とともに客室に座った。

鈍速の双練が巡航速度で飛んでも、二〇分足らずで八日市飛行場に着く。小山大佐がここで降り、かわりに瀬戸大佐が乗りこんだ。

副操席に座っていた名取少佐に、大佐が「俺が着くから、後ろに下がれ」と言う。大佐は戦闘機操縦者だったから、この交代は当然だ。そして、ほんの数メートルの移動が運命を大きく変える。

八日市を離陸した双練が東進し、伊勢湾上空にかかったころ、機内の無線機が空襲警報発令を受信した。詳細を知るため浜松飛行場に降り、浜松教導飛行師団のピストに入る。

得られた情報は「潮岬上空よりB－29単機が侵入」だった。瀬戸大佐はこの敵機を、中京地区への空襲の前ぶれと判断し、まきぞえを食わないうちに福生へ向かう腹を決めた。

大佐の判断は当たらなかった。中京一帯は以後三週間あまり、昼間爆撃を受けていない。ただし、神ならぬ身の彼がそれを知るのは不可能だった。

西風を受けて浮揚した双練は、浜名湖の手前で左へ旋回、東へ機首を向けて上昇にかかる。浜松飛行場上空を航過し、四〇〇メートルほどの高度にいたったとき、名取少佐は窓ごしに翼下をすり抜けていく四機編隊を見た。

銀色に光るP－51！　間隔をあけて、さらに二個編隊が続く。情報で知った単機侵入のB－29は、P－51群の誘導機だったに違いない。

このまま飛べば被墜は必至、と思った瀬戸大佐の指示で、上西大尉は再着陸をめざして左旋回で降下に入れる。

一式双練の操縦室と客室を仕切る隔壁の中央にドアがある。そのドアを開けた名取少佐は身を乗り出し、前方の風防ガラスを通して滑走路とその先の松林、浜名湖を見た。機はいま、滑走路の東端上空にいる。

右方向、遠方に、飛行場攻撃を終えたP－51編隊が右旋回中。双練に向かってくる。滑走路に降りたくとも、高度がまだ三〇〇メートルもあり、いくら急角度で降下したところで、とうてい路内に接地できはしない。さりとて、飛行を続ければ確実に撃墜される。

瀬戸大佐は主スイッチを切った。失速寸前のひどい降下で不時着しても、落とされるよりはいい、と決断したのだ。前方の松林にぶつからないよう、主スイッチを入れ直したい衝動に駆られた名取少佐だが、再発動させたところで、敵手を逃れて着陸へもっていくのが無理なのは分かっていた。

滑走路の西端が後方へ流れ去り、松林が急速に迫る。名取少佐は客室の田村大尉と無線係

浜松飛行場付近にP－51が来襲した20年7月1日、特殊隊の一式双練が追われて不時着を強行した。損壊操縦席の2名が戦死し、同乗者は生き残った。

に「しっかり摑んで！」と怒鳴り、着席して突入に備えた。

双練はザーッと松林を突き抜ける。機首がつぶれ、両エンジンがもげて、畑の中で行き脚が止まった。気を失っていた少佐はしばらくして我に返り、火災が頭に浮かんで機外へとび出た。さいわい機は燃えなかったが、むき出しになった操縦席に座ったまま、上西大尉と瀬戸大佐は絶命していた。

名取少佐は額を割って血がひどく流れ出し、足にも深い切り傷があったけれども、重傷ではなく、田村大尉にも深手はなかった。だが無線係は前に置かれた無線機にぶつかり、両眼と両足に大けがを負った。

状況を把握した少佐が南の空を見ると、二〇〇〇メートルの高度を九七重爆一機が西へ飛んでいる。その後方からP－51編隊が襲いかかり、重爆はたちまち火を噴いて墜落していった。

双練と重爆を捕らえたのは、どちらも第531戦闘飛行隊長ハリー・C・クリム少佐が率いる四機編隊で、両機とも「一式陸攻」と判定し報告している。

双練が浜松に降りなければ、降りてもすぐに出発しなければ、P－51に出くわさずにすんだはずだ。だが、運命の分かれ目は誰にも知りえない。名取少佐がそれを痛感したのは記すまでもないだろう。

優秀機は時期はずれ

高高度を飛ぶB－29を落とすため、五式戦一型にターボ過給機を付けた二型（キ一〇〇－Ⅱ）が開発され、昭和二十年五月に川崎・岐阜工場で試作一号機が完成した。この機の審査を、坂井少佐と名取少佐の率いるキ六一／キ一〇〇班が担当。

構造審査や飛行テストは各務原で実施されたが、七月下旬から八日市飛行場でも性能テストが進められた。京都出張所の整備班長でもある名取少佐は、坂井雅夫少尉や豊田守夫曹長ら半数の七〇名を連れて八日市に滞在した。

三号機まで完成した五式戦二型だが、八日市に運ばれたのは二機だけ。各務原でも八日市でも坂井少佐が毎日のように飛ばし、データを取った。エンジントラブルはほとんど見られず、全体に故障が少ない優秀機だった。

「一機では正確な可動率は分かりかねるが、うまく行きそうな手ごたえで、高高度戦闘機として有望でした」と名取さん。

敗戦後の川崎・岐阜工場に放置された五式二型戦闘機の3号機。完成が半年早ければ、審査部によって高高度のB－29邀撃に使われた可能性は大きい。

この時期、五式戦一型装備の飛行第二百四十四戦隊も八日市飛行場を使っていた。名取少佐と戦隊長・小林照彦少佐とは、操縦と整備の違いはあっても、ともに陸士五十三期からの航空転科で、よく知りあった仲だ。ところが面白いことに、よほど位置が離れていたのか、小林少佐に会っていないのはもとより、二百四十四戦隊機を見た記憶が彼にはない。

ほぼ坂井少佐のひとり舞台だった五式戦二型の操縦を、一度だけ今村技術大尉が体験した。搭乗したのは八日市飛行場。高高度飛行テストが目的だった。

排気タービンはしっかり利いて高空域でも順調に上昇を続け、計器高度で一万二〇〇〇メートルに達して水平飛行に移った。片側には日本海、片側には太平洋が見える。海や海岸線をもっとよく見てやろうと後方へ首をひねったら、その首に猛烈な痛みがきた。

あわてて機を降下に入れ、なんとか無事に着陸できた。医師の診察も受けたが原因が分からない。痛みはごく一時的で、後遺症は出なかった。

首を回したとき血管がねじれ、血流の変化が、低い気圧の影響を受けて激痛を生んだのか。あれこれ考えても理由不明のままだった今村さんが、航空自衛隊の幕僚監部技術部に勤務の昭和三十年ごろ、来日したジェット戦闘機デ・ハビランド「バンパイア」の英国人パイロットが、初めて結論めいた言葉を聞かせてくれた。

「それはラッキーだった。ふつうなら死ぬところだよ」

五式戦二型は日本で唯一の、ターボ過給機装備の実用単発戦闘機に育っていた可能性がある。しかし、試作機ができ上がった昭和二十年五月には、P－51の掩護を得られたB－29は効率の悪い高高度空襲をやめていたのだから、まさしく徒花《あだばな》でしかなかった。キ六〇～キ六一～キ一〇〇の一連の生涯のちぐはぐさを、象徴的に表わしてはいないだろうか。

関西で訓練

焼夷弾の火災が強風にあおられて、東京の下町が焼け野原と化した昭和二十年三月十日の未明。

それから六～七時間後のまだ朝のうちに、荒蒔少佐が率いる特兵隊の空中勤務者は空路、大阪府下の盾津《たてつ》飛行場へ向かった。

目的地は飛行場の東方、大阪・奈良の県境に位置する生駒山《いこまやま》だ。

離陸開始から、高度一万メートルに達し全速飛行で燃料を使いはたすまで、わずか六〜七分。滑空で帰還するロケット戦闘機「秋水」の、訓練用の同型グライダーは、まだ陸軍の手にわたっていなかった。

このため「たか」七型ソアラーを用い、V字型に張ったゴム索で生駒山の山頂からパチンコ式に発進させて、滑空訓練をこなしたのちに盾津飛行場に降着させる。この機はソアラーの例にもれず最大揚抗比が大きいから、気流の状態さえよければ延々と飛んでいられる。「秋水」とはまるで違う機材であり、操縦は容易だ。

特兵隊の生駒山行きの主目的は実は、やがて多数現われるであろう「秋水」操縦要員に、燃料を使わないで効率よく基本的な訓練を、受けさせ得るかどうかの試行にあった。

盾津に降りたソアラーは、九九軍偵か九五練一機に二機ずつを曳航させて生駒山頂へ運ぶのだが、一〇名ばかりの訓練ですら、この搬送がとどこおった。これでは大きな集団のスムーズな教育は望みがたい。ほかにも高度差利用の滑空訓練には難点がある、と判断した荒蒔少佐は、二週間で滞在を打ち切って福生に帰還した。

この間の三月十三日、盾津飛行場に降りたあと、操縦者たちは大阪の街へ見物に出かけた。林安仁中尉が港区在住の祖父をたずね、話しこんでいた夜十一時すぎに空襲警報がかかった。東京、名古屋に続く市街地への無差別焼夷弾空襲（投弾二四七機）である。

B-29が大阪をねらったのは、このときが初めてだ。

「あれがB－29だ」と夜空を航過する機影を指し示した林中尉は、二階の座敷を燃やし始めたゼリー状の油脂焼夷弾の消火にかかる。奮闘およばず火がまわった家から祖父、女中とともに逃れ、炎を避けて移動するうちに煙に目をやられて、以後一週間は飛行訓練ができなかった。

三月下旬に荒蒔少佐らが引き揚げたあとも、林中尉と篠原修三中尉の航士五十六期コンビは生駒山に残留。後輩の五十七期に滑空訓練をほどこすのが目的で、「一個班四～五名の合計十数名。まずパチンコで飛ばし（セコンダリー？）、次に飛行機曳航のソアラーを空中で切り離しました」と篠原さんは回想する。

この航士五十七期出身者がどこの所属の操縦者だったのかは判然としない。特操、幹候のいわゆる学鷲の少尉たちも加わっていたともいう。林中尉は一〇日たらずで先に帰り、篠原中尉だけが一ヵ月近くのあいだ教官役を務めた。

軽滑空機を乗りこなす

特兵隊の操縦者と地上勤務者、それに技術関係のスタッフは四月上旬、千葉県の柏飛行場に集まった。

技術スタッフには、航研機設計メンバーの一人で、A－26の機体設計の幹事だった、東大航空研究所の木村秀政所員が加わっていた。木村所員がかつて無尾翼グライダーHK1を設計し、萱場《かやば》製作所が陸軍に提示したク二、ク三（後者は垂直尾翼もない、まったくの無尾翼

柏飛行場に置かれた「秋水」軽滑空機。地表はロケットの噴射や薬液燃料に耐えうるためのコンクリート舗装で、スプレーによる迷彩が広く施されている。

グライダー）の原案者であることを、荒蒔少佐が知っていて、「秋水」テストのアドバイザー役を頼んだのだ。

　このとき柏飛行場は、第十飛行師団隷下、関東防空の飛行第七十戦隊の基地だった。特兵隊は七十戦隊から離れた区域を使い、格納庫は借りたが、宿舎は付近の寺を使わせてもらった。食事も別で、魚は魚河岸から新鮮なものを取り寄せるなど、特攻隊に準じた扱いを受けた。期待度の高さゆえだろう。

　四月上旬の柏飛行場では、「秋水」の燃料になる薬液の貯蔵設備を建設中だった。北東方向の谷間の林に、容量一〇〇〇リットルの乙液（水化ヒドラジンおよびメタノール）用大型ガラスビンが数百本、内面を錫でおおった長さ一〇メートル、内径二メートルの甲液（過酸化水素水）用鋳鉄《ちゅうてつ》製巨大タンク二十余基の埋設と、コンクリート製施設の建造が、それぞれ進んでいた。

　通常の航空用ガソリンとは桁違いの貯蔵量だが、「秋水」の燃料消費はすさまじい。「日に数回も全力出撃すれば、おそらく二〜三日で薬液を使い果たすだろう。それに、B－29の大編隊による猛爆でひどい損害を受けるに違いない」と荒蒔少佐は冷静に予想した。まさしく正解である。

盾津以来の「たか」七型で滑空訓練を続けるうちに、五月ごろ「秋水」とほぼ同型の黄色く塗られたグライダーを、荒蒔少佐が立川飛行場でテストして、柏に運んできた。海軍航空技術廠製で、海軍は「秋草《あきぐさ》」と名づけたが、装備予定部隊の第三一二《さんひとふた》航空隊では単に軽滑空機と呼称。特兵隊では「秋水」軽滑空機あるいは「秋水」のグライダーと呼んだ。

機首が短くて先細だから、離着陸時の前方視界は非常にいい。旋回性、安定性ともに良好で、飛行機の操縦特性に近いが、沈みが大きいから、着陸にかかるときの高度を高めにもっていく必要がある。荒蒔少佐のこの感想を、林さんが「安定がよく、射撃に有利。戦闘機乗りにとっては、『たか』七型よりも『秋水』軽滑空機の方がいい」と肯定する。

両袖に味方識別用の日の丸を付けた岩沢三郎曹長と黄色の「秋水」軽滑空機。

岩沢三郎曹長は以前に、エンジントラブルの二式戦「鍾馗」で滑空着陸をしたことがあり、軽滑空機の特性がこれに似ていると感じた。この点は林中尉も同感だった。

本物の「秋水」と同様に、離陸したのち車輪を投棄し、着陸には橇《そり》を用いる。高度が高まってから落とすと車輪を壊す恐れがあるため、投棄レバーを早めに引くようにした。

曳航機には九九軍偵があてられた。ほかに、単機空戦の訓練用に五式戦二機を持っていた。「秋水」の攻撃は当然、単機行動になるからだ。

特兵隊の操縦者は荒蒔少佐を筆頭に、有滝孝之助大尉、林中尉、篠原中尉、坂本力郎少尉、岡本芳雄准尉、岩沢曹長、鈴木軍曹、磯村軍曹、栗原伍長の一〇名を数えた。

次席の有滝大尉は航士五十三期、五年半の操縦経験があり、戦隊長も務めうる力量だ。だが、この異様な機材のテストを副主任的な立場でこなしていくには、なおキャリア不足と考えた荒蒔少佐は、審査部戦闘隊から伊藤武夫大尉を柏に呼び寄せた。六十七期操縦学生の伊藤大尉の飛行キャリアは八年に近く、各種戦闘機のテストにも長く従事しており、落ち着いた性格とあいまって、審査助手として適材と言えた。

合計で一一名。このうち岡本准尉は、二月中旬のF6Fとの空戦で落下傘降下し、開傘時のショックで肩の骨を折って、一ヵ月ほど熱海で休養したため、盾津へは行っていなかった。

「水の不足です」

「秋水」に関するさまざまな問題が、荒蒔少佐のもとに持ちこまれた。機体、動力、機関砲、無線機といった機器材はもとより、飛行服や食糧、燃料車などの支援車両、さらには航空医学、薬液貯蔵の土木工事にいたるまで。

前例のない未知数のことがらばかり。使えそうなデータはほんのわずかだ。積み重ねた経験と知識、それに鋭い勘でこれらの難問に意見を述べ、方針を決定していく精神的な疲労が、少佐にのしかかった。

動力による最大六分半の飛行時間。行動半径がごく小さいから、Ｂ－29編隊に最短距離でピシャリと接敵できなくては、攻撃をかけられない。レーダーと無線誘導装置の連携に手なれたドイツ空軍では、敵機とＭｅ163の位地関係を把握し、的確かつ安直に誘導するエプシロン誘導装置を導入していたが、レーダー網すら不備な日本では実現不可能だ。

荒蒔少佐は無線誘導の可能性を探るべく、東北大へ出かけ、電気工学の権威・八木秀次《ひでつぐ》博士と面談、検討したが、解決策は得られなかった。

六月初め、柏飛行場の特兵隊の事務室に、五十歳代の女性が八研（第八航空技術研究所。航空衛生を研究）の軍医とともに入ってきた。高い機密度の軍務に女性が加わるのは、きわめてまれだ。

理化学研究所の理学博士で加藤千世《ちせ》さんといい、学界では著名な人物だった。鋭い眼光の持ち主で、頭も切れる。話しているうちに荒蒔少佐は、加藤博士の優秀さに感じ入った。

陸軍側のロケットエンジン・テストは航空機の動力を研究する二研が担当しており、松本市の松本商業学校の校舎内に試験場を疎開させていた。数日後にここでエンジンのベンチテストにかかる予定だ。「見にきますか」の問いに、彼女が「ぜひ行きたいですね」と答えたので、少佐は汽車の切符を手配させた。民間人が私用ですみやかに切符を入手するのは、不可能に等しい世の中だった。

九九軍偵を駆った荒蒔少佐が松本飛行場に降り、松商の校舎に着くと、やがて加藤博士もやってきて、ともに研究会に出席した。

このとき技術陣にとって最大の悩みは、燃焼が強すぎて燃焼室が破裂してしまう事態だった。残っているのは一基だけ。原因と対策について論議が始まった。

黒板の化学式を見るや、加藤博士はすぐさま指摘した。

「それは水の添加量が足りませんよ。きっと水の不足です」

若い技術者や技術将校たちが同意しないので、式を書いて説明したけれども、彼らはなおも聞き入れない。

「よし分かった。水を一〇パーセント増して回してみよう」

彼女の慧眼《けいがん》を疑わない荒蒔少佐は、面々の不満顔にかまわず、「回しましょう」と担当部長をうながす。

「水を増す」とは、乙液に混入する水量を増やす意味だ。

午後いちばんに実施された試運転は、成功した。

轟音とともに噴射口から出た炎は、安定した状態を保ち続けた。もちろん反対意見は消しとび、「これはいい!」「この混合比でいくぞ!」と喜びの声がとびかった。水の増量により、燃焼の強度がやわらげられたのである。

六月中旬、追浜《おっぱま》の横須賀航空隊で陸海軍合同の会議が催《もよお》された。海軍の「秋水」装備予定部隊、三一二空の司令・柴田武雄大佐、分隊長・犬塚豊彦大尉らや技術関係者たちに対し、陸軍側は荒蒔少佐や特兵隊の整備将校、航研・木村所員らが出席して、来るべきテスト飛行について話し合った。

その後、柏飛行場に特呂二号ロケットエンジン（KR一〇）が運びこまれ、試運転を実施した。整備の准尉が始動させると、すさまじい音がし、炎が五〜六メートルも噴き出した。異様な光景を見た林大尉（六月十日付で進級）は「すごい。これなら一万メートルまで三分で上がれるぞ」と、「秋水」の威力を信じる気持ちが湧いてきた。

「噴射口から四五度に線を引いて、その線上にならんで見ました。二〜三メートル離れているのに、衝撃波で胸が締めつけられるほど苦しかった」と岩沢さん。また「すごい音なので、四里四方のニワトリが玉子を生まない、と苦情が来たと聞きました」という篠原さんの回想から、噴射の猛烈さが想像できるだろう。

「秋水」墜落

特兵隊の操縦者たちは、要務でときどき横空基地を訪れた。七月五日か六日、荒蒔隊長から「連絡に行ってこい」と言われた篠原中尉は、九九軍偵で柏を発進。曇天だったが進路をはずれず追浜上空に達し、狭いうえに山が迫った、降りにくい飛行場にうまく着陸できた。このとき「秋水」初飛行を含む今後の日程や計画のやりとりを終えて、中尉は帰途についた。「秋水」の訓練のようすは目にしなかった。

「秋水」の進空は七月七日に追浜で実施された。本来なら荒蒔少佐と特兵隊の幹部が見学するはずだったが、少佐に所用があったため、陸軍の操縦者は来ていなかった。

午後五時近く、犬塚大尉搭乗の試作一号機は三〇〇メートルほどの滑走ののち離陸し、高度一〇メートルで車輪を投棄すると、急角度で三五〇〜四〇〇メートルまで急上昇。

突然、炎が黒煙に変わってエンジン音が止まり、右へ、右へと旋回しつつ着陸進入コースに入ってきたが、高度が低いため、上昇反転を試みる。だが機首上げ姿勢が失速をまねき、滑走路端にあった建物の屋根に右翼端が接触した。バランスを崩して落ちた「秋水」の中で、犬塚大尉は脳底骨折の重傷を負い、救急車で医務室に運ばれたけれども翌日未明に殉職した。

薬液タンクの設計ミスで、機首上げ姿勢時に薬液が供給不能になったのが、事故の原因と判定された。二日後、横空の格納庫で催された葬儀には、荒蒔少佐、有滝少佐（六月十日付で進級）ら数名が参列した。

「秋水」試作二号機は陸軍用で、すなわちキ二〇〇の一号機である。次は陸軍の番だ。

ロケット飛行の前に、重滑空機で飛行特性をつかんでおきたい。荒蒔少佐は霞ヶ浦基地へこの機を受領に出向いた。

「秋水」から動力装置、燃料タンク、武装を除いた重滑空機は、三菱で二機作られたが、陸軍へは引き渡されていなかった。少佐が霞空で受け取ったのは一号機のほうだ。ハリボテで外皮がベコベコの軽滑空機とは違って、さすがにしっかりできていた。

重い重滑空機を引くには、余剰馬力が大きな飛行機でなければならない。陸軍の単発機には適当な機材がないので、海軍から「天山」艦攻と、操縦、偵察、整備の士官三名を借り受

柏で話す特兵隊の幹部たち。左から有滝孝之助大尉／少佐、筆記する木村秀政航研所員、伊藤武夫大尉、林安仁中尉／大尉、隊長・荒蒔義次少佐。

け、柏へ曳航してもらう手はずを整えた。

荒蒔少佐が乗る重滑空機は、一〇〇〇メートルの高度を曳航されていく。どっしりした手ごたえを操縦桿に感じつつ柏の上空まで来ると、彼は曳航索を切り離し、飛行場を視野に入れながら旋回を試みた。舵のつりあいは良好だ。

飛行場上空を半周ののち、滑走路に平行して芝地へ向けて降下する。滑走路に降りたのでは橇が擦り切れるからだ。予想どおり沈みが大きく、機首上げにしても滑空距離が伸びない。橇を出す。速度は二二〇〜二三〇キロ／時と高速。いまで言えば新幹線の速さだ。

接地点が予想より手前に来ると分かり、速度の低下に合わせて機首を起こす。二〇〇キロ／時まで下がった。さらに速度を殺し、一八〇キロ／時になるともう機首は上がらない。

接地。不時着と同様なショックがのしかかり、身体が前にのめる。背中を後ろに押しつけ、足を突っ張らないと、背骨を折りかねない。一〇メートル足らずで滑走が止まり、片翼が地面について、着陸が終わった。

「荒蒔さんは変わった飛行機に乗るのが好きでしたが、いきなり重滑空機の空輪をこなしたのはさすが」と林さんは技倆をたたえる。

はずれた曳航索

「天山」貸与のほか、海軍の士官三名も重滑空機の曳航に加わってくれる。

翌日から午前と午後の二回、高度三〇〇〇メートルに昇った荒蒔少佐は、旋回、上昇、降下、ロール、失速などの諸性能を一〇〇〇メートルに降りるまでに測定し、合わせて操縦特性や飛行特性を検討。離着陸時の要注意点や数値を決めて、部下の訓練に入る準備を整えた。隊長に続く試乗者は、先任順でいけば有滝少佐だ。彼の腕前は同期生の水準を超えていたけれども、指名を受けたのは伊藤大尉だった。もちろん理由の第一は経験ゆたかな技倆と判断力にある。

荒蒔少佐の説明と注意を聞いた伊藤大尉が、重滑空機に乗りこんだ。「天山」に引かれて離陸、南へ向けて高度を取りつつ、左に機首を振って第一旋回。

第二旋回を終え、第三旋回へ向けて、飛行場の側方を直線飛行で上昇中に、曳航索がはずれてしまった。高度はいまだ二〇〇メートル、まったく予定外のアクシデントだった。

重滑空機は機首を下げ、降下旋回にかかる。軽滑空機よりもさらに沈みが大きいから、これは禁断の機動だ。高度は急速に失われて、眼前の杉並木をかわしがたい。機首が上がり、失速同然の状態におちいった。松林の一本に片翼を当て、もんどり打って林の端のあたりに墜落した。

艦攻「天山」に曳航されて離陸する「秋水」重滑空機。完成は2機だけで、これは横須賀海軍航空隊による飛行時に写された。

それっと隊員たちが駆けつける。機内の伊藤大尉は頭部などを打って血だらけだった。意識不明の重体で、医務室で応急手当て後すぐに病院へ運ばれた。

大尉は飛行場に近い東葛飾郡に家を借りていた。厳格ながら子煩悩《こぼんのう》で、夫人の八重子さんとの会話も少なくなかったが、審査部のできごとは一切話さず、帰宅後に図面を広げていても、夫人が近づくとすぐに片付けてしまう。機密事項を扱う軍人として、きわめて模範的にふるまっていた。

最高機密に属する事故なので、家へもすぐには通知されなかった。三〜四日も帰宅しないため、心配して近くの神社に詣でた八重子夫人は、連絡にきた兵からこう伝えられた。

「伊藤大尉殿の奥様ですか。いますぐ病院へ行ってください」

入院先は松戸だった。おさな子を連れて差しまわしの車で到着すると、大部屋に寝かされていた大尉は昏睡状態で、言葉もかけられず帰らねばならなかった。その後しばらく待っても音沙汰がなく、もういちど見舞いに行ったら、こんどは会わせてすらもらえなかった。

さいわい戦後に全快したが、なぜ低空で曳航索を切り離したのかを話さずに、伊藤氏は昭和六十年に他界した。事故のとき柏にいた三菱の関係者の記録では、八月十日の出来事で、離陸後の重滑空機は車輪を付けたままだったとされている。ただし、この日付にはいささか無理があるのではなかろうか。時間の流れを追うと、七月中旬〜下旬が妥当のように思えてくる。

軍首脳部の「秋水」への期待は、まさしく過大だった。柏でのテスト状況は、航空本部を通じて逐一、陸軍大臣・阿南惟幾《これちか》大将に報告されていた。阿南陸軍大臣の「どんなに重要な用事があろうとも初飛行には立ち会う」との言葉と、そのあとで軍刀を授与する用意がある旨を、航本総務部部員の岩宮満少佐から聞かされた荒蒔少佐は、さすがに重荷を感じないではいられなかった。

ところで操縦者は、最大速度八〇〇キロ/時、打ち上げ花火のような「秋水」による出撃を、どのように感じていたのだろうか。

篠原さん「実用して成果を上げ得るのかどうか、疑念はありました。しかし、有効な攻撃手段のないB-29をやっつけねばならない。ドイツではB-17編隊をミシンで縫うように攻撃できたそうだ、という話でした。仲間が特攻に出ている時代なので〔ロケット機が〕恐いとか逃げたいという気持ちはなかったのです」

岩沢さん「危険な飛行機とは承知していたが、『秋水』で戦うのがいやだとは特に感じませんでした。仲間はみな死んでいたし、自分もいつ死んでもいいやと思っていましたから」

林さん「『秋水』は二四度の上昇角度のまま高度一万メートルに達する、と聞きました。上昇時と降下時に一撃ずつかけられるだけですが、空戦をやってみたかった」

荒蒔隊長と有滝少佐は柏飛行場で語り合った。

「こんな〔空戦時間が〕四分の飛行機じゃ、つまらない」

「伝習教育が終わったら、『火竜』でやりましょう」

「火竜」（キ二〇一）とは中島が試作中の、メッサーシュミットMe262に似た双発ジェット戦闘機だ。ずっとまともな攻撃ができる。

だが、辣腕《らつわん》をきわめた荒蒔さんも「『秋水』だけは恐かった」と著者にもらしたときがあった。「飛行を開始したら、特兵隊のパイロットが次から次へ死んでいくような予感があった」とも書いている。実際にそのとおりの事態が生じただろう。

「荒蒔さんが『恐い』と言うのは、われわれよりも『秋水』をずっとよく知っていたからですよ」。林さんのこの言葉に付け加える説明はいらない。

三菱側の記録では、八月初めには柏に「秋水」二号機が届いており、エンジン待ちの状態だったとされる。その確証の有無はともかく、八月十三日には侍従武官が視察にきて、一週間後の二十日にテスト飛行を実施する予定だった。

異色の双発戦闘機二種

大本営は本土決戦の開幕を、昭和二十年の秋と読んでいた。本土決戦には水際《みずぎわ》作戦が不可欠で、上陸用舟艇の撃破は必須条件だ。

そこで目をつけられたのが、爆撃隊の隊長・酒本少佐が発案、実用試験を担当し、少数機が生産された、四式重爆改造のキ一〇九。本来B－29をねらうべき機首の七五ミリ砲（八八式高射砲）が、舟艇にどれほどの威力を発揮するのかを見る、実射テストが七月に大阪湾南岸の泉佐野《いずみさの》沖でなされた。

酒本少佐にかわって、戦闘隊の黒江少佐が操縦桿を握る。陸軍の上陸用舟艇、いわゆる大発は一発で砕け散った。

大物の八〇〇トンの船に、地上からの無線指示により、異なる接敵法で四回、計四発を放つ。黒江少佐自身が「奇跡的」と思ったほど、弾痕は吃水線上にきれいに並んで命中し、船は沈んでいった。

参観していた先輩の参謀は「やるね、キ一〇九は。しかし問題は技倆だな。この結果は、君が撃ったのだから例外としておこう」と論評した。実戦部隊の中堅操縦者だったら、こううまくは行くまい、と言うのだ。

確かにそのとおりだが、高空のB－29を追いかけるよりは、よほど有効な攻撃ができるだろう。黒江少佐も「射撃時の姿勢を安定させ正確な射距離で撃てば、命中精度は充分」と判断している。ただし制空権を確保できての話だ。敵戦闘機につかまれば、大砲を放つ前に落とされてしまう。

これまでキ一〇二の審査主任は、高高度戦闘機型の甲を黒江少佐が、地上攻撃機型の乙を岩倉具邦少佐が務めた旨を記してきた。しかし、甲、乙を区別せず「キ一〇二は両方とも岩倉少佐の担当でした」と語るのが川上忠さんだ。

川上曹長が福生に来たのは昭和二十年四月。審査部戦闘隊の手だれの操縦者としては最後の着任と思われる。少飛六期の出身で、長らくビルマの飛行第六十四戦隊で戦い、「ハリケーン」三機、「スピットファイア」と「ブレニム」双発爆撃機各一機を確実撃墜。P-38に撃たれた負傷で内地に帰り、十九年末からは明野教導飛行師団でB-29邀撃戦に加わった。

岩倉少佐はキ一〇八に打ちこんでいた。彼のもとで、乗り手がいないキ一〇二の操縦担当指名を受けた曹長は、黒江少佐に言う。「双発に乗ったことがないんです」

「これまでどのくらい飛んだんだ?」

「二〇〇〇時間です」

「それだけ乗っていればやれる」

黒江少佐がキ一〇二、とりわけ甲型にしばしば搭乗し、空戦で戦果まであげた実績は、審査部内でよく知られていた。けれども川上さんが、この機で少佐が飛んだのを記憶していないのは、邀撃用を含め主用機が単発戦に移っていたからだと考えられる。

一式戦での実戦キャリアをたっぷり持つ川上曹長だが、皮肉にも審査部では単発戦に乗る時間がほとんどなく、空戦の機会も得られなかった。そのかわり、大変珍しい飛行機のテストを体験した。

それはレーダー装備のキ一〇二だ。甲か乙かは不明だが、機首に八木アンテナが一本付いていたから、レーダーは電波標定機タキ二号に間違いないだろう。つまり、夜間戦闘機仕様のキ一〇二丙のテスト機というわけだ。

風防を開けたままの状態で操縦席を幌《ほろ》でおおって、川上曹長の視野をふさぎ、後方席に無線関係の少尉が乗る。洋上に出て、スコープを見る後方席からの指示により、沿岸を航行する船を追ったが、高度が下がるばかりなので、危険を感じた曹長は幌を後ろへ開けて、視界を取りもどした。

テスト飛行は数回くり返された。船を目標にしたのは、本土決戦時にキ一〇二丙を夜間の艦船攻撃に使うつもりだったからだろうか。

胎動するキ九四

五ヵ月あまり前の二月二十七日（流布されているのは二十八日説だが）に追い風に乗って、偵察隊長・片倉恕少佐と百式司偵四型試作機二機で北京〜福生間を、平均七〇〇キロ／時の快速で飛んだ鈴木金三郎少尉（六月に進級）。台湾でこの機の熱地試験を実施しての帰還時、「箒《ほうき》で掃いたように、なにもない」地域の上空を飛んだ。

原爆が落ちた直後の広島だった。

それから二～三日のち、整備中隊付で一式戦整備の指揮をとる佐浦祐吉中尉は、第一整備中隊長の伊藤忠夫少佐から「キ九四の試運転が始まるから、立ち会いに行け」と命じられた。

偵察隊長・片岡恕少佐(右)と鈴木金三郎准尉の操縦で、百式四型司令部偵察機は快速を実証した。敗戦から2ヵ月半後、米空母に積むため横須賀基地への空輸準備中。左は米軍少佐。

「キ九四」とは立川飛行機のキ九四－Ⅱのことだ。第三章で述べた、串型双発、双ブーム式の異形機キ九四－Ⅰがご破算になったあと、同じターボ過給機付き高高度戦闘機ながら、まったく形状の異なる－Ⅱを再設計。

千葉県境に近い葛飾区金町《かなまち》の帝国製麻が、立川の疎開工場にあてられて、ここで試作一号機の製作が進められ、八月に入って完成した。オーソドックスなスタイルのキ九四－Ⅱは気密室を備え、高度一万二〇〇〇～一万四〇〇〇メートルで七〇〇キロ／時の高速を出せる予定だった。大きな機体重量や寸度、エンジン出力などから、過大な推算に思えるが、よく整った設計には違いなかった。

「秋水」のような際物《きわもの》とは違った、ひさびさの新設計の正統派単発戦だけあり、また場所が近いので、

金町のもと帝国製麻工場で、ほぼ完成状態のキ九四－IIと試作関係者。このあと治具を取り払って工場の庭へ押し出される。全長12メートルの大型単発単座戦闘機だ。

審査部戦闘隊から関係者が何人も工場を訪れた。

佐浦中尉がおもむく一両日前、つまり八月七日ごろには電気班の宮川利雄少尉が、一〇名ほどの部下を連れてきていた。プロペラが、直径は一メートル大きくとも四式戦と同じ、ラチエ電気式可変ピッチのペ三二だからだ。

さらにその四〜五日前に姿を現わしたのが今村技術大尉。彼は第一技術研究所（機体とプロペラの研究）にも籍があって、一研付の安藤成雄技術大佐からキ九四－IIの担当を命じられたためである。黒江少佐にも「自分にやらせてください」と申し出て、許可をもらっていた。

工場内の一室に泊まりこんだ今村技術大尉は立場上、若き設計主任の長谷川龍雄技師といろいろ話し合った。大直径のプロペラに関してや機体設計の苦労話など、東北大の航空学科を出ているから、話題にこと欠かなかった。完成まぎわのキ九四は技術大尉に「いい飛行機になる」との印象を与えた。

ソ連が満州に侵攻し、長崎に二発目の原爆が落ちたのが八月九日。翌十日、キ九四は工場の庭に運び出され、立川の鎌田善次郎操縦士が試運転を担当した。

このあと十四日に機体を塗装し、最も近い松戸飛行場へ運んで、十八日に初飛行を実施する予定が立てられていた。P－51の掩護によりB－29の来襲高度が五〇〇〇～六〇〇〇メートルに下がった以上、必要性はずいぶん薄れてしまっていたのだが。

役目から考えて、初飛行が終わるまでキ九四とともにいるのが当然の今村技術大尉に、十三日になって福生への帰還命令が伝えられた。

青梅の下宿から通っていた佐浦中尉にも、キ九四を運び出すのに工場の門を壊す相談をしていた十四日、同じ命令が届いた。その夜、中尉は江戸川の川べりで、星を眺めながら「世の中はこれからどうなってしまうのか」と考えた。

彼への帰還命令も、十三日の記憶違いだった可能性がある。その理由は後述する。

木製と鋼製と

アルミニウム不足から航空本部は四式戦の木製化をはかり、立川飛行機にキ一〇六として発注。昭和十九年十月に初飛行に成功し、立飛《たちひ》のほか、札幌に近い江別《えべつ》の王子製紙の工場での生産も決められた。

キ一〇六の審査主任は黒江少佐。二十年八月初めまでに三機が続いて完成したので、同月上旬、少佐らは江別へ飛び、王子製紙が新設した飛行機会社、王子航空での完成式に立ち会った。

日本の木製実用機のわずかな実績を思えば、陸海軍で唯一の木製戦闘機キ一〇六はよくできた試作機と言えた。重量増によって性能は四式戦より低下したが、外形を酷似させ得た点にも驚かされる。立川工場での試作機。

一号機は事務所の前に置かれていた。おおっているカバーを神官が取りはずす。社長が「私たちの精魂こめた戦闘機ができ上がりました」とあいさつすると、整列する女子挺身隊員は感動の嗚咽《おえつ》をもらし、機首に向かって手を合わせる。

製作に従事した彼女たちの純真な姿に、深い感銘を受けた黒江少佐は、離着陸を担当した会社の操縦士に続いて搭乗。アクロバットをひととおりやって見せ、社長以下を嬉し泣きさせた。自分たちの作った飛行機が自由自在に飛びまわる姿に、感きわまったのだ。

にわか会社で作られたにしては、よくできた飛行機で、大きなトラブルは出ず、審査はとどこおりなく進んだ。しかし、そもそも四式戦の外形のまま木製化させたい航空本部の考えと要望に無理があり、四〇〇キロの重量増により上昇力の低下がめだった。

審査上、少佐の最大の不安は機体強度にあった。

操縦者が失神するほどの急機動でも壊れない頑丈さがなければ、戦闘機として用をなさない。

その最後の強度テストの実行は八月十日ごろだ。黒江少佐は高度八〇〇〇メートルまで上昇し、落下傘を点検ののちパワーダイブに入った。五五〇キロ／時で引き起こした一回目は、なんの変化も生じない。再上昇。二回目、六〇〇キロ／時でも無事だ。

降下速度を六二〇キロ／時に増した三回目に異変が生じた。身体にはっきり感じる衝撃があり、ハッとしたが、操縦桿の手ごたえは変わらず、ゆっくり引き起こす。機内にも、風防ごしに見える機体にも、とりたてて変化はない。

しかし、飛行場では発煙筒がたかれ、赤旗を振っている。なにか起きたのは間違いない。降着し機外に出た少佐はアッと驚いた。右翼下面の外板が畳の四分の三ほどもなくなって、桁や小骨がむき出しになっている。接着の強度が不足していたに違いない。

こんなアクシデントにもかかわらず彼は、実戦での試用を望む会社幹部の願いをいれてB－29やF6Fと戦うべく、八月十三日に二号機を駆って福生へ向かった。

黒江氏の手記には「八月十三日、急遽《きゆうきよ》、福生に向けて」とだけある。実は、直ちに帰還せよ、との命令が伝えられたからではないだろうか。

鋼製の胴体。離陸後は主脚を落とし、二度と着陸しない特攻専用機キ一一五。特攻出動を命じられる心配のない中島の技師が提案し、同じく特攻からは遠い立場の航空本部のスタッフが試作を命じた、有り得べからざる機材だ。

審査部攻撃隊が不合格の結論を出す前から航空本部が量産を命じた、全体にごく粗末な構造のキ一一五甲。外型を見て劣性能を理解できる。「剣」の固有名詞が付された。

「剣《つるぎ》」とも呼ばれたキ一一五の審査は、担当した攻撃隊隊長の竹下福寿少佐が六月に飛行第四十五戦隊長に転出したため、高島亮一少佐が任務をついだ。特攻攻撃に反対の竹下少佐は、劣悪な性能を理由に審査を通さず、高島少佐も攻撃成果を得がたいと判定、六月末に審査不合格を報告した。

すでに中島に量産を進めさせていた航本は、使用をあきらめず、実用テストを継続させた。そのお鉢がまわってきたのは戦闘隊の島榮太郎技術大尉だ。

二月十六日の米艦上機群との交戦で被弾し、火傷を負った島技術大尉は六月に退院。翌月、キ一一五の離着陸テストを命じられ、中島の技師を後ろに乗せた九八直協で、岩手県井《い》釣子《づりこ》にある同社の秘匿飛行場に来た。

五〇〇キロ爆弾搭載を想定して、同じ重さの重錘を積んだキ一一五をテスト。「細かくは覚えていないが、飛べるには飛べました」と島さんは言う。

「帰還命令が来たので、終戦の二日前に直協で井釣子を発ち、技師を（中島の製作所がある」太田で降ろして、福生に帰ったのです」

詔勅を聴く

今村技術大尉、黒江少佐、島技術大尉はいずれも、命令で八月十三日に福生に帰った。佐浦中尉もその可能性がある。なぜ十三日なのか。

七月二十六日に発表された、日本の降伏に関する米、英、中国のポツダム宣言に対し、政府は天皇主権を唯一の条件に受諾する旨八月十日に発信した。連合国の回答は十二日に入ってすぐ、ラジオ放送によってもたらされた。

日本の条件を否定する回答に、政府はもとより、陸海軍省、参謀本部、軍令部をはじめとする軍の上級組織は大きく揺さぶられた。とりわけ陸軍には、これを呑みがたいとし天皇制護持を掲げて、降伏を拒否しようとする動きが目立った。

このムードが高まったのが十二日から十三日にかけてなのだ。実情を知らされていない審査部戦闘隊の将校たちが帰還を命じられたのは、状況が急変したさいに審査部首脳が彼らを把握し、速やかな対応をとれるようにするためだったと思われる。

京都府南部の田辺に本部を置き、日本国際航空工業の大久保飛行場を使う審査部京都出張所。ここから七月下旬に、五式戦二型(キ一〇〇-II)の審査のため、坂井少佐以下が八日市飛行場に派遣されたのはすでに述べた。

扱うのは一機だけでも、人数は七〇名ほどにもなった。少飛三期出身の整備のベテラン・豊田守夫准尉がおり、操縦の方も敏腕の竹澤俊郎少尉が加わって、なんでもこなせる陣容だった。

八月に入って、松根油《しょうこんゆ》の実用審査のため、ドラム缶一〇〇本分が八日市に送られてきた。松根油とは、松の根を乾溜して得たタールから作った、代用航空燃料だ。陸軍も海軍も部隊ごとに手あきの兵を動員して、近在の松林で根を掘り起こす作業を進めていた。

五式戦にこの燃料を入れて一～二回、試験飛行してみたのを豊田さんは覚えている。飛行場上空をひと巡りしただけで降りてきて、エンジンが真っ黒。上昇性能が悪くなり、実用は無理と分かった。

京都出張所の開所式が八月十一日に宇治で催《もよお》された。これをすませて、整備トップの名取少佐も八日市にやってきた。

十五日、天皇の重大放送があるという正午を、坂井、名取両少佐、竹澤少尉、豊田准尉ら幹部は、ピストに使っている事務所の部屋で、起立して迎えた。放送は雑音まじりでクリアーではなかったが、内容は分かった。負けてしまったのだ。

ほどなく坂井少佐は「俺は福生に帰る。あとを頼むよ」と言い残し、五式戦二型で飛び立っていった。飛行場大隊が準備してくれる食事すら喉を通らないほど、敗戦で落胆した名取少佐だが、最先任者として残務をまとめねばならない。

一夜明けて、旅館から飛行場に来ると、整備兵たちがてんでに帰り支度にかかっている。

他部隊で上官が斬られたうわさも聞こえてきた。無秩序に帰しては、なにが起こるか分からない。

そこで少佐は米を一俵買ってこさせた。「米があるんだから、もう少しいろ」。毛布や蚊帳《かや》、砂糖、米を持たせ、十七日と十八日とに分けて、大久保の飛行場経由で整然と復員させた。

抗戦継続ならず

朝鮮・金浦飛行場の飛行第二十二戦隊への整備援助を終えて、八月十四日に帰った吉岡静工員は、翌朝、福生に出勤した。

見習工で入所し、飛行実験部戦闘機班に加えられてから四年半。工員をまとめる職長としてキ八四班で勤務を続け、トップの新美市郎少佐（八月初めに第十六飛行団司令部に転属）に「優秀な軍属」と言わせる存在になっていた。

朝礼のとき話があった重大放送が始まるのを、付近にいた全員が戦闘隊の格納庫前に整列して待ち受けた。ラジオから流れる天皇の声は、ここでも雑音のため不明瞭で、ほとんどの者には意味、内容が分からなかった。

一方、玉川上水と奥多摩街道のあいだに築かれた三角兵舎では、整備第一中隊長の伊藤忠夫少佐が部下を整列させて、ラジオからの詔勅を聴いた。比較的雑音が少ないのと、事前に情報を得ていたため、伊藤少佐は内容をはっきり理解し、「陛下の御命令が出た以上、戦いを中止する。軽挙妄動は許さん」と訓示した。

審査部の将校たちの反応は三分された。敗戦を受け入れて鉾《ほこ》を収める者、意志を決めかねている者、そして抗戦を続けようとする者だ。直接的交戦者で、大勢の同期生や戦友が戦死した操縦者に、抗戦派が多いのはむしろ当然だった。

放送のあと格納庫前では、敗戦を知った将校が「こういう事態になったが、一機でも多く飛ばせられるように準備しよう」と督励。吉岡工員らキ八四整備班は、周辺地区に隠された機のエンジンを回して地上走行で飛行場へ運び、全弾装備の状態で誘導路のそばにならべた。また、この夜は不調機を徹夜で整備して戦闘に備え、交戦継続ムードが高まった。

キ一〇六を福生に持ち帰った黒江少佐は、十三日の夜遅くになって、飛行場に近い自宅に帰ってきた。

「火を焚《た》いていただろう」と幸子夫人に言う。お盆の迎え火のことで、勤務多忙ゆえに死に目に会えなかった、父親の新盆《にいぼん》だった。着陸態勢の機内から、家々の戸口に小さな赤い光が見えたのだ。

幸子さんには、少佐がキ一〇六のテストで江別から樺太の豊原に行ってきた、との記憶がある。巡航速度や燃費を調べるのに江別〜豊原は手ごろな距離だから、充分にありうる飛行だ。

翌十四日の夜も帰宅し、十五日の朝に出かけた少佐は、それから三〜四日帰らなかった。幸子さんは居間のラジオから明瞭に流れる詔勅を、独りで心細く聴き、先行きを案じた。戦意を失わない戦闘隊の操縦者たちの軸、すなわち精神的な柱だったのが黒江少佐だった。

しかし、彼が積極的に動いたからではない。人柄やふだんの言動が彼らを信頼させ、引きつけたのだ。爆撃隊の酒本少佐も加わっていて、四式重爆で華中か華南へ飛び、戦いを続ける案があった。

「天気図をもらってこい」と黒江少佐に言われた今村技術大尉は、審査部に隣接の航空気象部で手に入れてきた。大陸の空もようは芳しくない。

「低気圧がこんな具合では、だめですね」

「そうだな。これでは延期だな」

脱出話はこのまま立ち消えになったのでは、と今村さんは回想する。

交戦を考え、黒江少佐のもとに集った一人、技術大尉だった熊谷彬さんも「少佐がなかなか腰を上げず、最終的に『やめよう』となった」と覚えている。

いったん夫人のもとに帰ってきた少佐は再び出かけ、歩いて十数分の料亭・清香亭に、坂井少佐らと一ヵ月ほどもこもっていたという。

敗北ののちに

詔勅の放送が終わってまもなく、航空本部長の寺本熊市中将は本部長室で皇居を向いて座り、作法どおりの切腹ののち、頸動脈を切り、さらに口にくわえた拳銃を発射して果てた。

寺本中将は六月二十日まで第四代の航空審査部本部長を務めていた。

また審査部総務部長・隈部正美少将は、立川飛行場のはずれ、多摩川の河畔で八月十五日の夜、息女二人にバイオリンを奏《かな》でさせてから、母親と夫人を加えた四名を射殺。最後に自身に向けて引き鉄《がね》を引いた。

寺本中将の自決の直接要因は、司令官だったニューギニアの第四航空軍の戦死者たちへの謝意にあった。隈部少将の場合は、四航軍の参謀長としてフィリピン戦の末期に生じた不祥事の責任を取るかたちだった。どちらも審査部に直結した死ではなかったが、自決のうわさが流れたことで、福生関係者に刹那《せつな》的行動を思い止《とど》まらせる効果があったともいわれる。

八月十五日から十六日にかけて、飛行場周辺に隠してあった機材、他の飛行場に退避していた機材が福生飛行場に集められた。プロペラをはずした状態で米軍に引きわたすためだ。戦闘隊の保有機には一式〜五式戦、二式複戦、キ一〇二のほかに、キ一〇八が一機（二号機）あった。

キ一〇二／一〇八シリーズの機体の審査責任者、師橋一誠大尉は、「プロペラをはずして機をならべろ」との米軍命令を伝えられるとともに、「わたしてはまずい高度な機密を処分せよ」と命じられた。

これに該当する極秘技術はキ一〇八の与圧キャビンだけと判断し、飛行場の端へ運ばせる。前に立った師橋大尉が、内翼前縁のタンクに拳銃弾を撃ちこむと、燃料が噴き出た。燃料車からのガソリンも加えて、この機の整備を受け持っていた西村敏英准尉が火をつけた。

炎は勢いよく燃え上がり、機体を包む。やたらにガソリンをぶちまけるわけにはいかず、外形が崩れるまでには至らなかったが、与圧キャビンの部分は焼却できた。ここさえなくな

川崎・岐阜工場に隣接する各務原飛行場のキ一〇八などは、米軍によって全面的な焼却処分がなされた。右は排気タービンを備えたキ一〇〇－Ⅱ。

ればいいのだ。

焼却措置が施されたのはただ一機。他の機材はならんで米軍の進駐を待った。

「米軍になぶり殺しにされるのはいやだから、いざとなれば撃ちまくって死ぬ」

こう考えた佐浦中尉は、「私にも」と欲しがる整備の将校たちの分を合わせて、部下の大塚上等兵に弾薬庫から拳銃一五梃と弾丸一五〇〇発を持ってこさせ、自分は一梃だけを携えた。

二日ほどたった八月二十日、焼け残った日本橋・三越百貨店で彼は結婚式をあげた。店内はガランとして、ひと気がない。地下の式場に集まったのは新婦側の縁者ばかりで、新郎側は叔父と下宿の大家父子だけ。仙台に疎開した佐浦家の人々は切符が手に入らず、出席できないのだ。

新婦の昌子さんは打ち掛けに文金高島田だが、新郎は紋付き袴《はかま》を整える手だてがなく、いまだ中尉の襟章をつけた軍服姿。予備役将校の充員召集解除は九月一日付だから、これでおかしくはないが、家業が船舶用羅針盤メーカーの彼の気持ちは、早くも民間人としての生活設計に向かっていた。

敗戦処理を続けていた審査部は航空本部の指令を受けて、八月二十九日に解散し、飛行実験部の発足から六年の歴史を閉じる。

キ一〇二乙の整備に関わっていた西尾淳さんは、少尉の階級章をはずし、入営前に就職が内定していた三菱石油に入社。川崎製油所から丸の内の本社に転勤してまもない十月下旬、福生への出頭を求める書類が届いた。

三重県に帰郷していた元中尉の島村三芳さんも、同じころ電報を受け取った。「戦犯には無関係なのに出頭要請とは」。いぶかりながら汽車に乗り、ようやく福生に着いてみると、西尾さんのほか西村元准尉らかつての戦闘隊整備関係者がすでに来ていて、キ一〇二乙、三式戦二型、四式戦、五式戦の整備を進めていた。

やがて整備が終わると、島村さんと西尾さんはキ一〇二乙に乗りこみ、海軍の横須賀航空基地へ向けて発進した。横須賀から海路アメリカまで運ぶためだ。ひさびさの操縦だが、この襲撃機の五七ミリ砲でB－29に致命傷を与えた、島村元中尉の腕は衰えてはいない。

F6F三機が護衛のように同航する。東京湾の上空を出て、おびただしい数の艦船を見た島村さんは納得がいった。「特攻をかけたり、乗り逃げようとしたら、撃ち落とす役目だな」

着陸特性がよくないキ一〇二乙を、海が迫った狭い横空基地に降着させ、巧みにブレーキを使って止める。Ｆ６Ｆも降りてきた。

昼食を食べていくように米兵に指示されて、食堂で皿を持ってならんだ。しかし反日感情のせいだろう、クレームが出て給食は取り止められた。「帰りはどうしよう」と二人で話していると、「送っていく」と言われ、島村さんはＦ６Ｆ、西尾氏はＴＢＭ「アベンジャー」の胴体内に押しこまれた。食事の対応とともに無礼な扱いだが、占領軍に文句は言えない。福生飛行場に降りて、別れぎわにＦ６Ｆのパイロットが島村氏にタバコを一箱くれた。

飛行実験部実験隊の発足から六年。幾多の業績をかさねてきた特異な組織の、最後を締めくくる報酬としては、あまりにささやかなものだった。

あとがき

この物語は月刊誌「航空ファン」に、一九九六年（平成八年）から二年あまりにわたって連載された『奮迅！審査部戦闘隊』を基盤にしている。

連載の題材に選んだのは、この組織の特異性ゆえだ。飛行実験部は軍隊ではなく官衙なのだが、とびきり腕ききの人員を配置して、試作機や火器のテストにあたり、それら新兵器を使って関東の防空戦にも加わった。一般の実戦部隊にとっては近未来の機器材を、試用したさまざまな出来事が、面白からぬはずがない。

これまで断片的な記事しかなく、まとまった紹介がなされていないのも狙い目だ。飛行実験部、航空審査部の看板的な知名度は比較的に高くても、組織の変遷、役割、陣容、実績などが系統立って分かっておらず、調べがい、書きがいがありそうに感じられた。

本格的な取材にかかったのは、連載開始の一年ほど前。それまでに、別の本を書くため、荒蒔義次さんをはじめ一〇名ほどの関係者から興味ぶかい談話をうかがい、黒江保彦氏の回想記からも特殊な活動ぶりを知らされていた。

半面で、大きな難点があった。まず、背骨になるべき通史的な文献資料が見当たらない。そして実験隊戦闘機班／飛行実験部戦闘隊の士官候補生出身（俗に言う陸士、陸航士出身）の幹部操縦者は、荒蒔さんしか生存していないのだ。

こうしたありさまでは、時間の経過にそった編年体で一部始終を書き通すのは無理で、紀伝体というかエピソードごとに区切る、オムニバス的なかたちで進めざるを得まい、と考えた。この手法は書き手が御しやすく、読者もとっつきやすいが、長編ノンフィクションとしては深みに欠け、回によって重複する部分と割愛してしまう部分とが生じて、全貌を表わしがたい。

だが、ない袖は振れない。取材ノートをながめて「仕方ないか」と、何回分を書けるか数えていた。

取材が進むにつれて、状況がどんどん変化していった。操縦者、整備関係者、各科職員、技術関係者のほとんどどなたもが積極的な協力を惜しまれず、新たな関係者を紹介してもらえた。そのつどミッシング・リンクが見つかって流れがつながり、隠れていた事実が顔をのぞかせた。

予想と異なる方向へ好転していく。所属し、あるいは連携した人々の努力と敢闘を、より正確に把握してもらえる編年体のスタイルでやれるかも、と思えてきた。まるで航空審査部が、書き手の登場を待っていたかのようだった。

取材に応じて下さった審査部の直接関係者は六三名、間接的な関係者（直接関係者のご遺族を含む）は一六名に及んだ。これら多くの方々の力を借りて、おおむね飛行実験部・実験隊戦闘機班／航空審査部・飛行実験部戦闘隊史と称しうるだけの内容を再現できた。著者の意向を理解され、面倒な依頼への誠意ある対処と、わずらわしい質問への適確な回答を用意してもらえたおかげだ。

連載を終えて一年後、加筆・改訂を加えた単行本『陸軍実験戦闘機隊』（グリーンアロー出版社）が刊行され、三年後の二〇〇二年には『未知の剣《つるぎ》』に改題した文庫版（文藝春秋）にスタイルを変えた。

この間に逝去《せいきょ》された審査部関係者の一人が、三式戦を駆ってテストと邀撃に全力を傾けた竹澤俊郎さんだ。

一九九八年の晩夏、危篤におちいったとき、「敵だ」のうわ言がもれ、手足が動き、右手の親指が痙攣《けいれん》した。不思議に思った遺族からその話を聞かされた、元技術将校の畑俊八さんには、それが交戦時の操縦と射撃だとすぐに理解できた。竹澤さんは最期の一瞬まで、戦闘機パイロットであり続けたのだ。

二〇〇〇年の早春には荒蒔さんが亡くなった。低くて味のある声。電話でも始めの「もし もし」で、もう誰だか分かった。「俺はよほど悪声なんだね」と笑う感じに、独特なムードがあった。

世田谷の斎場で遺影と対面したとき、二五年間の高誼《こうぎ》への感謝がわき出て、立ち去りかねた。写真の笑顔に励まされる気がして、最期のお別れを心の中で告げた。

二十一世紀に入って数年で、審査部の若者だった人たちは軒並み八十歳をこえた。逝去者は次第に増えて、二〇一九年の現在では、私が取材した当事者だった方々のほとんどが物故されている。

飛行実験部／航空審査部の活動、実績の経過は、「過去の思い出」から「歴史」へと変わったのだ。


本書中、分かりにくい語句については適宜、短い説明を付した。そうした文言や注釈などは（ ）内に、また会話中で省略された言葉は〔 〕内に入れて区別してある。

旧版では登場の男性の場合、姓または姓名に階級を続けないときは「氏」を付けて敬称とした。このたびの改訂で、取材により個人的な交流を得られた方々については「さん」に改めて、ささやかな意志表示のかたちをとっている。

飛行実験部・実験隊または審査部・飛行実験部の基地であり続けたのが、東京の福生《ふっさ》の飛行場である。ここを「多摩飛行場」と明記する文章を見かけるけれども、私が資料に用いた文献では「福生飛行場」以外を目にする機会がなかった。

ここで活動した当事者、関係者、資料提供者の全員が「福生飛行場」と呼んで、「多摩飛行場」を使った人は皆無だった。連載時あるいは本にして以後も、前者に異議をとなえる指摘を受けた経験がない。

そこで本書では終始「福生飛行場」を用いている。納得していただければ幸いだ。

二〇一三年に刊行したNF文庫の拙著短篇集『銀翼、南へ北へ』のなかに、「異端武装の四式戦闘機」を入れてある。四式戦の操縦席後方に二〇ミリ機関砲一門を、斜めに付加装備した上向き砲で、「航空審査部で実用テストが行なわれたのは、ほぼ確実」と書いた。

先だって、飛行実験部関係者の取材ノートを見ていたら、軍属だった田中和一さんの部分に六〜七行、この変則武装の思い出が語られていた。話をうかがったのが一九九八年だから、まったく私の見落とし、チェックミスなのだ。もちろん今回、二二三〜二二四ページに増補してある。

二八三ページに記載のキ八三の事故で殉職した三菱・林操縦士は、姓だけで名前が不明だった。目を通したどの関係文献にも出ていない。改訂作業に取りかかろうとするころ、友人の寺島一彦さんから「欣尓《きんじ》」であるとの教えを受けた。

日本機と関係史の調査を進める寺島さんは、林欣尓操縦士の軍歴簿を探し出した。昭和五年入営、十七年に特進の少尉で除隊して三菱航空機に入った老練で、殉職時は三十三歳。彼の魂《たましい》が改訂を前に寺島さんに知らせたように感じられ、ようやく「林欣尓」のフルネームを書きこめた満足感を味わった。

『審査部戦闘隊』は私にとって、五式戦闘機的なイメージが強い。連載を始めたころは、どんな具合にまとまるのか想定しかね、「次号はちゃんと書けるのか」と見込みを立てにくかったのが、途中から自信作に変身していったのだから。

手を抜かない〝戦友〟である藤井利郎さんと小野塚康弘さんの編集力を得て、ピシリとでき上がった本書。特異な集団の敢闘と成果がいくたびも思い起こされるための、ささやかな縁《よすが》をもたらしてくれれば、と望む気持ちは変わらずに続く。

二〇一九年九月　　　　　　　　渡辺洋二

改訂新版の『審査部戦闘隊』の刊行にさいし、著者にとって忽《ゆるが》せにできない、内容に関係する二つの問題を末尾に付加したい。

＊史実への脚色

日米混血の来栖良技術大尉の、事故による戦死を三一四〜三一八ページで記述した。彼の出生、性格、職域、活動、そして死亡時の状況は、たいていの日本人とは異なっていて、関心を抱き感嘆しないではいられない。

来栖技術大尉を斃《たお》した福生での事故を、判明可能な最大限の精度で描写したいと考え、かなうかぎりの取材をかさねて筆を執った。

小説家が半可通の知識で、審査部を中心とする陸軍航空と、来栖技術大尉の死の状況を、延々と間違いだらけに書いた、『錨《いかり》のない船』と題した本がある。小説と銘打ち、近似でも登場人物に仮名を使っているかぎり、噴飯物の内容であろうと文句をつけはしないだろうが、改訂版で実名にもどし、内容は事実だと強くほのめかす後記が付けば話は異なる。技術大尉が落下傘降下して米兵と間違えられ、民間人に刺殺される文章の非道さは、作り話といいわけしてしのげるレベルを超えている。そのうえこの事態は、同日に戦死した横須賀海軍航空隊の零戦搭乗員が遭遇した不幸を、誤用（好意的に見て）して悲劇の上塗りをはかったものだ。横空の搭乗員撲殺事件は、日本の航空戦史に関心をもつ人ならたいてい知っている。

私は連載中のほぼ一回分を費やして、同書の審査部に関する部分の書評とともに、記述の是非について指摘し所感を述べた。その後、文庫版『未知の剣』の刊行に合わせて、版元のPR誌に同内容の解説を、一般読者向けに掲載してもらった。

批判の文章を反復したのは、『錨のない船』だけを読んだ例えば映像関係者が、虚偽の話を事実と思って映画やドラマに仕立てる可能性を、はばみたいからだ。

『錨のない船』の作者が話を聞いた審査部の操縦者は二人で、どちらも事故現場に遭遇していない。その一人は来栖技術大尉の親しい友人で、献本を受けたが十数年のあいだ読まないままだった。飛行実験部の親睦会で先輩操縦者から言われて初めて開き、「これはひどい」と憤《いきどお》った。来栖家と行き来して、子息が敵とみなされ殺害される可能性を心配する母親の心境を、よく分かっていたからだ。

作者に抗議する気の彼を、先輩は「やめとけ。フィクションで逃げるだろうからな」と抑えたという。

まもなく私も抗議を相談され、「抗議を申し込んでも効果を得るのは難しいでしょうね」と返事をした。内心で、看過しかねる誤解が生じにくいように、自分の筆でクギを刺すべき、と思いながら。

＊〝参考文献〟の範囲

初めの文庫化の『未知の剣』が出てしばらくたって、編集担当者からの電話があった。漫画家（あるいは出版社員か）が参考資料にさせてほしいと連絡してきた、と言う。「ルールを守ってやってくればよろしいです、と答えておきました」。正直なところ、返答する前に申し出を伝えてきてほしかった。

どうしたわけか、拙作が不満足なかたちで引用、流用されるケースがしばしばあって、そのつど、いやな気分で対応してきた。無断引用、引き写し、写真の盗用など。著者、出版社など相手側へ対応違反のクレームを伝える作業が、愉快なはずがない。

私は旧軍についての記録を、苦闘した参戦当事者のため、実情を知ろうとする読者のため、そして真相を残したい自分自身のために、取材をかさね資料を追求して綴《つづ》ってきた。

作家の戦史や漫画の資料に供するために、さまざまな努力を続ける気持ちはなかった。

　記述内容の安易な他者流用を避けたいのは、意図しない他者作品に使われて、間接的にでも誤謬《ごびゅう》、誤解を招きかねない、との懸念を抱いているためだ。それは自分の著述にも言えるから、文献資料は当事者本人が記したもの、旧部隊あるいは公《おおやけ》の編纂《へんさん》によるもののほかは、基本的に使わず、著述を職とする第三者の作品はデータや表現に取り入れない方針を守ってきた。初期には例外もあったが、職業的著述作品の内容を用いるのは最小限に限るよう努めていた。

　そうした書きものを信用しない、という理由のほかに、他者の苦心の産物を安易にもらう姿勢をとりたくなかった。不明な部分、疑問の部分が生じたなら、当事者あるいはその関係者にたずねればいい。二〇一〇年ごろまでなら、居住先をさがす手間と許可を得る依頼の労を惜しまなければ、それなりに可能であり、確実な手段だった。

　漫画の参考資料にするのなら、どんな頻度で、どのように使うのか。なぜ自身で取材しないのか。許可の前に私が対応して聞けなかった不満は、個人的感情の範疇《はんちゅう》内だ。道義的に認めうるレベルなら、いちいち著者に断わりを入れる必要はない。

　編集担当者には各種の便宜を受けており、信頼感もあった。彼が出したＯＫに体面をつぶす横槍は入れるまい、と決めて静観の姿勢を続けた。

　連載の漫画をときどき見て、そのつど各種のナマな引用に疲れる思いだった。軍事関係の出版物に不特定の人物が意見を述べ合うネットの掲示板に、「渡辺の作品から多量にそのまま抜いている」「許可を得たのか？　原作料を払っているのか？」など、ならんだ辛《しん》辣《らつ》な言葉は、自分の気持ちを代弁してくれている気がした。版元および漫画家側からの連絡は、その後も皆無だった。

漫画の最後は、審査部の操縦者が米兵から、チップのようにタバコ一箱をもらったシーンである。私が数多くの結末から選んだエンディングをまねられた気分は、同じ目に逢わないと分からないかも知れない。

今回、版元が光人新社に変わって、もう他者の立場を配慮する制御観念は消え去った。その著作がなければ新作品をなしがたいほどの内容引用は、「参考」の範囲内とは言えず、著者の同意が不可欠と考える。巻末や記事の末尾に参考文献を入れたならノンフィクションの内容は抜き放題、の出版理念は受け入れられない。

NF文庫

審査部戦闘隊

二〇一九年十一月二十二日 第一刷発行
著 者 渡辺洋二
発行者 皆川豪志
発行所 株式会社 潮書房光人新社
〒100-8077 東京都千代田区大手町一-七-二
電話／〇三-六二八一-九八九一(代)
印刷・製本 凸版印刷株式会社
定価はカバーに表示してあります
乱丁・落丁のものはお取りかえ致します。本文は中性紙を使用
ISBN978-4-7698-3141-9 C0195
http://www.kojinsha.co.jp

NF文庫

刊行のことば

第二次世界大戦の戦火が熄《や》んで五〇年——その間、小社は夥しい数の戦争の記録を渉猟し、発掘し、常に公正なる立場を貫いて書誌とし、大方の絶讃を博して今日に及ぶが、その源は、散華された世代への熱き思い入れであり、同時に、その記録を誌して平和の礎とし、後世に伝えんとするにある。

小社の出版物は、戦記、伝記、文学、エッセイ、写真集、その他、すでに一、〇〇〇点を越え、加えて戦後五〇年になんなんとするを契機として、「光人社NF（ノンフィクション）文庫」を創刊して、読者諸賢の熱烈要望におこたえする次第である。人生のバイブルとして、心弱きときの活性の糧《かて》として、散華の世代からの感動の肉声に、あなたもぜひ、耳を傾けて下さい。